普通高等教育风景园林专业系列教材

公园设计

主　编　董　靓

副主编　黄　瑞　郭庭鸿

主　审　董莉莉

U0281776

重庆大学出版社

内 容 提 要

公园设计是风景园林专业学习、研究和实践的重点领域。为了让读者系统了解公园设计的专业知识,编写组编写了本书。本书编写以相关专业规范为依据,理论与实例结合,希望通过学习本书,读者能够掌握公园设计的核心内容、程序和方法,为进一步学习和实践公园设计打下基础。除了公园设计的基本知识,本书还就当前的学科前沿,如适应气候变化的设计和生物安全防护做了专章介绍。本书中的案例优先选用国内先进案例。

本书可作为高等学校风景园林、城乡规划、建筑学、环境设计、旅游管理等专业本科生及研究生的教材,也可供相关专业设计人员、科研人员和管理人员学习参考。

图书在版编目(CIP)数据

公园设计 / 董靓主编. -- 重庆:重庆大学出版社,
2023.7
普通高等教育风景园林专业系列教材
ISBN 978-7-5689-3902-7

Ⅰ.①公… Ⅱ.①董… Ⅲ.①公园—园林设计—高等
学校—教材 Ⅳ.①TU986.2

中国国家版本馆 CIP 数据核字(2023)第 097359 号

普通高等教育风景园林专业系列教材

公园设计
GONGYUAN SHEJI

主 编 董 靓
副主编 黄 瑞 郭庭鸿
主 审 董莉莉
策划编辑 张 婷

责任编辑:张 婷 版式设计:张 婷
责任校对:王 倩 责任印制:赵 晟

*

重庆大学出版社出版发行
出版人:陈晓阳
社址:重庆市沙坪坝区大学城西路 21 号
邮编:401331
电话:(023) 88617190 88617185(中小学)
传真:(023) 88617186 88617166
网址:http://www.cqup.com.cn
邮箱:fxk@ cqup.com.cn (营销中心)
全国新华书店经销
重庆长虹印务有限公司印刷

*

开本:787mm×1092mm 1/16 印张:16.5 字数:434 千
2023 年 8 月第 1 版 2023 年 8 月第 1 次印刷
印数:1—2 000
ISBN 978-7-5689-3902-7 定价:69.00 元

总　序

风景园林学,这门古老而又常新的学科,正以崭新的姿态迎接未来。

"风景园林学"(Landscape Architecture)是研究规划、设计、保护、建设和管理户外自然和人工环境的学科。其核心内容是户外空间营造,根本使命是协调人与自然之间的环境关系。回顾已经走过的历史,风景园林已持续存在数千年,从史前文明时期的"筑土为坛""列石为阵"到21世纪的绿色基础设施、景观都市主义和低碳节约型园林,它们都有一个共同的特点,就是与人们对生存环境的质量追求。社会经济高速发展之时,也是风景园林大展宏图之日。

今天,随着城市化进程的飞速发展,人们对生存环境的要求也越来越高,不仅注重建筑本身,而且更加关注户外空间的营造。休闲意识的增强和休闲时代的来临,使风景名胜区和旅游度假区保护与开发的矛盾日益加大,滨水地区的开发随着城市形象的提档升级受到越来越多的关注,代表城市需求和城市形象的广场、公园、步行街等城市公共开放空间大量兴建,居住区环境景观设计的要求越来越高,城市道路在满足交通需求的前提下景观功能逐步被强调……这些都明确显示,社会需要风景园林人才。

自1951年清华大学与原北京农业大学联合设立"造园组"开始,中国现代风景园林学科已有59年的发展历史。据统计,2009年我国共有184个本科专业培养点。但是,由于本学科的专业设置分属工学门类建筑学一级学科下城市规划与设计二级学科的研究方向和农学门类林学一级学科下园林植物与观赏园艺二级学科;同时,本学科的本科名称又分别有园林、风景园林、景观建筑设计、景观学等,加之社会上从事风景园林行业的人员复杂的专业背景,使得人们对这个学科的认知一度呈现出较混乱的局面。

然而,随着社会的进步和发展,学科发展越来越受到高度关注,业界普遍认为应该集中精力调整与发展学科建设,培养更多更好地适应社会需求的专业人才,于是"风景园林"作为专业名称得到了公认。为了贯彻《中共中央 国务院关于深化教育改革全面推进素质教育的决定》的精神,促进风景园林学科人才培养走上规范化的轨道,推进风景园林专业的"融合、一体化"进程,拓宽和深化专业教学内容,满足现代化城市建设的具体要求,编写一套适合新时代风景园林专业高等学校教学需要的系列教材是十分必要的。

重庆大学出版社从2007年开始跟踪、调研全国风景园林专业的教学状况,2008年决定启动"普通高等学校风景园林专业系列教材"的编写工作,并于2008年12月组织召开了普通高等学校风景园林类专业系列教材编写研讨会。研讨会汇集南北各地园林、景观、环境艺术领域的专业教师,就风景园林类专业的教学状况、教材大纲等进行交流和研讨,为确保系列教材的编写质量与顺利出版奠定了基础。经过重庆大学出版社和主编们两年多的精心策划,以及广大参编人员的精诚协作与不懈努力,"普通高等教育风景园林专业系列教材"于2011年陆续问世。这套系列教材的编写广泛吸收了有关专家、教师及风景园林工作者的意见和建议,立足于培养具有综合创新能力的普通本科风景园林专业人才,精心选择内容,既考虑了相关知识和技能的科学体系的全面系统性,又结合了广大编写人员多年来教学与规划设计的实践经验,并汲取了国内外最新研究成果。教材理论深度合适,注重对实践经验与成就的推介,内容翔实,图文并茂,是一套风景园林学科领域内的详尽、系统的教学系列用书,具有较高的学术价值和实用价值。

这套系列教材适应性广,不仅可供风景园林及相关专业学生学习风景园林理论知识与专业技能使用,也是专业工作者和广大业余爱好者学习专业基础理论、提高设计能力的有效参考书。

相信这套系列教材的出版,能更好地满足我国风景园林事业发展的需要,为推动我国风景园林学科的建设、提高风景园林教育总体水平起到积极的作用。

愿风景园林之树常青!

编委会主任　杜春兰

编委会副主任　陈其兵

2010年9月

前　言

　　沉浸于自然的清新宁静,在自然绿色的空间中休闲是人们喜爱的活动,而公园则为人们提供了这样的环境。

　　公园(Public Park)是向公众开放,以游憩为主要功能,有较完善的设施,兼具生态、美化等作用的绿地。各类公园共同构建了城市健康、安全、舒适、宜居的户外绿色生活空间系统。我国自2018年推动公园城市建设以来,一种以城市公园等生态基础设施为导向的城市空间开发模式POD(Park Oriented Development)得到快速发展,通过依托自然资源的赋予,提升区域生活品质和居住环境,以满足人民对美好生活的向往。

　　公园设计是风景园林专业学习、研究和实践的重点专业领域。为了让读者系统了解公园设计的专业知识,编写组编写了这本教材。

　　本书编写以习近平新时代中国特色社会主义思想为指导,坚持人民至上的原则,注重培养学生追求真理的求实精神和潜心研究的奉献精神,引导学生认识生态环境在中国式现代化建设中的重要作用。在公园设计中强调物质文明和精神文明相协调,人与自然和谐共生的理念。

　　本书以相关专业规范为依据,编写时注意理论与实例结合,力图让读者掌握公园设计的核心内容、程序和方法,为进一步学习和实践公园设计打下基础。除了公园设计的基本内容,本书还就当前的学科前沿,如适应气候变化的设计和生物安全防护做了专章介绍。书中的案例优先选择国内先进案例。

　　本书主要内容如下:

　　第1章 概述:界定了公园的概念与功用,介绍中西方公园的起源与发展,依据相关标准规范和学术研究概括了公园的类型与特点,梳理公园设计流程与任务。

　　第2章 总体规划设计:概述城市公园系统、城市公园系统构建及分级配置,介绍城市公园的选址、功能与规模、用地比例与游人容量、设施配置、功能分区等内容。

　　第3章 场地设计:主要讲解公园场地设计相关的现状分析、竖向布置、雨水管理、园路和铺装等内容。

　　第4章 种植设计:介绍公园植物造景的基本原理、公园植物规划设计程序、生态种植设计与植物生态修复、公园植物的基本形式与分类设计等内容。

　　第5章 水景设计:介绍水景在公园中的作用,公园水景游赏,水体设计、驳岸与园桥设计、护栏设计,安全防护,水景维护与管理,公园水景与海绵城市。

　　第6章 公园建筑设计:介绍认识公园建筑,讲解公园建筑的设计原则、设计程序及设计方法。

第7章 夜景与灯光照明设计:介绍照明设计原则、质量要求、设计规范,及其在不同应用场景的设计,以及照明节能等内容。

第8章 儿童游戏场地设计:介绍儿童游戏场地相关概念的基础上,明确了儿童友好型公园的内涵,重点阐述城市公园中儿童游戏场地的设计原则、设计内容、设计特点、设计方法。

第9章 适应气候变化的设计:介绍气候响应适应设计的相关理念,明确设计原则;选取气候变化带来的洪涝灾害问题和高温热浪问题,提出响应适应设计变化的设计策略。

第10章 生物安全防护:介绍生物安全概念,介绍城市公园内生物安全的内涵和内容,介绍常见的有害生物种类,并提出相关设计应对措施。

本书的具体编写分工如下:华侨大学董靓负责第1、6、8、9、10章的编写,西南交通大学黄瑞负责第2、4、5章的编写,重庆交通大学郭庭鸿负责第3、7章的编写,全书由董靓和郭庭鸿负责统稿。

感谢重庆大学出版社的支持。在成书的过程中,编者得到了多方面的支持和帮助,在此一并表示谢意。书中部分资料及图片来自互联网,不一一致谢,如有不妥,请告知。

限于编者的学识,书中的疏漏之处在所难免,衷心希望读者给予宝贵意见,以便修订时进一步完善。

本书可作为高等学校风景园林、城乡规划、建筑学、环境设计、旅游管理等专业本科生及研究生的教材,也可供相关专业设计人员、科研人员和管理人员学习参考。

编者

2023 年 1 月

目　录

第1章 概 述

本章导读:本章界定了公园的概念与功用,介绍了公园的起源与发展,依据相关标准、规范和研究,概括了公园的类型与特点,梳理了公园设计流程与任务。

1.1 公园的概念与功用

1.1.1 公园的概念

《现代汉语词典》(2016年第7版)将公园定义为"供公众游览休息的园林"。

《中国大百科全书(建筑、园林、城市规划)》(1988)称公园为"城市公共绿地的一种类型,由政府或公共团体建设经营,供公众游憩、观赏、娱乐等的园林"。

《风景园林基本术语标准》(CJJ/T 91—2017)将公园阐述为"向公众开放,以游憩为主要功能,有较完善的设施,兼具生态、美化、科普宣教及防灾等作用的场所"。

《城市绿地分类标准》(CJJ/T 85—2017)将"公园绿地"定义为"向公众开放,以游憩为主要功能,兼具生态、景观、文教和应急避险等功能,有一定游憩和服务设施的绿地"。它是城市建设用地、城市绿地系统和城市绿色基础设施的重要组成部分,是表示城市整体环境水平和居民生活质量的一项重要指标。

《公园设计规范》(GB 51192—2016)将"公园"定义为"向公众开放,以游憩为主要功能,有较完善的设施,兼具生态、美化等作用的绿地",与上述公园定义核心含义基本一致,只是语言表达更为精练。

从以上定义中可以得出公园的基本特征:①公园是城市绿地系统的最重要组成部分,是城市绿地最主要的一种形式;②公园的开放性体现在向全体公众开放,一般是免费使用;③城市公园的主要功能有生态功能、美化功能、休闲娱乐和旅游功能、生物多样性保护功能、防灾避险功能等,涉及社会、文化、经济等多方面。

1.1.2 公园的功用

公园的作用或功能是广泛而多样的,如定义里提到的游览、观光、休憩、避灾、开展科学文化活动及体育健身等。除此之外,还有改善生态环境、开展纪念活动、促进文化交流和经济发展的功能,部分公园还有保护自然生态资源与历史人文遗迹的重要作用。

1)社会文化功能

（1）游览观光

公园一般具有丰富的自然景观,有的公园还具有历史古迹、文化建筑、地方风物等人文景观,因此,无论短假户外踏青,还是长假出门远游,综合公园、植物园、动物园、游乐园、森林公园、文化主题公园、农业生态公园等各种类型的公园常常成为人们游览观光的重要目的地(图1.1)。

图1.1 公园中的游览观光
（图片来源:互联网）

（2）休憩娱乐

公园到处绿色葱茏、鸟语花香。人们工作之余在公园里散步休息,呼吸新鲜空气,欣赏花鸟虫鱼,有助于消除疲劳、恢复身心健康。在工作和生活节奏较快的大城市,一些中心商务区的街区公园,常常成为上班族短时间午休的良好户外场地。公园中也常常设置一些娱乐设施(包括儿童和成人娱乐设施),供游客在舒适的户外环境中开展各类娱乐活动,获得丰富多彩的体验。社会文化活动如歌唱、健身、交谊等在城市公园中的开展,陶冶了市民的情操,提高了市民的整体素质。

（3）科普教育

城市公园容纳着城市居民的大量户外活动。随着全民健身运动的开展和社会文化的进步,城市公园在物质文明建设的同时也日益成为精神文明传播及科普教育的重要场所。

（4）体育健身

公园里各种绿色植物环绕,空气清新、景观优美。在这样的环境下开展体育运动和健身活动,无疑对身体是大有裨益的。所以,公园中常设置各种体育运动设施和健身场地,为人们开展体育运动和健身活动提供便利。随着经济和社会的发展,一些以弘扬体育文化精神和开展群众体育健身活动为主要功能的体育公园,越来越受到广大居民的欢迎。

（5）纪念活动

公园也是纪念历史事件与人物，以及开展各种文化交流活动的理想场所。通过绿色植物可以营造宁静、庄重、肃穆的纪念氛围，在绿色的环境中，人们能够更好地平复心境，缅怀先人、追忆往事、铭记历史。如广州、上海、北京等地的中山公园就是为纪念伟大的革命先行者孙中山先生而设立的纪念性公园。上海虹口公园因有鲁迅墓、鲁迅雕像、鲁迅纪念馆等人文景观，可开展瞻仰、纪念和文化艺术交流活动，故虹口公园也称鲁迅纪念公园（图1.2）。

图 1.2　上海鲁迅公园纪念雕像

（图片来源：互联网）

（6）防灾、减灾

城市公园由于具有大面积公共开放空间，不仅是城市居民平日的聚集活动场所，同时在城市的防火、防灾、避难等方面具有很大的安保功能。城市公园可作为地震发生时的避难地，火灾时的隔火带。大公园还可作救援直升飞机的降落场地、救灾物资的集散地、救灾人员的驻扎地、临时医院所在地、灾民临时住所搭建地，以及倒塌建筑物的临时堆放场。据北京园林局统计，1976 年唐山大地震期间，北京近 200 万人进入各类公园绿地进行避震。另外，在 1994 年的美国洛杉矶大地震和 1995 年的日本阪神大地震中，城市公园在灾中避难和灾后安置重建中起到至为重要的作用，把上面所列的功能发挥到了极限。对于上海、北京这样拥有上千万人口的城市来说，城市公园的防灾、减灾功能更是不容忽视。

2）**经济功能**

（1）预留城市用地

公园在短期内可以为城市居民提供休闲活动场所，在远期范围中，作为城市公共用地的公园又可以作为城市预留土地，为城市未来公共设施的发展建设提供空间。

（2）带动地方经济发展

公园作为城市的主要绿色空间，在带动社会经济发展中的作用越来越明显。其中，城市公园最显著的作用是能使其周边地区的地价和不动产升值，吸引投资，从而推动该区域的经济和社会的发展。许多城市在新区建设中也经常先建设公园绿地，改善新区的环境品质，带动周边地区土地价格。如上海浦东开发之初，陆家嘴中心绿地的建设改善了环境，使周边的土地得到大幅度的增值。

3）生态功能

（1）净化空气

公园绿地的园林植物对净化空气有独特的作用，能吸滞烟尘和粉尘、吸收有害气体、吸收二氧化碳并释放氧气。

①吸滞烟尘和粉尘。空气中的灰尘和工厂里散出的粉尘是污染环境的有害物质。树木吸滞和过滤灰尘的作用主要表现在两方面：一方面林木枝冠茂密，能起到明显降低风速的作用，沉降气流中携带的大颗粒灰尘；另一方面则是利用树木叶子表面粗糙不平、多绒毛，以及能够分泌油脂或汁液的特性，吸附空气中的大量灰尘及飘尘。

②吸收有害气体。有害气体是指对人或动物的健康产生不利影响，或者对人和动物的健康虽无影响，但使其感到不舒服、影响其舒适度的气体等。通常植物尤其是树木，有吸收多种有害气体（如 NH_3、H_2S、SO_2、CO 等）的能力。上海地区 1975 年对一些常见绿化植物进行吸硫测定，发现臭椿和夹竹桃不仅抗 SO_2 能力强，并且吸收 SO_2 的能力也很强。大多数植物都能吸收臭氧，其中银杏、柳杉、樟树、海桐、青冈栎、女贞、夹竹桃、刺槐、悬铃木、连翘等作用明显。故林地有"有害气体净化场"的美称。

③吸收 CO_2，释放 O_2。绿色植物是 CO_2 的消耗者，也是 O_2 的天然制造厂。绿色植物进行光合作用时吸收 CO_2，放出人们生存必需的 O_2。由此可见，城市中的公园绿地、行道树、草坪等对调节空气有着重要的作用，这也就是人们在草木茂密的地方感到空气更为新鲜的原因。

（2）调节气候

①提高空气湿度。树木在生长过程中能蒸腾水分，提高空气相对湿度。树木形成 1 kg 的干物质需要蒸腾 300～400 kg 的水，因为树木根部吸进水分的 99.8% 都要蒸发掉，只留 0.2% 用于光合作用，所以森林中空气的湿度可比城市高出约 38%，公园的湿度也可比城市中其他地方高出约 27%。1 hm^2 阔叶树林在夏季能蒸腾 2500 t 的水，相当于同等面积的水库蒸发量，比同等面积的土地蒸发量高 20 倍。据调查：每公顷油松每月蒸腾量为 43.6～50.2 t，加拿大白杨林的蒸腾量每日 51.2 t。树木强大的蒸腾作用能增多水汽，湿润空气，使绿化区内湿度比非绿化区大 10%～20%，可为人们创造凉爽、舒适的气候环境。

②调节气温。绿化地区的气温常较建筑地区低，这是由于树木可以减少阳光对地面的直射，还通过消耗热量以蒸腾从根部吸收来的水分并制造养分。夏季城市绿地内的气温较非绿地可低 3～5 ℃，较建筑物地区可低 10℃ 左右，森林公园或浓密成荫的行道树下更为显著。即使在没有树木遮阳的草地，其温度也要比无草皮的空地低些。据测定：7～8 月，当沥青路面的温度为 30～40 ℃ 时，草地只有 22～24 ℃。炎夏，城市中无草木覆盖的裸露地表温度极高，远远超过对应气温，当空旷的广场在其 1.5 m 高度上方的最高气温为 31.2 ℃ 时，地面的最高地温可达 43 ℃，而绿地中的地温要比空旷广场低得多，可低 10～17.8 ℃。

③降低风速、改善城市通风条件。树木防风的效果是显著的，在一些地区，冬季绿地能降低约 20% 的风速，秋季绿地能降低 70%～80% 的风速，且绿地静风时间较未绿化地区长。树木适当密植可以增强防风的效果。春季多风，绿地降低风速的效应随风速的增大而增加，这是因为风速大，枝叶的摆动和摩擦也大，气流穿过绿地时受到树木的阻截、摩擦，消耗更多能量。通过在城市夏季主导风向上设置大规模楔形绿地，把城市外部的风引入城市内部，能改善城市通风条件，减弱城市热岛效应。

（3）减弱噪声

茂密的树木能吸收和隔挡噪声。据测定,40 m 宽的树林可降低噪声 10~15 dB（分贝）;园中成片的树林可以降低噪声 26~43 dB;绿化的街道比不绿化的街道可降低噪声 8~10 dB。据实验,剧烈的爆炸声在森林中能传播出的距离,远短于在空旷地带传播的距离。这是由于树木对声波有散射作用,声波通过时,枝叶摆动,使声波减弱而逐渐消失。同时,树叶表面的气孔或粗糙的绒毛能起到多孔纤维吸音板一样的作用,从而把噪声吸收掉。

（4）净化水体

城市水体污染源主要有工业废水、生活污水、降水径流等。工业废水和生活污水在城市中多通过管道排出,较易集中处理和净化。而大气降水,形成地表径流,冲刷和带走了大量地表污物,其成分和水的流向难以控制,许多则渗入土壤继续污染地下水。不少水生植物和沼生植物对净化城市污水有明显作用。如在种有芦苇的水池中,水体中悬浮物可减少 30 %,氯化物可减少 90 %,有机氮可减少 60 %,磷酸盐可减少 20 %,氨可减少 66 %。另外,草地可以滞留许多有害金属元素,吸收地表污物;树木的根系可以吸收水中的溶解质,减少水中细菌含量。目前许多城市纷纷建设人工湿地,通过人工湿地的水生植物对水体进行净化,从而改善水质,美化环境。

4）作为生物栖息地,增加城市生物多样性

公园作为生物栖息地,对增加城市生物多样性有着重要作用。

我们生活的每一座城市中,并非只有车水马龙和熙熙攘攘,城市中隐藏着不少"精灵",与我们共享着城市空间。城市中的生物多样性,并不像我们想的那样贫乏。城市中的公园就是生物多样性尤为丰富的区域。人可与动物"共享"整个城市的空间和资源,与自然共生。

除以上社会文化、经济、环境功能外,城市公园在阻隔性质相互冲突土地的使用、降低人口密度、节制过度城市化发展、有机组织城市空间和人的行为、改善交通、保护文物古迹、减少城市犯罪、增进社会交往、化解人情淡漠、提高市民意识、促进城市的可持续发展等方面都具有重要作用。

1.2　公园的起源与发展

1.2.1　公园的起源

1）西方公园的起源

从古埃及园林出现至今,世界造园已有 6 000 多年的历史。西方公园的起源则可追溯到古希腊的城市广场及中世纪城市郊外开放田园等。欧洲园林是西方古典园林代表,从古希腊庭院,到古罗马和意大利庄园、法兰西城堡与宫苑,再到英国自然风景园,这些园林绝大部分属于贵族私家庄园或皇家宫苑园林。直到 17 世纪中叶,首先在英国、继而在法国和全欧洲爆发的资产阶级革命,武装推翻了封建王朝,建立起土地贵族与大资产阶级联盟的君主立宪政权,宣告资

本主义社会制度的诞生。在"自由、平等、博爱"的口号下,新兴的资产阶级没收了封建领主及皇室的财产,把大大小小的宫苑和私园向公众开放,统称为"公园"。这些园林具备城市公园的雏形,为19世纪欧洲各大城市公园的发展打下了基础。18世纪60年代,英国工业革命开始,资本主义得以迅速发展。由于工业盲目建设,城市无序蔓延,城市人口急剧增加,导致城市卫生与健康环境日益恶化。在这种情况下,资产阶级为了改善居民(特别是工人阶层)的居住生活环境,缓解资产阶级与工人阶级的矛盾,开始建设城市公园,从而改善城市生态环境,满足居民游憩需求。

1843年,英国利物浦市动用税收建设面向公众开放的伯肯海德公园(Birkenhead Park)(图1.3),标志着第一个城市公园正式诞生。

图1.3 英国伯肯海德公园
(图片来源:互联网)

2) 中国公园的起源

中国公园的起源可以通过追溯中国古典园林起源来了解。中国古典园林发展历经生成、转折、全盛、成熟等阶段,最终形成的主体类型为皇家园林、私家园林和寺观园林。这三种类型也是中国古典园林造园活动的主流和园林艺术精髓所在。古代帝王苑囿是中国最早的园林形式,如公元前11世纪的周文王之囿,不仅为王室狩猎、祭祀使用,还兼有游览观赏活动的功能。《周礼》郑玄注,"地官·囿人"有:"囿游,囿之离宫,小苑观处也"。囿不仅供王室使用,也偶尔对贵族甚至庶民开放,体现所谓帝王天子,与庶民同乐。这种情形一定程度上反映了古代帝王之囿具备了现代公园类型之一——野生动物园的一些特征,可理解为现代专类公园的雏形(图1.4)。

皇家园林主要为帝王及皇室成员服务,极少对社会民众开放。相比之下,寺观园林除了部分特定的内部宗教活动空间外,大部分的庭院空间是对公众开放的,加之寺观多地处城郊或山野之中,具有得天独厚的自然山水环境,同时结合庭院绿化,甚至专门营造附属园林,使广大信徒及普通民众(不分达官显贵或平民布衣)在行求神拜佛等宗教活动之余,亦能踏青赏景,游览山水林木风光(图1.5)。这反映了寺观园林较帝王苑囿具备更多的公共园林的职能。因此,古代寺观园林也可以看作我国现代公园的发展源头之一。除了帝王苑囿和寺观园林以外,在中国古典园林发展的成熟后期,也出现了一些具有现代公园特征的公共园林,主要是依托城市开放的水域空间、纪念性公共建筑环境,以及乡村聚落公共空间环境,进行适当的人工园林营造,成为文人墨客诗酒聚会、后人景仰先贤、市民消闲交往、村民休憩交流之处,如清中叶以后的北京什刹海、陶然亭,济南大明湖,南京玄武湖,昆明翠湖,成都杜甫草堂(图1.6)等。

图1.4 周文王灵囿
(图片来源:胡长龙主编《园林规划设计》)

图1.5 北京戒台寺园林
(图片来源:互联网)

图1.6 成都杜甫草堂
(图片来源:互联网)

1.2.2 公园的发展

1)西方公园发展概况

城市公园在诞生后,经过了一系列的发展过程,诸如造园新风格的酝酿、城市公园体系的确立、城市公园运动等。其中城市公园运动对后来城市公园的发展及城市公园体系的确立起到了深远的影响。1938年,霍尔格·布劳姆(Holger Blom)担任了瑞典斯德哥尔摩公园局的负责人,在34年的任期内,他改进了其前任的公园计划,用它去增加城市公园对斯德哥尔摩市民生活的影响。诸如"公园能打破大量冰冷的城市构筑物,作为一个系统,形成在城市结构中的网络,为市民提供享受空气和阳光的场所,为每一个社区提供独特的识别特征;公园为各个年龄的市民提供散步、休息、运动、游戏的消遣空间;公园是一个聚会的场所,可以举行会议、游行、跳舞,甚至宗教活动;公园是在现有自然的基础上重新创造的自然与文化的综合体"等,这些都是他对

公园在城市中的地位与作用的论述。布劳姆的公园计划反映了那个时代的精神:城市公园要成为完全民主的机构,公园属于所有人。在这一计划的实施过程中,斯德哥尔摩公园局成为一群优秀的年轻设计师们成长的地方,也促成了"斯德哥尔摩学派"的形成。城市公园运动为城市公园体系的确立和城市公园系统的规划奠定了坚实的基础,并成为市民对城市公园功用的共识。

1851 年,在城市人口膨胀、城市环境不断恶化的社会背景下,美国纽约州议会通过《公园法》,美国第一位近代造园家安德鲁·杰克逊·唐宁(Andrew Jackson Downing,1815—1852 年)倡导纽约市规划中央公园,1853 年大致确定中央公园的位置和规模,即位于当时的纽约市郊外。纽约市政府以举行设计竞赛的方式征集公园设计方案,风景园林师弗雷德里克·劳·奥姆斯特德(Frederick Law Olmsted)与建筑师卡尔弗特·沃克斯(Calvert Vaux)合作设计的方案从众多应征方案中脱颖而出,成为公园建设实施方案,奥姆斯特德本人也被任命为公园建设的工程负责人。纽约中央公园于 1857 年开建,当时面积为 778 英亩(315 公顷),后在 1873 年完成扩建,现面积 843 英亩(341 公顷),公园长约 4 km、宽约 0.8 km。公园方案借鉴了英国自然式风景园林的设计风格,以大片的森林、草地、树丛和溪流、池塘、湖泊景观,为广大市民创造了一个安静、平和、自然优美的赏景休息场所,并成为当时都市居民最喜爱的户外绿色生活空间之一。公园内还设有动物园、运动场、美术馆、剧院等各种设施,步行道长达 93 km,供人休息的长椅多达 9 000 多张。中央公园最终全部建成于 1873 年,历时 15 年(图 1.7)。

图 1.7 纽约中央公园
(图片来源:互联网)

进入 20 世纪以后,伴随着现代艺术运动、现代建筑运动、科学技术发展,以及现代庭园和公共空间景观艺术实践,公园进一步发展到现代公园的成熟阶段。如美国风景园林师哈普林设计的罗斯福总统纪念公园和彼得·沃克(Peter Walker)设计的伯纳特公园,瑞士风景园林师伯纳德·屈米(Bernard Tschumi)设计的法国巴黎拉·维莱特公园(图 1.8),德国风景园林师彼得·拉茨(Peter Latz)设计的德国北杜伊斯堡工业景观公园(图 1.9)等。

图1.8 拉·维莱特公园
（图片来源:互联网）

图1.9 北杜伊斯堡风景园
（图片来源:互联网）

2）中国公园发展概况

相比于西方公园,我国现代公园的发展起步较晚。1840年鸦片战争后,欧洲列强开始了对东方文明古国的掠夺,并借以不平等条约在中国划分各自的势力范围,开辟商埠、划定租界等。与殖民者一起进入中国的还包括西方人的思想、技术和生活方式。这些外国人为满足自己的游憩生活需要,在各自租界等处仿照西方近代城市公园形式、内容和风格建造所谓"公园"（只允许少数外国人使用,不对中国人开放）。如上海租界地的外滩公园（也称外滩花园,1868年建,现为黄浦公园）（图1.10）、虹口公园（1900年建,后更名为鲁迅公园）（图1.11）、法国公园（1908年建,现为复兴公园）,天津英国公园（又称为维多利亚公园,1887年建,现为解放北园）、法国公园（1917年建,现为天津中心公园）等。公园内容与西方本国公园相似,主要是大片的草坪、树林、花坛和行道树等人工化的自然景观。这些公园的存在一定程度上影响了中国近代公园的建设和发展。

图1.10 上海外滩公园
（图片来源:互联网）

图1.11 上海鲁迅公园
（图片来源:互联网）

除了外国列强租界地公园外,晚清时期,官府乃至一些地方乡绅、华侨也筹建了不同类型的公园,如齐齐哈尔龙沙公园（1904年建）,京师万牲园（1906年建,当时的北京农事实验场附设的动物园,现为北京动物园的一部分）;成都少城公园（1911年建,现为人民公园）;南京玄武湖公园（1911年建,现为钟山风景名胜区玄武湖景区）。辛亥革命后,孙中山先生下令将广州越秀山辟为公园,当时的一批民主主义人士也极力宣传西方"田园城市"的思想,倡导筹建公园,于

是在一些城市里,相继出现了一批公园,如广州的越秀公园、汉口的第一公园(现中山公园)、北平的中央公园(现中山公园)、南京的玄武湖公园、杭州的中山公园、汕头的中山公园等。这些公园大多是在原有的风景名胜的基础上整理改建的,有的本来就是古典园林,也有的是参照欧洲公园的风格扩建、新辟的。直至 1949 年中华人民共和国成立前,我国的公园虽然数量少、内容单一,但已有了动植物展览、儿童公园、茶馆、棋牌室、照相馆、小卖店、音乐台、运动场等设施,初步具有了一些适合休闲活动内容和中西风格混杂的风格。

1949 年前,我国城市公园发展缓慢,规划设计基本停留于模仿阶段。中华人民共和国成立后,尤其是我国改革开放以后,由于国家对人民文化、休闲活动的关心和对城市园林绿地建设的重视,使公园得到了较大的发展。全国各个城市扩建、改建和新建了大型的公园,这些公园已经成为城市居民游憩、社交、锻炼身体、文化娱乐、获取自然信息和开展文化教育活动的必要场所。公园的类型也逐渐增多,有满足人们多种需要的综合公园,有性质比较单一的专类公园,如儿童公园、纪念性公园、名胜古迹公园、动物园、植物园、文化公园、森林公园、青年公园、科学公园、体育公园等,还有各式各样的公园绿地,如社区公园、滨水绿带、街头小游园等。21 世纪以来,由于经济的飞速发展,旅游观念的转变,又出现了许许多多的主题性公园,同时,公园内容和设施方面也在不断充实和提高。

1.3 公园类型与特点

1.3.1 公园的分类依据与原则

1)公园分类依据

公园分类是对各种不同的公园进行归类划分,以满足科学研究、规划管理、资源保护、宣传教育等需要。对于公园分类,最重要的是确定分类依据。分类依据,就是能将不同公园区分开来的某种属性或特征。公园分类的依据很多,如公园的性质与主要功能、公园占地面积大小、公园所处的区域位置等。

(1)公园性质与主要功能

将公园的性质和主要功能相结合作为依据,可以将公园分为国家公园和一般公园(非国家公园)两大类。

国家公园以公益性为优先,超高价值资源环境(如自然与文化遗产)保护为主要功能,实际上也就是一种保护地类型。著名的国家公园有美国黄石国家公园、南非克鲁格国家公园等。我国自 2013 年开始探索试点国家公园体制,2016 年 12 月国家发展改革委报请中央全面深化改革领导小组第三十次会议审议通过了《大熊猫国家公园体制试点方案》等 9 个国家公园体制试点方案(这些国家公园方案有别于现有的自然保护区),正式开启了我国国家公园的发展历程。2021 年 10 月,我国正式设立三江源国家公园、大熊猫国家公园、东北虎豹国家公园、海南热带雨林国家公园、武夷山国家公园,首批 5 个国家公园。

一般公园虽然也具有一般意义的环境生态保护作用,甚至公益性,但不属于保护地类型,更多的还是侧重公众游憩服务功能,有的公园还具有明显的商业性。依据性质与功能,一般公园还可进一步细分为综合公园、体育公园、纪念公园、主题乐园等。

(2)公园所处区域位置

依据公园所处区域位置可将公园分为若干类型,如位于城市建成区范围的城市公园,位于城区周围的环城公园(图1.12)、位于城市郊区和城乡接合部的郊野公园、地处城市以外农村区域的乡村公园等。另外,依据公园所处水域环境不同,有位于河边地带的河滨公园、位于海边的海滨公园(图1.13)等。

图1.12 西安环城公园
(图片来源:互联网)

图1.13 青岛鲁迅公园
(图片来源:互联网)

(3)公园平面形态特征

公园的平面形态特征也可以成为分类依据。如公园建设地块长宽比较大,呈条带状的称为带状公园,如秦皇岛汤河公园(图1.14);而公园形态更为细长,呈线状的称为线形公园,如美国纽约的高线公园(High Line Park)(图1.15)。高线公园将废弃的高架铁路进行改造,设计成可供公众游览观赏的别具特色的线形空中花园,是倡导节约、低碳和循环经济发展理念背景下工业废弃设施生态化改造的成功案例。

图1.14 秦皇岛汤河公园
(图片来源:互联网)

图1.15 纽约高线公园
(图片来源:互联网)

(4)公园管辖或审批级别

依据公园所属管辖机构或设立审批的机构级别不同对公园进行分类。如经联合国教科文组织评审设立的世界地质公园(2004年我国张家界等8处地质公园首批入选世界地质公园名

录),经国家部委审批设立的国家级森林公园(国家林业和草原局审批)、国家级城市湿地公园(住房和城乡建设部审批)等。另外,省、市、县等各级人民政府机关部门也可设立特定类型的公园,如各地省级林业主管部门审批设立省级森林公园等。

（5）公园服务对象

依据公园主要服务对象的不同将公园分为不同类型,如儿童公园、青年公园、育人公园等。例如,儿童公园主要面向儿童,为儿童创造各种娱乐活动和科普教育场所;青年公园则是主要为朝气蓬勃的青年人创造开展体育运动、文化交流和游览休憩的绿色开放空间;盲人公园则是以独特的感知方式为盲人创造认知自然、感知社会的绿色户外空间。

（6）公园面积规模

《城市绿地规划标准》(GB/T 51346—2019)分别针对不同服务人口规模,对综合公园、社区公园、游园给出了适宜规模建议:综合公园面积宜大于 10 hm^2,社区公园面积宜大于 1 hm^2,游园面积宜大于 0.2 hm^2 等。

（7）公园景观要素

依据公园主要内容或特色,可将公园分为植物公园、动物公园、花卉公园、农业公园、森林公园、湿地公园、地质公园、雕塑公园、文化主题公园、盆景园等。

2）公园分类原则

（1）依据统一

任何一种科学分类方法在同一层级上必须有统一的分类依据,只有在相同分类依据条件下,才能同时区分不同类型公园的属性或特征,否则不同类型之间就很可能发生相互涵盖和交叉。

（2）系统全面

分类方法一旦确立,各个层级所表述的类型应该涵盖对应依据条件下的所有类型,而不只是其中一部分。同一层级表述的类型不仅涵盖全面,而且在内容或特征上彼此不同,互不交叉,不同类型的下一层级所分类型之间也不存在相互交叉。

（3）科学命名

公园分类除了遵循依据统一、系统全面原则外,还要科学准确地给出每一个类型的名称,做到含义明确、特征显著。一个分类方法或分类系统中,不仅在同一依据和层级上,各类公园名称的文字含义不会产生交叉或容易使人产生歧义,在不同层级之间也应做到这一点,最终要使表述的每一类公园都有一个能区别于其他类型的恰当名称。

1.3.2　城市公园分类

1）国外城市公园分类体系

目前世界各国对城市公园还没有形成统一的分类系统,许多国家根据本国国情确定了自己的分类系统,下面是一些国家的分类系统。

（1）美国城市公园分类体系

美国城市公园分为：①儿童公园；②邻里娱乐公园；③运动公园（包括田径场、运动场、高尔夫球场、海滨游泳场、营地等）；④教育公园；⑤广场公园；⑥市区小公园；⑦风景眺望公园；⑧滨水公园；⑨综合公园；⑩林荫大道与公园道路；⑪保留地。

（2）德国城市公园分类体系

德国城市公园分为：①郊外森林公园；②国民公园；③运动场及游戏场；④各种广场；⑤花园路；⑥郊外绿地；⑦蔬菜园；⑧运动公园。

（3）日本城市公园分类体系

自 20 世纪六七十年代以来，日本政府十分重视城市公园绿地在改善城市生态、提供游憩、防治污染、防灾、城市美化等方面的功能和作用，以法律规定城市公园完整的分类系统和相应的技术标准。其中，《都市计画法》规定了城市化区域公园规划建设的标准，以城市规划范围内的绿地为对象，不仅确定了都市公园的配置结构、规模、设施、建筑密度等技术标准，还以法律形式确定了管理和运行机制、资金来源渠道等；《都市绿地保全法》则是以特定地区绿地保护为目的的专项法。根据 1991 年日本建设省都市局颁布的《都市公园制度》，日本城市公园分类体系详见表 1.1。

表 1.1　日本城市公园分类体系

公园类型			设置要求
自然公园	国立公园		由环境厅长官规定的，足以代表日本杰出的景观自然风景区（包括海中的风景区）
	国定公园		由环境厅长官规定的，次于国立公园的优美的自然风景区
	自然公园		由都、道、府、县长官指定的自然风景区
城市公园	居住区基干公园	儿童公园	面积 0.25 hm²，服务半径 250 m
		近邻公园	面积 2 hm²，服务半径 500 m
		地区公园	面积 4 hm²，服务半径 1 000 m
	基干公园	综合公园	面积 10 hm² 以上，要均衡分布
		运动公园	面积 15 hm² 以上，要均衡分布
	广域公园		具有提供休息、观赏、散步、游戏、运动等综合功能，面积 50 hm² 以上，服务半径跨越一个市镇、区域，要均衡设置
	特殊公园	风景公园	以欣赏风景为主要目的的城市公园
		植物园	配置温室、标本园、休养和风景设施
		动物园	动物馆及饲养场等占地面积在 20 hm² 以下
		历史名园	有效利用、保护文化遗产，形成与历史时代相称的环境

2)我国城市公园分类与特点

我国现行《城市绿地分类标准》(CJJ/T 85—2017)将绿地分类与《城市用地分类与规划建设用地标准》(GB 50137—2011)相对应,包括城市建设用地内的绿地与广场用地和城市建设用地外的区域绿地两部分。每个部分均采用三级分类法,以主要功能为分类依据。其中公园绿地属于城市建设用地内的绿地大类之一,代码为G1。在此大类之下,又分综合公园(G11)、社区公园(G12)、专类公园(G13)、游园(G14)4个中类。其中,专类公园中类,再分为动物园(G131)、植物园(G132)、历史名园(G133)、遗址公园(G134)、游乐公园(G135)、其他专类公园(G139)6个小类。以上分类(表1.2),与现行《公园设计规范》(GB 51192—2016)中公园分类相一致。

表 1.2　我国城市公园绿地分类

大　类	中　类	小　类
公园绿地(G11)	综合公园(G11)	—
	社区公园(G12)	—
公园绿地(G11)	专类公园(G13)	动物园(G131)
		植物园(G132)
		历史名园(G133)
		遗址公园(G134)
		游乐公园(G135)
		其他专类公园(G139)
	游园(G14)	—

资料来源:《城市绿地分类标准》(CJJ/T 85—2017)

1.4　公园设计流程与任务

1.4.1　公园设计的基本程序

公园设计的基本程序如图1.16所示。

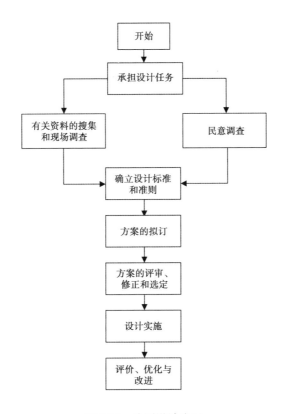

图1.16 公园设计流程

1) 承担设计任务

我国目前承担设计任务一般有直接委托与设计竞标(议标)两种方式。

①直接委托:以直接委托的方式接受设计任务后,需要拟定合理的工作计划,包括工作周期、人员配备、工作深度、技术路线等方面的内容。

②设计竞标(议标):如果是以竞标或议标的方式获得设计任务,要求必须认真分析招标文件的具体要求,制作竞标文件(或称为标书),其主要内容包括设计报价、承诺、人员配备、对设计任务的理解和准备研究的内容、技术路线、工作深度、设计成果清单等。

2) 基础资料的收集

基础资料的收集包括:

- 城市的历史沿革;
- 公园所处的地理位置、面积,在城市中的地位;
- 公园服务范围内的人口组成、分布、密度,人口成长、发展及老龄化程度;
- 公园所处区位的自然环境;
- 公园的土地使用与交通状况;
- 公园所在区位的政治与经济活动状况;
- 城市的总体发展模式。

3）有关公园设计的前期调研

（1）区域现状调研

区域现状调研主要包括：自然环境的调查，人文环境调查，地区特征、社会经济环境的调查。

（2）场地现状调研

场地现状调研主要包括：现状图，包含位置、比例、方位、边界、等高线、地上物、产权、水体、电网、建筑物、既有树木等；现状记录，包含景观特征、良好景观的位置、有损景观的位置、良好的视野范围、可能保存的树木等。

（3）定性与定量的调研

①定性调研：确定公园的性质，从而进行定性的调查与研究分析。如为动物园时，就应该对动物分布与观赏者进行统计分析；为运动公园时，就应该对参与运动的人数和既有的运动设施进行统计分析。

②定量调研：确定公园的规模大小、设施容量、使用面积等。

③公众参与与民意调查：公园的规划设计，需要反映城市居民的实际需求。提高公众参与，重视民意调查，不仅可以做出符合居民需求的规划，更可以获得居民的支持。

4）确立设计标准和准则

①对基础资料和有关公园的调查和研究分析：对基础资料和现状进行调查、整理和分析，或以图表，或以文字整理研究分析结果。

②对公园进行定性、定量的研究分析：进一步研究分析得出公园规划的定性定量的标准和指标，确定公园的设施内容、设施容量、服务人口、服务半径、人均使用面积等等。

③对公园相关法规、法令的研究分析以及对国内外公园案例的研究分析。

④对公园所在区位内城市居民的行为活动、生活习惯、文化特征等方面的分析。

5）方案的拟订

方案的拟订主要应包括以下几个方面：

· 规划设计方案确定，施工图设计；
· 公园的开发方式；
· 公园的投资预算；
· 公园对环境的影响（包括对社会文化、居民生活等的影响）等。

6）方案的评审、修正和选定

主要是对所设计的方案进行专家评审、市民评价，提出修改意见，选出适宜建设的方案，从而使公园的方案更为切实可行，更符合市民的需求，更能体现城市总体发展的要求。

7) 设计实施

设计实施,即方案的付诸实践,包括施工图设计和施工。在实施过程中,对方案进行改进、修正以及现场设计。

8) 实施后的评价和改进

设计在实施的过程中必然会遇到一些实际的问题,需要重新回过头来对方案进行修正和改进。公园在建成投入使用后,也会出现一些在规划设计阶段未能考虑到的问题,应进行总结和检讨,并使之得以改正和改进,力求在以后的公园规划设计中尽量避免问题的重复出现。另外,在城市公园的物质文化规划中存在的具体规划设计方法,如公园的总体规划设计及个别单项设计、景观的组织、景点设计、植物的配置、节点构造等,这里限于篇幅,就不再进行讨论。

1.4.2　公园规划设计的主要任务

1) 基础调查与分析

基础调查的范围和内容包括建设单位、城市背景、自然环境、气象资料、历史人文、基地现状、相关图纸准备。

(1) 自然环境的调查

气象:气温、湿度、风向、风速、大气污染、霜冻、晴雨等;

地形:地形类型、倾斜度、起伏度、地貌等;

地质:地质构造、表层地质等;

土壤:土壤种类、土壤侵蚀、排水、肥沃度等;

水体:水系、河川、湖沼、地下水位、流向、水质等;

生物:植物与野生动物、微生物等;

景观:景观的种类(文化、风土、历史等)。

(2) 人文环境调查

地区特征:未开发地、城市中心、郊区等;

与周围环境的关系:城市中心区、郊区、风景名胜区等;

历史文物:文化古迹的种类、历史文献等;

文化背景:居民的参与意识、社会习俗、居民生活习惯的变革、庆典活动、文化礼仪与教育水平等。

(3) 社会经济环境的调查

城市总体规划:城市各个专项规划;

社会计划:经济发展计划、社会发展计划、产业发展计划等;

经济现状:经济造价、环境质量评估、居民的收入水平和支付能力等;

交通方法:铁路、公路、水路、城市公共交通、空间距离和时间距离等。

2）总体规划设计

总体规划设计,简称总体设计或方案设计,一般根据设计任务书的要求进行总体规划设计。公园总体规划设计的成果内容包括说明书和图纸两部分。规划设计说明包括:项目概况、现状分析、设计依据、设计指导思想和原则、总体构思与分区布局、专项规划设计(竖向、交通、种植、建筑、管线、设施等)、技术经济指标、投资估算。规划设计图纸包括:区位图、现状分析图、总平面图、功能分区图、竖向设计图、交通设计图、种植设计图、总体鸟瞰图(效果图)、用于说明设计意图的其他图纸(如意向图)。

3）局部详细设计

局部详细设计,也称初步设计或技术设计,是根据计划任务书的要求,在总体规划设计方案的基础上进一步扩展深化,对公园各个细部进行详细设计,绘制详细的设计表现图,包括平面图、立面图、剖面图、效果图等;并编写设计说明和工程概算书。

4）施工图设计

施工图是公园规划设计方案付诸实施的具体施工依据,也称施工蓝图(通常为用硫酸纸底图晒出的蓝色线条图纸),完成施工图的过程称为施工图设计,一般根据已批准的公园总体规划设计文件和初步设计内容进行,要求完成施工总图和各个建设项目的施工详图大样(套用图纸和通用图除外),并作出以诠释设计意图;提出施工要求为主的设计、说明;必要时还需编制工程预算书。

思考题

1.简述城市公园的概念及其功用。
2.简述现行《城市绿地分类标准》(CJJ/T 85—2017)中的城市公园分类。
3.简述公园设计的基本程序。

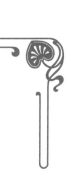

第2章 总体规划设计

本章导读:本章概述了城市公园系统、城市公园系统构建及分级配置、城市公园选址、功能与规模、用地比例与游人容量、设施配置、功能分区等内容。

2.1 城市公园系统

2.1.1 城市公园系统概念

城市公园是从西方工业革命以后,在欧美国家中产生并推广到全世界的。大约在 1634—1640 年,美国当时正处在英国殖民地时期,美国波士顿市政府当局曾作出决议,在市区保留某些公共绿地。其目的,一方面是防止公共用地被侵占,另一方面是为市民提供娱乐场地。这些公共绿地,后来成了公园的雏形。

美国风景园林大师唐宁学习过英国自然风景园的造园理论,受罗伯特·布朗(Robert Brown,19 世纪英国植物学家)及其门徒 H.雷普顿(H. Repton)的影响较大。他从美国的水土气候等自然条件出发,结合绘画造型和色彩学原理,提出园林构图法则。1841 年,他出版了《风景园艺理论与实践概要》(*A Treatise on the Theory and Practice of Landscape Gardening*)一书,以阐明雷普顿的浪漫主义造园艺术。1849 年他访问英国,游览自然风景园,亲身体会其风格。1850 年后他致力于首都华盛顿各大公共建筑物环境的绿化,对美国园林界产生了很大的影响。

唐宁的继承者奥姆斯特德,也是雷普顿的信徒。他出生于农家,受过工程教育,青年时代作为水手曾到过中国,1850 年又步游英伦和欧洲大陆,回国后被委任为纽约中央公园管理处处长。1857 年,他和助手克斯接受了纽约中央公园的设计任务,并提交了以"绿草地"(Green Ward)为题的规划方案。1858 年 4 月,该方案经设计竞赛评委会的仔细评审后,入选并获得头奖。

纽约中央公园规模很大(图 2.1),约 341 hm^2,位于市中心区由按规则数字排列的街道划定的范围内。奥姆斯特德在设计中注意保留了原有优美的自然景观,避免采取规则式布局,用树木和草坪组成了多种自由变化的空间。公园内有开阔的草地、曲折的湖面和自然式的丛林,选择乡土树种在园界边缘做稠密的栽植,并采用了回游式环路与波状小径相结合的园路系统,有些园路还与城市街道呈立体交叉相连。公园内还首次设置了儿童游戏场。

图 2.1　纽约中央公园

（图片来源：互联网）

奥姆斯特德既改变了英国风景园林中过分自然主义和浪漫主义的气氛,又为人们逃避喧嚣、混杂的都市生活安排了一块享受自然的天地。这种公园设计手法,在传统的英国风景式的园林布局与美国网格型的城市道路系统之间,找到了一种恰当的结合方式,后来被称为"奥姆斯特德原则"(The Olmstedian Principles),对美国的大型城市公园设计曾产生了巨大的影响。1860 年,他首创了"风景园林"(Landscape Architecture)一词,以取代雷普顿所习用的"风景园艺"(Landscape Gardening)概念。

继纽约中央公园建成之后,北美各地掀起了一场"城市公园运动"(An Urban Parks Movement),在旧金山、芝加哥、布法罗、底特律、蒙特利尔等大城市,建了多处大型的城市公园。据有关研究显示,1880 年时的美国 210 个城市,九成以上已经记载建有城市公园。如旧金山(San Francisco)的金门公园(Golden Gate Park),总面积 411 hm²,共有树木 5 000 余种。公园内有亚洲文化中心、博物馆、日本茶庭、观赏温室、露天音乐广场、运动场、高尔夫球场、跑马场、儿童游戏场及加利福尼亚科学学院(California Academy of Science)等。在"公园运动"时期,西方各国普遍认为城市公园具有 5 个方面的价值,即保障公共健康、滋养道德精神、体现浪漫主义(社会思潮)、提高劳动者工作效率、增值城市地价。

后来,奥姆斯特德在波士顿的城市规划中首次提出了"公园系统"(Park System)的概念,并将其付诸实践。波士顿公园体系突破了美国城市方格网络布局的限制。该公园体系以河流、泥滩、荒草地所限定的自然空间为定界依据,利用 200~1 500 ft 宽的带状绿化,将数个公园连成一体,在波士顿城区形成了景观优美、环境宜人的公园系统(图 2.2)。这些由多个公园(Parks)和园林路(Park Way)为主体组成的绿地系统,为波士顿营造了良好的城市生态环境。

①波士顿公地(Boston Common)

②公共花园(Public Garden)

③马省林荫道(Commonwealth Avenue)

④滨河绿带(Esplanade),又称查尔斯河滨公园(Charlesbank Park)

⑤后湾沼泽地(Back Bay Fens)

⑥河道景区和奥姆斯特德公园(Riverway & OImsted Park),又称浑河改造工程(Muddy River Improvement)

⑦牙买加公园(Jamaica Park)

⑧阿诺德植物园(Arnold Arboretum)

⑨富兰克林公园(Franklin Park)

图 2.2　美国波士顿公园系统结构图

(图片来源:互联网)

2019 年住房和城乡建设部颁布的《城市绿地规划标准》(GB/T 51346—2019)将公园系统(park system)定义为"由城市各级各类公园合理配置的,满足市民多层次、多类型休闲游览需求的游憩系统"。20 世纪以来,公园系统作为城市开敞空间及绿地系统的重要组成部分,在乡土物种及生物多样性保护、城市健康生态系统维护、社会服务、文教、经济、安全等方面发挥着举足轻重的作用。

2.1.2　生态防护系统

各类公园绿地的绿化用地占比均大于 65%,有些甚至高达 80% 以上。植被、水体等生态要素构建了公园绿地的框架和主体,占据了主导地位。它们积极发挥着涵养水源、调节城市空气温度与湿度、净化空气、维持生物多样性等生态作用。

城市公园系统是构成城市绿地系统的主体内容,是重要的生态防护系统。城市公园系统是城市保护生物多样性的重要生境系统,是涵养水源和雨洪调节的海绵系统,也是为人类提供各类生态服务的绿色基础设施系统。

保护生物多样性的生境系统。城市公园不仅是原有保留植物和人工建植植物的家园,也为一些野生动物和自生植物提供了良好的栖息场所和生境。特别是城市湿地公园、城市森林公园及风景名胜公园,它们甚至是城市乃至地区特有、珍稀及濒危动植物物种的栖息地。此外,城市动、植物园还是城市及地区的物种多样性保护中动物及植物迁地保护(Ex-situ conservation,指生物多样性的组成部分移到它们的自然环境之外进行保护)的主要机构。从人工环境明显的社

区公园、游园,到儿童公园、体育健身公园、中小型综合公园,再到生境环境优越的大型综合公园、城市湿地公园、森林公园、风景名胜公园,城市公园系统为保障城市生物遗传多样性、物种多样性及生态系统多样性发挥着重要的作用。

    涵养水源和雨洪调节的海绵系统(图2.3、图2.4)。城市的过度开发造成了水资源短缺、水污染严重、内涝灾害频发、生态环境恶化等问题。城市建筑、道路、广场等建设导致下垫面硬化,改变了原有的生态涵养功能,地下水位不断下降,城市"大雨必涝,雨后即旱"。"海绵城市"是一种城市发展的新理念和新模式,它以公园等绿地、湖泊水系的建设为载体,实现对雨水的自然积存、自然渗透、自然净化。城市最大、最有效的"海绵体"就是遍布城区的城市公园体系。树木成林的公园是庞大的蓄水池。公园系统中的植被、水体系统在缓解城市内涝、涵养城市水源、净化水质、补充地下水等方面发挥着不可替代的作用。城市公园在涵育城市生态的同时也维护着市民的出行安全。

图2.3　雨水花园系统(一)
(图片来源:互联网)

图2.4　雨水花园系统(二)
(图片来源:互联网)

    为人类提供生态服务的绿色基础设施系统,除以上两大方面的生态贡献以外,作为绿色基础设施系统的主体,公园系统在改善城市小气候、净化空气促进市民健康、防止灾害公害等方面发挥着举足轻重的作用。它们调节温度、湿度,改善城市通风状况,缓解城市热岛效应;它们维持碳氧平衡、吸收有害气体、滞尘、杀菌;它们降低噪声、防风、防火、防水。此外,公园中的植物与山泉、溪流、瀑布、喷泉等区域和设施中的水分子的共同作用,会产生大量被誉为"空气维生素"的负离子氧;公园中芳香植物还会产生活性挥发物。公园绿色的植被环境、负氧离子、芳香物质,对人们的神经系统、呼吸系统、视觉系统健康及心理健康均有着有显著的维护和修复作用。

2.1.3　宜居生活系统

《公园设计规范》(GB 51192—2016)将公园(Public Park)定义为:"向公众开放,以游憩为主要功能,有较完善的设施,兼具生态、美化等作用的绿地。"奥姆斯特德认为,两大公园特点决定了宜居之道:沉浸自然时的清新宁静以及唾手可得的休闲机会(图 2.5)。

图 2.5　公园景观设计
(图片来源:谷德设计网)

首先,公园是宜居生活的休闲游览系统。公园丰富的植物、山水等自然景观营造出良好、舒适的户外生态环境,如绿色葱茏、鸟语花香。人们工作之余在公园里散步休息、呼吸新鲜空气、欣赏花鸟虫鱼,有助于消除疲劳、恢复身心健康。公园中为孩子和成人设置的各类娱乐设施,供市民在舒适的户外环境中开展各类娱乐活动,获得丰富多彩的文化艺术感知以及多种多样的身体与心理体验。综合公园和植物园、动物园、游乐园、文化主题公园等专类公园也是节假日人们游览观光的重要目的地(图 2.6,图 2.7)。

图 2.6　植物园
(图片来源:谷德设计网)

图 2.7　文化主题公园
（图片来源：谷德设计网）

　　其次，公园是居民重要的日常体育健身系统。在绿色植物环绕、空气清新、景色优美的公园环境下开展体育运动和健身活动，无疑对身心大有裨益。公园中设置的各种体育运动设施和健身场地，满足人们开展群众体育运动交流和健身活动的需求。近些年以体育健身活动为主要功能的体育公园越来越受到居民的欢迎。

　　再次，公园是家庭及社会人际交往系统。下班后或周末在公园休闲散步为家庭成员间提供了轻松平和的交流体验；家长陪伴孩子在公园玩耍获得了温馨的亲子时光。儿童与同伴在公园嬉戏玩耍、运动休闲的同时学会了如何与同龄人交流，如何交友。公园也同样是成年人日常交往的室外会客厅。除传统的交往外，许多公园还被赋予时代的内涵，成为音乐节、动漫巡展、美食节的承办场地，这些也为公园注入新的活力。

　　最后，公园是浸润式的科普文教系统。公园是一个城市地域文化、生态资源文化的重要载体。地域化的动植物资源、历史文化、风土人情是公园设计的灵魂。市民特别是少年儿童在游览观光、休闲娱乐中可轻松愉快地接受各种科普文化知识和人文教育。

　　此外，公园还是居民防灾避灾系统。公园建筑物少，大量草坪、树林等开敞绿地和铺装场地能够在地震、火灾等灾难发生时疏散容纳人群，是受灾人群理想的临时庇护场所。公园空旷地带及防火绿带可以阻止火灾蔓延。灾害发生后，居民可以在公园里搭设临时避灾住所，利用公园里的水源和其他相关避灾设施，维持简单的灾后过渡生活，等待家园恢复和重建。

　　方兴未艾的绿道系统将各类公园和绿地串联起来，共同构建了舒适、健康、安全、宜居的生活系统。

2.1.4　美学及人文系统

　　每个城市都有自己独特的自然地形、地貌、山川、河流、湖泊的分布,历史文化遗存。当这些资源与人和人的生产、生活有机融合后产生了独具特色的民俗文化、风土人情、城市记忆。这些都像是一座城市自带的基因,是其他城市无法比拟也无法复制的。城市公园正是这些自然和人文资源保护、发展、传承的重要场所和载体。城市的公园系统是城市基因表达的美学和人文系统。

　　放眼一座座世界名城,每个城市都有着优美迷人的城市公园。纽约的中央公园,是纽约这座繁华都市中的一片静谧休闲之地,是纽约的"后花园";巴黎的卢森堡公园,有着古典文艺的风貌,是巴黎市民慢跑的好去处;伦敦的海德公园,有着蜿蜒的小径和别致的蛇形湖,是市民和游人喜爱的地方。北京的北海公园,是中国现存历史上建园最早、保存最完整、文化沉积最深厚的古典皇家园林,是感受中国古典园林艺术的绝佳之地。形象鲜明、功能多样的高质量城市公园往往能成为一个城市文明和繁荣的标志。

　　城市公园系统将城市和自然有机联系,使人们身居城市仍得自然的孕育。公园郁郁葱葱的植被、近人的亲水空间、生机勃勃的湿地等让城市居民充分感受舒适自然之美。起伏变化的地形、宽阔如镜的湖面、清澈见底的溪流、高大伟岸的树姿、青翠欲滴的叶片、色彩斑斓的花朵,人们沉醉于自然美景的同时,心中"登高思乡""鸟鸣山幽""采菊东篱"的意境美也油然而生。

　　在文物古迹、自然和历史遗址及其周边修建公园,既能够作为遗产保护的缓冲区而有效防止现代建设对遗产可能的伤害,又保护了遗产周边环境的原真性。把文化遗产转化为特色鲜明、内容丰富公共文化空间,更好地发挥了遗产保护的作用。地域特征相似而各具场所特色的公园还记载着城市鲜活的民风民俗和城市特殊记忆。如北京除夕逛地坛公园庙会,广州春节赏文化公园花会,武汉黄鹤楼公园领略文学大家诗文风采,成都人民公园鹤鸣茶舍惬意品茗。人们在传统节假日、民俗日及日常休闲的游园活动中与先贤对话,传承中华文明,追忆城市历史。

2.1.5　新经济系统

　　工业文明以来,城市公园带动周边经济和产业发展的案例层出不穷,国外如英国伯肯海德公园、美国纽约中央公园,国内如上海的徐家汇公园等等。城市公园作为城市的主要绿色空间,带动社会经济发展中的作用非常明显。其最显著的作用是能使周边地区地价和不动产升值,吸引投资,从而推动该区域的经济和社会的发展。另外,公园也使得周边地区的商业、旅游业、房产业等行业得到良好、迅速的发展。

　　公园系统成为城市理想的新经济系统和以下两条发展线路及模式密不可分:

1)从 CBD 到 CAD 再到 CEAD

　　即城市中心的定位逐渐从早期的 CBD(Central Business District,中央商务区)向 CAD(Central Activity District,中央活动区)和 CEAD(Central Ecological Activity District,中央生态活动区)转变。

　　CBD 是一个国家或城市里主要商务活动进行的地区。它位于城市中心,高度集中了城市

的经济、科技和文化力量。作为城市的核心,它应具备金融、贸易、服务、展览、咨询等多种功能,并配以完善的市政交通与通信条件。CBD 规模要求高,往往只有地区中心城市才有可能建成,且数量有限。于是功能类似的 CAD 应运而生。与 CBD 相比,CAD 在功能上继承了商业、商务功能,同时又适应新经济发展和人的需要,突出并强调文化、休用、创意及高品质住宅等功能。这些功能更加多元、复合、丰富,可以成为人 24 小时的活动区域。

除了功能性的诉求,叠加了生态功能特别是公园设施的 CAD 即 CEAD,在一定程度上满足了都市人群回归自然的愿望,城市公园等公共空间成为 CEAD 的重要组成部分。城市、生态、人成为密不可分的共同体。以公园绿地作为城市发展的核心,使公园绿地和城市的大型公共服务设施、商务区、居住区结合在一起,成为城市的中心,强化了城市中心的生态功能,使中心区既环境友好又富有活力。公园从生态功能看是城市之肺,从使用功能看是城市客厅。公园从城市附属品变为城市的必需品,走上了城市舞台中央。

从 CBD 到 CAD 再到 CEAD,城市中心的功能正在逐渐从单一的生产功能,向生产、生活、生态多种功能的复合转变。这也契合了当下以人为本、与自然和谐共生的城市发展理念。一个城市只可能有为数不多的 CBD,但它可以有多个 CAD 和 CEAD。CEAD 越来越成为驱动城市发展、提升城市品质、满足人们美好生活需要的新动能。

2)TOD+POD 模式

20 世纪 90 年代提出的 TOD(Transit-Oriented Development)模式,即以公共交通为导向的开发模式,凭借其强大的改善交通拥堵、高效资源配置以及制造新经济中心的能力,已成为许多大型城市解决城市发展规划问题的首选模式。其中的城市公共交通主要是指公共汽(电)车(含有轨电车)、城市轨道交通系统和有关设施,然后以公交站点为中心、以 400~800 m(5~10 分钟步行路程)为半径建立中心广场或城市中心,其特点在于集工作、商业、文化、教育、居住等为一身的"混合用途"。

2018 年公园城市建设以来,POD(Park Oriented Development)的发展模式逐渐被更多城市认可。它一种以城市公园等生态基础设施为导向的城市空间开发模式,即通过依托自然资源禀赋开发新城或社区,提升区域生活品质和居住环境,形成生态环境与周边地区土地开发的良性互动,进而带动新城的发展。当 TOD+POD 的组合模式形成,即出行效率最高的公共交通与最具城市生态价值的公园结合共同引导城市发展,绿色、高效、充满活力的新经济系统即将产生。

2.2 城市公园系统构建及分级配置

2.2.1 城市公园系统构建要求

构建公园体系,配置各类公园绿地,应遵循分级配置、均衡布局、丰富类型、突出特色、网络串联的原则,并应符合下列规定:

- 新城区均衡布局公园绿地,旧城区应结合城市更新,优化布局公园绿地,提升服务半径

覆盖率。

- 应按照服务半径分级配置大、中、小不同规模和类型的公园绿地。
- 应合理配置儿童公园、植物园、体育健身公园、游乐公园、动物园等多种类型的专类公园。
- 应丰富公园绿地的景观文化特色和主题。
- 宜结合绿环、绿带、绿廊和绿道系统等构建公园网络体系。

2.2.2　城市公园的分级配置

1)城市公园分级配置原则

主要是针对公园用地和游憩设施的现状,确立城市公园系统的分布形式与分布原则,并对有限的游憩资源进行合理的分布、布局、利用、开发与管理。

在城市范围内进行公园分级配置和总体分布规划时,应依据下列几项原则:

- 公园的分布规划要作为城市总体规划的一个重要环节,而且要与城市总体规划的目标相一致。
- 各种不同类型的公园应遵循"均衡分布"的原则。
- 应考虑各公园相互间的交通或景观联系及公园服务区的最大可及性。
- 园的分布应对城市的防火、避难及地震等灾害类型具有明显的防、避效果。
- 应考虑不同季节的综合利用,同时可以达到各种不同的游憩目的。
- 公园分布时应考虑开发的问题,尽量利用低洼地、废弃地、滨水地、坡度大的山地等不适于建筑房屋和耕种的土地。
- 选择易于获得和易于施工、管理的土地。

2)公园系统分级规划控制指标

设区城市的各区规划人均公园绿地面积不宜小于 7.0 m^2/人;每万人规划拥有综合公园指数不应小于 0.06。万人拥有综合公园指数计算公式如下:

$$万人拥有综合公园指数 = \frac{综合公园总数(个)}{建成区内的人口数量(万人)}$$

公园绿地分级规划控制指标应符合表 2.1 规定。

表 2.1　公园绿地分级规划控制指标(m^2/人)

规划人均城市建设用地		<90.0	≥90.0
规划人均综合公园		≥3.0	≥4.0
规划居住区公园	社区公园	≥3.0	≥3.0
	游　园	≥1.0	≥1.0

资料来源:《城市绿地规划标准》(GB/T 51346—2019)

专类园规划应符合如下要求：

- 小城市、中城市人均专类公园面积不应小于 1.0 m²/人；大城市及以上规模的城市人均专类公园面积不宜小于 1.5 m²/人。
- 直辖市、省会城市应设置综合植物园；地级及以上城市应设置植物园；其他城市可设置植物园或专类植物园。并应根据气候、地理和植物资源条件确定各类植物园的主题和特色。
- 直辖市、省会城市应设置大、中型动物园；其他城市宜单独设置专类动物园或在综合公园中设置动物观赏区；有条件的城市可设置野生动物园。
- 大城市及以上规模的城市应设置儿童公园；Ⅰ型大城市及规模以上的城市宜分区设置儿童公园；中、小城市宜设置儿童公园。

3）公园系统分级设置要求

城市公园的分级设置应符合表 2.2 规定。同类型不同规模的公园应按服务半径分级设置，均衡布局，不宜合并或替代建设。

表 2.2　公园绿地分级设置要求

类　　型		服务人口规模/万人	服务半径/m	适宜规模/hm²	人均指标/(m²·人⁻¹)	备　　注
综合公园		>50.0	>3 000	≥50.0	≥1.0	不含 50 hm² 以下公园绿地指标
		20.0~50.0	2 000~3 000	20.0~50.0	1.0~3.0	不含 20 hm² 以下公园绿地指标
		10.0~20.0	1 200~2 000	10.0~20.0	1.0~3.0	不含 10 hm² 以下公园绿地指标
居住区公园	社区公园	5.0~10.0	800~1 000	5.0~10.0	≥2.0	不含 5 hm² 以下公园绿地指标
		1.5~2.5	500	1.0~5.0	≥1.0	不含 1 hm² 以下公园绿地指标
	游园	0.5~1.2	300	0.4~1.0	≥1.0	不含 0.4 hm² 以下公园绿地指标
		—	300	0.2~0.4	—	—

注：1. 在旧城区，允许 0.2~0.4 hm² 的公园绿地按照 300 m 计算服务半径覆盖率；历史文化街区可下调至 0.1 hm²。

2. 表中数据以上包括本数，以下不包括本数。

资料来源：《城市绿地规划标准》（GB/T 51346—2019）

2.3　城市公园选址

2.3.1　选址原则

根据《城市绿地规划标准》（GB/T 51346—2019），城市公园的选址需要遵循以下原则和要求：

- 应选用各种现有公园、苗圃等绿地或现有林地、树丛等加以扩建、充实、提高或改造，增加必要的服务设施，不断提高园林艺术水平，以适应人民生活质量日益提高的需要。

- 要充分选择河、湖所在地,利用河流两岸、湖泊的外围创造带状、环状的公园绿地。充分利用地下水位高、地形起伏大等不适宜建筑但适宜绿化的地段,创造丰富多彩的园林景色。
- 选择名胜古迹、革命遗址等地,配植绿化树木,使其既能显现城市绿化特色,又能起到教育广大群众的作用。
- 结合旧城改造,在旧城建筑密度过高地段,有计划地拆除部分劣质建筑,规划、建设绿地、花园,以改善环境。
- 充分利用街头小块用地,"见缝插绿"开辟多种小型公园,方便居民就近休息赏景。

2.3.2　各类型城市公园选址

1)综合公园

综合公园指内容丰富,有相应设施,适合于公众开展各类户外活动、规模较大的绿地。它是城市绿地系统的重要组成部分,不仅为城市提供大面积的绿地,且具有丰富的户外游憩内容,是群众性的文化教育、娱乐、休息场所,对城市面貌、环境保护、社会生活起到重要的作用。综合公园要求自然条件良好、风景优美、植物种类丰富、内容设施较完备、规模较大、质量较好,能满足人们游览休息、文化娱乐等多种功能需求,适合各种年龄和职业的居民进行一日或半日以上的游赏活动。综合公园内常设有茶室、餐馆、游艺室、溜冰场、露天剧场、儿童乐园等。全园应有明确的功能分区,如文化娱乐区、体育活动区、儿童游戏区、安静休息区、动植物展览区、管理区等。用地选择要求服务半径、土壤条件、环境条件及工程条件(水文水利、地质地貌)适宜。

在综合公园用地选择上应注意如下几方面:

- 综合公园的服务半径应使居住用地内的居民能方便使用,并与城市内主要交通干道、公共交通设施有方便的联系。
- 符合城市绿地系统规划中确定的性质和规模,尽量充分利用城市的有利地形、河湖水系,并选择不宜于工程建设及农业生产的地段。
- 充分发挥城市水系的作用,选择具有水面的地段建设公园,这样既可保护水体,又可增加公园景色,并满足开展水上运动、公园地面排水、植物浇灌、水景用水的需要。
- 选择现有植被丰富和有古树名木的地段。在原有林场、苗圃、丛林等基础上加以规划改造,这样有利于尽早见效,并可以节约投资。
- 选择可以利用的名胜古迹、革命遗址、人文历史、园林建筑的地区规划建设公园以达到丰富公园内容、保护民族文化遗产的目的。
- 公园用地应考虑将来发展的可能性,留出适当面积的备用地。对于备用地暂时可考虑作为苗圃、花圃等用地,待需要建设时再进行改建。

2）社区公园

社区公园用地独立，具有基本的游憩和服务设施，主要为一定社区范围内居民就近开展日常休闲活动服务的绿地（图2.8）。社区公园与居民生活关系密切，使之必须和住宅开发配套建设，合理分布。但是与综合公园相比，社区公园有着鲜明的特性，其游人比较单一，主要为本社区居民服务。

图 2.8　社区公园
（图片来源：谷德设计网）

社区公园的选址和分布根据所在城市、所在社区的类型、当地土地利用状况和自然资源条件、经济发展水平、居住环境的差异等综合考虑，一般应遵循以下原则。

①与其他类别的公园绿地均衡分布。如果一个社区附近已有大型的综合公园或专类公园，只要能提供足够的活动场所和设施，就不必设置较大型的社区公园，或与以上类型公园离开足够距离设置，要更关注邻里社区公园的均衡分布以及网络化联系，使市民能方便地到达这些更为大型的公园绿地。

②与社区公共服务设施统筹安排。

社区公共服务设施包括教育医疗、文化体育、商业金融、社区服务管理等设施。这些设施用地通常位于社区中心，占据良好的区位、便捷的交通，人流密度较高。社区公园与这些设施统筹安排，在布局处理上采用分与合的方法来提高社区公园的使用率及可达性。

③选择具有一定价值的自然资源或历史文化资源的地带。

社区公园与这些地带的结合不仅能起到资源保护、文化继承的作用，还能提高社区公园的内涵与品位，树立社区形象与特色。

④选择易于获得的土地。

城市低洼地、坡地、工业废弃地等不适于建筑的土地一般都较易获得，既没有前期动拆迁的大成本投入，建设周期也大大缩短，其不利于建筑的地形特征还能成为公园绿地设计的有利条件，是很适合用来布置社区公园的。

⑤均布模式以人口规模作参照。

社区公园分布的均等性和公平性要求对已有绿地资源的区位分布和人口分布状况进行调查评价，以发现一定社区范围内的公园绿地是否存在数量、规模、可达性等方面的不足。因此，城市总规层面上的服务半径理论应该在此基础上进一步深化。

社区公园的服务半径与《城市居住区规划设计规范》(GB 50180—2018)对居住区分级相呼应。十五分钟生活圈居住区、十分钟生活圈居住区对应的社区公园服务半径分别为 800 ~ 1 000 m 和 500 m。结合实际经验,更科学的多边形服务区概念的计算方式为:以公园入口为出发点,以交通网络为路径,以公园服务半径为距离得出的一个多边形服务区,对社区公园的规划布局而言比同心圆式的服务区更为科学、精确。

3)专类公园

专类公园是指具有特定内容和形式,有相应的游憩和服务设施的公园绿地,包括动物园、植物园、历史名园、遗址公园、游乐公园,以及儿童公园、体育健身公园、滨水公园、纪念性公园、雕塑公园、位于城市建成区用地内的风景名胜公园、城市湿地公园和森林公园等其他专类公园。

(1)动物园

动物园指在人工饲养条件下,移地保护野生动物,进行动物饲养、繁殖等科学研究,并供科普、观赏、游憩等活动,具有良好设施和解说标识系统的绿地。其用地规模与展出动物的种类相关,面积小至 15 hm² 以下,大至 60 hm² 以上。为保证动物休息,一般夜间不开放。其用地选择应远离有噪声、污染的地区和居住用地、公共设施用地,以免病疫互相感染;同时便于为不同生态环境(森林、草原、沙漠、淡水、海水等)、不同地带(热带、寒带、温带等)的动物创造适宜的生存条件。还应与屠宰场、动物皮毛加工厂、垃圾处理场、污水处理厂等保持必要的安全距离。如果附设在综合公园内,应布置在下风、下游地带。

(2)植物园

植物园是进行植物科学研究、引种驯化、植物保护,并供观赏、游憩及科普等活动,具有良好设施和解说标识系统的绿地。植物园的选址依其不同的类型和任务而定:侧重科普、游览的,以设于交通方便的近郊为宜;侧重科研的则可设于远郊。其用地选择一般远离居住区,但要尽可能设在交通方便、地形多变、土壤水文条件适宜、无城市污染的地区,以利各种生态习性的植物生长。

(3)游乐公园

游乐公园指单独设置,具有大型游乐设施,生态环境较好的绿地。游乐公园中的主题公园位置选择、主题创意、项目设置等方面要充分考虑其商业价值、大众品位及环境效益。

(4)儿童公园

儿童公园指单独或组合设置,拥有部分或完善的儿童活动设施,为学龄前和学龄儿童创造和提供以室外活动为主的环境良好,供他们游戏、娱乐、开展体育活动和科普活动并从中得到文化与科学知识,有安全、完善设施的城市专类公园。儿童公园园内各种活动设施、建筑物、构筑物以及植物布置等都应符合儿童的生理、心理及行为特征,并具有安全性、趣味性和知识性。其选址应接近居住区,同时应避免使用者穿越交通频繁的干道到达(图2.9)。

(5)其他专类公园

其他专类公园指除以上各种专类公园外,具有特定主题内容的绿地,包括体育健身公园、滨水公园、纪念性公园、雕塑园以及位于城市建设用地内的风景名胜公园、城市湿地公园和森林公园等。

图 2.9　儿童公园
（图片来源：谷德设计网）

①体育健身公园。体育健身公园是具有特殊性质的城市专类公园，要求既有符合一定技术标准的体育运动设施，又有较充分的绿化布置，主要供各类体育运动比赛和练习用，同时可供运动员及群众休息游憩。体育健身公园设有停车场地及各类附属建筑，有良好的绿色环境，是城市居民锻炼身体和进行各种体育比赛的运动场所，属社会体育设施与城市公园两者的融合体。其选址应重视大容量的道路与交通条件。

②纪念性公园。纪念性公园是以纪念历史事件、缅怀名人和革命烈士为主题的，为当地的历史人物、革命活动发生地、革命伟人及有重大历史意义的事件而设置的公园。有些纪念公园则是以纪念馆、陵墓等形式建造的，如南京中山陵、鲁迅纪念馆等。其目的是提供后人瞻仰、怀念、学习等的场所，并提供游览、休息和观赏的空间。

4）游园

游园是指除以上各类公园绿地外，用地独立，规模较小或形状多样，方便居民就近进入，具有一定游憩功能的绿地。游园用地的选址比较灵活，一般面积大于 0.2 hm² 的用地都可建成游园；对于历史文化街区，游园的面积可下调至 0.1 hm²。但需注意的是，对于带状用地，其用地宽度宜大于 12 m。

2.4　功能与规模

公园一般都有三个方面的功能，即生态功能、社会功能和经济功能，每个方面又有不同的功能内涵。生态功能从大到地球自然生态系统保护，小到具体某个地块的水土保持。社会功能更是多种多样，如游览观赏、休闲娱乐、运动健身、科普教育等。经济功能有直接经济效益和间接经济效益之分。直接经济效益是通过公园建设和运行直接获得经济收益,而间接经济效益则是通过公园发挥生态和社会功能,改善经济建设环境,提高经济发展水平,并促进经济可持续发展。

就整体发展而言,绝大多数公园都有以上三大功能,但不同类型公园具体功能又有所侧重。如综合性公园的社会功能尤为突出,要求满足各年龄段市民基本的游憩爱好需求,其内容丰富、游憩和配套管理服务设施完备。专类公园中的动植物园除要突出科研及科普教育功能外,还在地区生物多样性保护方面发挥着举足轻重的作用。游乐公园则主要突出直接经济效益。社区公园、游园主要体现就近的一般性户外休憩功能。各类城市公园构成城市公园系统,连同国家公园等区域绿地构建主体生态网络系统。

城市公园总体规模应与城市人口和城市绿地系统规划要求相适应。《全国城市生态保护与建设规划(2015—2020年)》中2020年城市人均公园绿地面积考核指标为:人均建设用地面积小于80 m²的城市达到12 m²;人均建设用地面积在80~100 m²的城市达到12.4 m²;人均建设用地面积大于100 m²的城市达到14.6 m²。

《城市绿地规划标准》(GB/T 51346—2019)分别针对不同服务人口规模,对综合公园、社区公园、游园给出了适宜规模建议:综合公园面积宜大于10 hm²、社区公园面积宜大于1 hm²、游园面积宜大于0.2 hm²,详见表2.2。

对于各类城市公园内容及规模,《公园设计规范》(GB 51192—2016)中规定,公园设计应以创造优美的绿色自然环境为基本任务,并根据公园类型确定其特有的内容。综合公园应设置游览、休闲、健身、儿童游戏、运动、科普等多种设施,面积不应小于5 hm²。专类公园应有特定的主题内容,并应符合下列规定:

- 动物园应有适合动物生活环境的,供游人参观、休息、科普的设施,安全、卫生隔离的设施和绿带,后勤保障设施;面积宜大于20 hm²,其中专类动物园面积宜大于5 hm²。
- 植物园应创造适于多种植物生长的环境条件,应有体现本园特点的科普展览区和科研实验区;面积宜大于40 hm²,其中专类植物园面积宜大于2 hm²。
- 历史名园的内容应具有历史原真性,并体现传统造园艺术。
- 其他专类公园,应根据其主题内容设置相应的游憩及科普设施。

社区公园应设置满足儿童及老年人日常游憩需要的设施。游园应注重街景效果,应设置休憩设施。

城市湿地公园是在城市规划区范围内,以保护城市湿地资源为目的,兼具科普教育、科学研究、休闲游览等功能的公园绿地。对于城市湿地公园,2017年住房城乡建设部颁布的《城市湿地公园设计导则》对城市湿地公园规模与湿地面积指标要求见表2.3。

表2.3 公园规模与湿地所占比例

公园规模	小 型	中 型	大 型
公园面积	≤50 hm²	50~200 hm²(不含)	≥200 hm²
湿地所占比例	≥50%	≥50%	≥50%

2.5 用地比例与游人容量

2.5.1 公园用地比例

公园用地一般包括水体和陆地两部分。公园总面积包括水体面积和陆地面积。绿化用地、建筑占地、园路及铺装场地用地和其他用地等用地类型基本都建于陆地上(水上建筑数量极少,其用地列入陆地中计算)。

①绿化用地。公园绿化用地是指公园内用以栽植乔木、灌木、花卉和草地的用地,是公园中面积最大的用地类型,也是公园丰富优美自然环境景观形成的基础,各类公园中绿化用地占陆地面积比例应大于65%。

②建筑占地。公园建筑占地是指公园中游憩服务建筑(为游人提供游览、观赏、文化、娱乐等服务以及为游人的其他多种需要提供服务的建筑)和管理建筑(用于公园管理,不对游人开放、服务的建筑)等各种类型的建筑所占用地,各类公园中建筑占地与陆地面积比较最大值应小于14%,面积规模很小的公园可以不设建筑用地。

③园路及铺装场地用地。园路及铺装场地用地指公园内的所有硬化场地,包括林荫停车场的硬化部分、林荫铺装场地的硬化部分以及砂石地面、沙土地面等。园路及铺装场地用地是公园不可缺少的用地类型,但各类公园中园路及铺装场地用地所占面积比例最大不应超过30%。

④其他用地。是指除以上用地以外的用地,如公园中占地面积较大的大型人造假山。

公园的用地比例即指公园内各类用地,包括绿化用地、建筑占地、园路及铺装场地用地等,占公园陆地面积的比例。公园用地面积及用地比例应按照表2.4规定进行统计。

表2.4 公园用地面积及用地比例表

公园总面积/m²	用地类型			面积/m²	比例/%	备注
	陆地	绿化用地	m²	%		
		建筑占地	m²	%		
		园路及铺装场地用地	m²	%		
		其他用地	m²	%		
	水 体					

注:如有"其他用地",应在"备注"一栏中标明内容。

资料来源:《公园设计规范》(GB 51192—2016)

公园用地比例应以公园陆地面积为基数进行计算,并符合表2.5的规定。

表 2.5　公园用地比例

陆地面积 A_1/hm^2	用地类型	公园类型					
		综合公园	专类公园			社区公园	游　园
			动物园	植物园	其　他		
$A_1<2$	绿　化 管理建筑 游憩建筑和服务建筑 园路及铺装场地	— — — —	— — — —	>65 <1.0 <7.0 15~25	>65 <1.0 <5.0 15~25	>65 <0.5 <2.5 15~30	>65 — <1.0 15~30
$2\leqslant A_1<5$	绿　化 管理建筑 游憩建筑和服务建筑 园路及铺装场地	— — — —	>65 <2.0 <12.0 10~20	>70 <1.0 <7.0 10~20	>65 <1.0 <4.0 10~25	>65 <0.5 <2.5 15~30	>65 <0.5 <1.0 15~30
$5\leqslant A_1<10$	绿　化 管理建筑 游憩建筑和服务建筑 园路及铺装场地	>65 <1.5 <5.5 10~25	>65 <1.0 <14.0 10~20	>75 <1.0 <4.0 10~20	>70 <0.5 <3.5 10~20	>70 <0.5 <1.5 10~25	— — — —
$10\leqslant A_1<20$	绿　化 管理建筑 游憩建筑和服务建筑 园路及铺装场地	>70 <1.5 <4.5 10~25	>65 <1.0 <14.0 10~20	>75 <1.0 <4.0 10~20	>70 <0.5 <3.5 10~20	>70 <0.5 <1.5 10~25	— — — —
$20\leqslant A_1<50$	绿　化 管理建筑 游憩建筑和服务建筑 园路及铺装场地	>70 <1.0 <4.0 10~22	>65 <1.5 <12.5 10~20	>75 <0.5 <3.5 10~20	>70 <0.5 <2.5 10~20	— — — —	— — — —
$50\leqslant A_1<100$	绿　化 管理建筑 游憩建筑和服务建筑 园路及铺装场地	>75 <1.0 <3.0 8~18	>70 <1.5 <11.5 5~15	>80 <0.5 <2.5 5~15	>75 <0.5 <1.5 8~18	— — — —	— — — —
$100\leqslant A_1<300$	绿　化 管理建筑 游憩建筑和服务建筑 园路及铺装场地	>80 <0.5 <2.0 5~18	>70 <1.0 <10.0 5~15	>80 <0.5 <2.5 5~15	>75 <0.5 <1.5 5~15	— — — —	— — — —

续表

陆地面积 A_1/hm^2	用地类型	公园类型					
		综合公园	专类公园			社区公园	游园
			动物园	植物园	其他		
$A_1 \geqslant 300$	绿化	>80	>75	>80	>80	—	—
	管理建筑	<0.5	<1.0	<0.5	<0.5	—	—
	游憩建筑和服务建筑	<1.0	<9.0	<2.0	<1.0	—	—
	园路及铺装场地	5~15	5~15	5~15	5~15	—	—

注:"—"表示不作规定;上表中管理建筑、游憩建筑和服务建筑的用地比例是指其建筑占地面积的比例。

资料来源:《公园设计规范》(GB 51192—2016)

2.5.2 公园游人容量

公园设计应确定游人容量,作为确定内部各种设施数量或规模的重要依据,更好地满足游人游览需要。同时游人容量也是公园管理上控制游人数量的参考数据,避免公园因超容量接纳游人,造成人身伤亡和园林设施的损坏等事故。

公园游人容量是指公园中能够容纳游人的适宜数量,包括在公园陆地上的游人数量和水上游览活动的游人数量,计算公式如下:

$$C = (A_1/A_{m1}) + (A_2/A_{m2})$$

式中　C——公园游人容量,人;

　　　A_1——公园陆地面积,m^2;

　　　A_{m1}——人均占有公园陆地面积,m^2/人;

　　　A_2——公园开展水上活动的水域面积,m^2;

　　　A_{m2}——人均占有活动水域面积,m^2/人。

人均占有公园陆地和活动水域面积及指标应符合表 2.6 的规定。

表 2.6　公园游人人均占有公园陆地和活动水域面积指标(m^2/人)

公园类型	人均占有陆地面积 A_{m1}	人均占有活动水域面积 A_{m2}
综合公园	30~60	150~250
专类公园	20~30	
社区公园	20~30	
游园	30~60	

注:人均占有公园陆地和活动水域面积指标上下限取值应根据公园区位、周边地区人口密度等实际情况确定。

资料来源:《公园设计规范》(GB 51192—2016)

公园的游人量随季节、假日与平时、一天中的时间变化出现波动变化。公园游人容量的确定以游览旺季周末高峰时的在园游览人数为标准,从而保证公园设施的配比能够匹配游人的需求。如用节日的游人量,数值会偏高,由此测算的配套设施偏多,容易造成浪费,用游览淡季或平日的游人量又会使标准太低,造成公园内过分拥挤。

2.5.3　城市湿地公园的用地比例与游人容量

对于城市湿地公园这种特殊类型的专类公园,其用地比例和游人容量有特殊的要求和计算方式。

1)用地比例

城市湿地公园用地面积包括陆地面积和水体面积。水体应以常水位线范围计算面积,潜流湿地面积应计入水体面积。

计算时应以公园陆地面积为基数,分区进行。功能分区详见 2.7.3 的相关内容。其中陆地面积应分别计算绿化用地、建筑占地、园路及铺装用地面积及比例,并符合表 2.7 的规定。

表 2.7　城市湿地公园用地比例(%)

陆地面积 /hm²	用地类型	生态保育区	生态缓冲区	综合服务 与管理区
≤50	绿化	100	>85	>80
	管理建筑	—	<0.5	<0.5
	游憩建筑和服务建筑	—	<1	<1
	园路及铺装场地	—	5~8	5~10
50~100	绿化	100	>85	>80
	管理建筑	—	<0.3	<0.3
	游憩建筑和服务建筑	—	<0.5	<0.8
	园路及铺装场地	—	5~8	5~10
101~300	绿化	100	>90	>85
	管理建筑	—	<0.1	<0.1
	游憩建筑和服务建筑	—	<0.3	<0.5
	园路及铺装场地	—	3~5	5~8
≥300	绿化	100	>90	>85
	管理建筑	—	<0.1	<0.1
	游憩建筑和服务建筑	—	<0.2	<0.3
	园路及铺装场地	—	3~5	5~8

注:1.上表用地比例按相应功能区面积分别计算。
　　2.建筑用地比例指其中建筑占地面积的比例,建筑屋顶绿化和铺装面积不应重复计算。
　　3.园内所有建筑占地总面积应小于公园面积的 2%;除确有需要的观景塔以外,所有建筑总高应控制在 10 m 以内, 3 层以下。
　　4.林荫停车场、林荫铺装场地的面积应计入园路及铺装场地用地。
　　5.生态保育区内仅允许最低限度的科研观测与安全保障设施。

2)游人容量计算

公园游客容量根据不同分区分别计算,具体方法见表2.8。

表 2.8　城市湿地公园游客容量计算方法

生态保育区	生态缓冲区	综合管理与服务区
0 人	按线路法,以每个游人所占平均道路面积计算,5~15 m^2/人	按公式 $C=(A_1/A_{m1})+C_1$ 计算。 式中 C——公园游人容量,人; A_1——公园陆地面积,m^2; A_{m1}——人均占有公园陆地面积,m^2; C_1——开展水上活动的水域游人容量(人)(仅计算综合服务与管理区内水域面积,不包括其他区域及栖息地内的水域面积)。 陆地游人容量宜按 60~80 m^2/人,水域游人容量宜按 200~300 m^2/人。

2.6　设施配置

公园中的设施,包括各类公园通常具备的、保证游人活动和管理使用的基本设施,属于公园中的共性设施。公园中的设施主要可划分为"建筑类"和"非建筑类"两大类。每类都包括游憩设施、服务设施和管理设施。

2.6.1　非建筑类设施

非建筑类设施不计算建筑占地面积。

①非建筑类游憩设施:包括棚架、休息座椅、游戏健身器材、活动场、码头。其中休息座椅除单独设置的座椅外,还包括棚架、亭、廊、厅、榭的座椅以及合适高度的可坐人的花池挡墙等;码头指除售票房外的平台、候船棚架等。公园中还应设置能够避雨的棚架。

②非建筑类服务设施:包括停车场、自行车存放处、标识、垃圾箱、饮水器、园灯、公用电话、宣传栏。

③非建筑类管理设施:包括围墙、围栏、垃圾中转站、绿色垃圾处理站、变配电所、泵房、生产温室荫棚。其中,绿色垃圾处理站是指对树枝、树叶等无污染并可回收再利用的垃圾进行收集堆放的场地和处理设施。

2.6.2　建筑类设施

建筑类设施计算建筑占地面积。

①建筑类游憩设施:包括亭、廊、厅、榭、活动馆、展馆。

②建筑类服务设施:包括游客中心、厕所、售票房、餐厅、茶座、咖啡厅、小卖部、医疗救助站

（图2.10）。其中,游客服务中心是为游客提供信息、咨询、讲解、教育、休息的服务建筑,内部可设厕所、售票、餐厅、小卖部、咖啡厅、医疗救助站等。医疗救助站是指为游园意外受伤的游客提供常用的急救药品的设施,包括公园内的一些应急箱和急救点,以及独立的或附属的建筑。

图 2.10　嘉北郊野公园游客中心
（图片来源:筑龙学社）

③建筑类管理设施:包括管理办公用房、广播室、安保监控室。其中,管理办公用房包括公园管理人员使用的办公室,以及用于放置公园养护所需要的物品、材料、工具、机械、药剂、肥料的库房等建筑。

2.6.3　其他设施

其他设施包括应急避险设施和雨水控制利用设施。

①应急避险设施:指在地震、火灾等重大灾难发生时,为疏散人群提供安全避难、满足基本生活保障及救援、指挥的设施。公园是否设置应急避险设施应以城市综合防灾要求、公园的安全条件和资源保护价值要求等为依据。应急避险设施内容可包括应急篷宿区、应急供水设施、医疗救护与卫生防疫设施、应急指挥设施等。

②雨水控制利用设施:包括下沉式绿地、植被浅沟、初期雨水弃流设施、生物滞留设施、渗井、渗透塘、调节塘等。设施设置是为了更有效地利用雨水资源,减轻城市洪涝灾害,改善城市生态环境。雨水控制利用设施已成为公园设计不可缺少的一部分。

各类设施项目的设置应符合表2.9规定。各种专类公园,都有其特色,与之相适应的其他游憩设施和服务设施不做具体规定。

表 2.9　公园设施项目的设置

设施类型	设施项目	陆地面积 A_1 / hm^2						
		$A_1<2$	$2 \leqslant A_1 <5$	$5 \leqslant A_1 <10$	$10 \leqslant A_1 <20$	$20 \leqslant A_1 <50$	$50 \leqslant A_1 <100$	$A_1 \geqslant 100$
游憩设施（非建筑类）	棚架	○	●	●	●	●	●	●
	休息座椅	●	●	●	●	●	●	●
	游戏健身器材	○	○	○	○	○	○	○
	活动场	●	●	●	●	●	●	●
	码头	—	—	—	○	○	○	○
游憩设施（建筑类）	亭、廊、厅、榭	○	○	●	●	●	●	●
	活动馆	—	—	—	—	○	○	○
	展馆	—	—	—	—	○	○	○
服务设施（非建筑类）	停车场自行车存放处	—	○	○	●	●	●	●
	标识	●	●	●	●	●	●	●
	垃圾箱	●	●	●	●	●	●	●
	饮水器	○	○	○	○	○	○	○
	园灯	●	●	●	●	●	●	●
	公用电话	○	○	○	○	○	○	○
	宣传栏	○	○	○	○	○	○	○
服务设施（建筑类）	游客服务中心	—	—	○	○	●	●	●
	厕所	○	●	●	●	●	●	●
	售票房	○	○	○	○	○	○	○
	餐厅	—	—	○	○	○	○	○
	茶座、咖啡厅	—	○	○	○	○	○	○
	小卖部	○	○	○	○	○	○	○
	医疗救助站	○	○	○	○	○	●	●
管理设施（非建筑类）	围墙、围栏	○	○	○	○	○	○	○
	垃圾中转站	—	—	○	○	●	●	●
	绿色垃圾处理站	—	—	—	○	○	●	●
	变配电所	—	—	○	○	○	○	○
	泵房	○	○	○	○	○	○	○
	生产温室、荫棚	—	—	○	○	○	○	○
管理设施（建筑类）	管理办公用房	○	○	○	●	●	●	●
	广播室	○	○	○	●	●	●	●
	安保监控室	○	●	●	●	●	●	●
管理设施	应急避险设施	○	○	○	○	○	○	○
	雨水控制利用设施	●	●	●	●	●	●	●

资料来源:《公园设计规范》(GB 51192—2016)

2.7　功能分区

　　功能划分以公园所在地的自然条件为依据,如地形地貌、土壤、水文条件、植被、现有建筑、有无古树名木等多方面来制订,功能划分应该因地制宜防止生硬划分,功能区应结合自身功能要求与全园各区紧密联系、公园与公园外部环境之间的关系进行合理分区。还应根据公园性质、类型,设置不同的功能设施,根据不同年龄段、不同爱好、不同职业的游客的需要,进行合理的分区。对面积较大的公园,主要是使各类活动使用方便,互不干扰;对面积较小的公园,分区困难的,应从活动内容方面做整体的合理安排。

2.7.1　综合公园功能分区

　　综合公园一般内容丰富,功能分区包括文化娱乐区、游览观赏区、儿童活动区、老人活动区、体育活动区、园务管理区等(图 2.11)。综合公园内不应设置大规模的专业性体育设施,避免混淆城市用地性质,挤占公园用地。可在保证绿化用地比例要求的情况下,适当设置体育场地,宜以非标准体育场地为主,应与公园自然环境相结合。在已设有动物园的城市,综合公园内不应设大型动物及猛兽类动物展区。根据经验,鸟类、观赏鱼类或小型哺乳动物等展区是可以在综合公园内选择一个区域布置的,但应避免对公园的游憩和生态功能造成干扰。

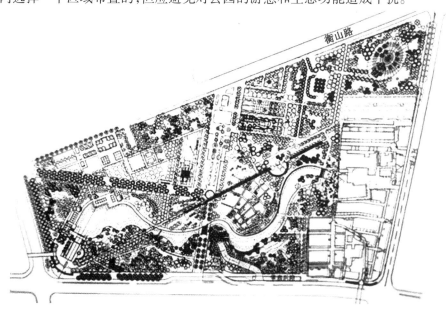

图 2.11　上海徐家汇公园

(图片来源:互联网)

　　①文化娱乐区。文化娱乐区是人流集中的活动区域,在区内开展较多的是比较热闹,有喧哗声响,活动形式较多,参与人数较多的文化、娱乐等活动,也称为公园中的闹区。区域内设置有俱乐部、电影院、剧院、音乐厅、展览馆、游戏场、技艺表演场、露天剧场、舞池、旱冰场等。北方

地区冬季可在区域内利用自然水面或人工水面制成溜冰场。园内的主要建筑多设在该区,是全园布局的构图中心。因此,布置时应注意避免区内各项活动内容的干扰,与有干扰的活动项目之间保持一定的距离,可利用树木、山石、土丘、建筑等加以隔离。群众性的娱乐活动常常人流量较大、集中,要合理地组织空间,设有足够的道路、广场和生活服务设施。文娱活动建筑的周围要有较好的绿化条件,与自然景观融为一体。区域用地以 30 m^2/人为宜。

②观赏游览。观赏游览区以观赏、游览参观为主,在区内主要进行相对安静的活动。为达到良好的观赏游览效果,游人在区内分布的密度应较小,以人均游览面积 100 m^2 左右为宜。所以该区在公园中占地面积较大,是公园的重要组成部分。该区往往选择现有地形、植被等比较优越的地段设计布置园林景观。区域内参观路线的组织规划十分重要,道路的平、纵曲线,铺装材料,铺装纹样,宽度变化都应根据景观展示、动态观赏的要求进行规划设计。

③安静休闲。安静休闲区是公园中专供游人安静休闲、学习、交往或进行其他一些较为安静活动的场所,其中安静的活动主要有太极拳、太极剑、棋弈、漫步、气功、露营、野餐等。故该区一般选择有大片的风景林地、景色最优美的地段,如山地、谷地、溪边、湖边、草地。安静休闲区的面积可视公园的面积大小进行规划布置,一般面积大一些为好;但并不一定集中于一处,只要条件合适,可选择多处,创造类型不同的空间环境,满足不同类型活动的要求。该区景观要求也比较高,宜采用园林造景要素巧妙地组织景观,形成景色优美、环境舒适、生态效益良好的区域。区内建筑布置宜散落不宜聚集,宜素雅不宜华丽;可结合自然风景,设立亭、榭、花架、曲廊、茶室、阅览室等园林建筑。安静休闲区一般应与闹区有自然隔离,以免受干扰,可布置在远离出入口处,游人的密度要小,用地以 100 m^2/人为宜。

④儿童活动区。儿童活动区主要供学龄前儿童和学龄儿童开展各种活动。据调查,在中国城市公园游人中,儿童所占比例较大,为 15%~30%。为了满足儿童的特殊需要,在公园中单独划出供儿童活动的一个区域是必要的。大型公园的儿童活动区与儿童公园的作用相似,但比单独的儿童公园的活动场地及设施简单。儿童活动区内可根据少儿年龄进行分区,一般可分为学龄前儿童区和学龄儿童区,也可分为体育活动区、游戏活动区、文化娱乐区、科学普及教育区等。主要活动内容和设施有游戏场、戏水池、运动场、障碍游戏场、少年宫、少年阅览室、科技馆等。用地最好能达到人均 50 m^2,并按用地面积的大小确定设置内容的多少。儿童活动区还应考虑成人休息、等候的场所,因儿童一般都需要家长陪同照顾,所以在儿童活动、游戏场地的附近要留有可供家长停留休息的设施,如坐凳、花架、小卖部等。

⑤老人活动区。老年人活动所需要的设施不同于儿童活动区和体育活动区,并且老年人的活动并不需要太过集中的活动区域,可以将其分为动静两部分穿插在其他各个分区之中。动态活动区以健身活动为主,可进行球类、毽类、武术、跳舞、慢跑等活动。静态活动区主要供老年人晒太阳、下棋、打牌、聊天、观望、学习等。动、静活动区应有适当的距离,但亦能相互观望。此外,老人活动区还有"闹""静"之分。"闹"主要指老年人所开展的广场舞、戏曲表演、弹唱、遛鸟等声音较大的活动。"闹"区与动态活动中要求的空间环境不一样,所以它们与其他各区应有明确分隔,以免闹区干扰较为清静的活动;其中闹区的选位布局极为重要,一般参与闹区活动的老年人较好热闹,具有表演欲,应为他们提供相应的表演空间并有相应的观众场地。

⑥体育活动。随着中国城市发展及居民对体育活动参与性的增强,在城市的综合性公园中宜设置体育活动区。该区属于相对热闹的功能区域,应与其他区隔离,以地形、树丛进行分隔比较好。区内可设场地较小的篮球场、羽毛球场、网球场、门球场、武术练习场、大众体育区、民

族体育场地、乒乓球台等。如果资金允许,可设室内体育场馆,但一定要注意建筑造型的艺术性;各场地不必同专业体育场一样设专门的看台,可以缓坡草地、台阶等作为观众看台,更增加人们与大自然的亲和性。

⑦园务管理区。园务管理区是因公园经营管理的需要而设置的内部专用区。此区可包括管理办公、仓库、花圃、苗圃、生活服务部分等,与城市街道有方便的联系,设有专用出入口。该区四周要与游人隔离,到管理区内要有车道相通,以便运输和消防。该区域要隐蔽,不要暴露在风景游览的主要视线上。

2.7.2 社区公园功能分区

社区公园是为整个社区服务的,其布局与城市小公园相似,设施比较齐全,内容比较丰富,有一定的地形地貌、小型水体,有功能分区、景区划分,除了花草树木以外,有一定比例的建筑、活动场地、园林小品、活动设施(表 2.10)。

表 2.10 社区公园功能分区与物质构成要素

功能分区	物质要素
休息、漫步、游览区	休息场地、散步道、廊、凳椅、亭、榭、老人活动室、展览室、草坪、花架、花径、花坛、树木、水面等
游乐区	电动游戏设施、文娱活动室、凳椅、树木、草地等
运动健身区	运动场地及设施、健身场地、凳椅、树木、草地等
儿童活动区	儿童游乐园及游戏器具、凳椅、树木、花草等
服务区	茶室、餐厅、售货亭、公厕、凳椅、花草等
管理区	管理用房、公园大门、暖房、花圃等

资料来源:杨赉丽主编《城市园林绿地规划》(第 5 版)

与城市公园相比,社区公园布置紧凑,各功能分区或景区间的节奏变化快,所以在规划设计时要特别注重居民的活动使用要求,多安排适于活动的广场、充满情趣的雕塑、园林小景、疏林草地、儿童活动场所、停留休息设施等。此外,社区公共绿地户外活动时间较长,频率较高的使用对象是儿童及老年人,因此规划中内容的设置、位置的安排、形式的选择均要考虑其使用方便。

社区公园内设施要齐全,最好有体育活动场所、适应各年龄组活动的游戏场,桌椅、坐凳等设施,花坛、亭廊、雕塑等景观,以及四季景观丰富的植物配置。专供青少年活动的场地,不要设在路口附近,其选址应既要方便青少年集中活动,又要避免易造成交通事故;其中活动空间的大小、设施内容的多少可根据年龄、性别不同合理布置。

2.7.3 专类公园功能分区

1) 动物园

动物园功能分区一般包括科普科研区、动物展览区、服务休息区、经营管理区、职工生活区，相应功能分区及其内涵特点可参考表 2.11、图 2.12。

表 2.11　动物园功能分区

功能分区	特　点
科普科研区	科普、科研活动中心，由不同动物科普馆组成，一般设在动物园出入口附近，方便交通
动物展览区	由各种动物的笼舍及活动场地组成，占用最大面积
服务休息区	为游人设置的休息亭廊、接待室、饭馆、小卖部、服务点等，便于游人使用
经营管理区	包括行政办公室、饲料站、兽疗所、检疫站等，应设在隐蔽处，用绿化与展区、科普区相隔离，但又要联系方便
职工生活区	为了避免干扰和保持环境卫生，一般设在园外

资料来源：杨赉丽主编《城市园林绿地规划》(第 5 版)

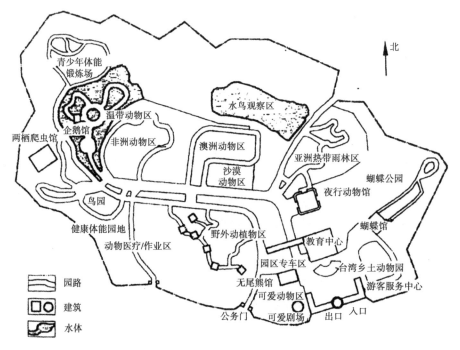

图 2.12　我国台北市立动物园平面图
（图片来源：杨赉丽主编《城市园林绿地规划》(第 5 版)）

2）植物园

植物园功能分区一般包括以科普为主、结合科研与生产的展览区,以科研为主、结合生产的苗圃试验区,以及职工生活区,相应功能分区及其内涵特点可参考表2.12。

表 2.12　植物园功能分区

功能分区	特　点
科普展览区	展示植物界的客观自然规律以及人类利用植物和改造植物的最新知识。展览形式主要有按植物进化系统布置,按植物的经济生产价值布置,按植物地理分布和植物区系布置,按植物形态、生态习性与植被类型布置,按植物自然分布类型和生态习性布置,按植物观赏特性布置
苗圃试验区	专门进行科学研究和生产的用地,不对游人开放,包括苗圃区、试验地检疫苗圃和引种驯化区
职工生活区	植物园一般都在城市郊区,须在园内设置有隔离的职工生活区

资料来源:杨赉丽主编《城市园林绿地规划》(第 5 版)

3）游乐公园

游乐公园功能分区一般包括以下内容:

①游艺体验区。游艺体验区有时也称机械游乐区,是以各种大型电动游艺机械设施体验为主要内容的游乐区。常见设施内容有过山车、摩天轮、太空穿梭、高空雪橇、卡丁车、碰碰车等。

②童话故事区。童话故事区根据著名的童话故事情节,营造具有不同童话人物和生活场景的景观内容,如《格林童话》中的白雪公主与七个小矮人,《安徒生童话》中的小美人鱼、丑小鸭等。

③水上游乐区。水上游乐区也称水上世界,是结合公园自然水体或创造人工水体环境的水上娱乐场所。设施有游泳池、人工浴场、音乐喷泉、游船码头等,游乐项目有激流勇进、冲浪池、碰碰船、水上自行车、水上滑翔、桥世界等。

④艺术科幻区。艺术科幻区让人们在户外娱乐的同时,体验不同艺术的魅力和科学技术进步与科学幻想给人类带来的乐趣,规划内容一般有雕塑花园、音乐花园、电影院、科学宫、科技馆、时光隧道等。

⑤主题景观区。主题景观区是以某一主题为主营造的特色园区,如体现异域文化风情或本地民居特色的欧洲城堡、美国小镇、荷兰风车、民族村寨等,针对特定人群喜闻乐见的经典卡通形象、流行动漫、运动赛事等,结合时下生活方式的宠物主题等。

⑥冒险区。冒险区是为满足人们的好奇心理和冒险欲而规划的游乐区,可以激发人们探索未知世界与感受新体验的勇气和精神。规划内容有冒险岛、勇敢者之路、迷宫、森林探险、森林寻宝、极限运动、空间隧道、恐怖城等。

⑦野营区。野营区为人们提供模拟野外生活和娱乐的环境,内容有小木屋、房车、篝火广场、帐篷营地、烧烤场等。

⑧儿童游戏区。儿童游戏区主要是为低龄儿童提供的游戏娱乐的场所,设施相对简单,有沙坑、戏水池、滑梯、木马、秋千、海盗船、小火车等。

⑨管理服务区。游乐公园不仅要为游客提供各种有趣的娱乐活动项目,还要提供优质的服务和游乐环境。所以,管理服务区也是规划的重要内容,一般与娱乐项目区有所分离,结合公园

的出入口或在相对独立的区域设置,主要规划内容有售票房、游客中心、餐厅、冷饮店、旅游购物商店等,大型游乐公园还可设置住宿宾馆、休闲购物街等。

4)其他专类公园

(1)儿童公园

儿童公园功能区一般可划分为幼儿活动区、儿童活动区、少年活动区、体育活动区、园务管理区(表2.13)。

表2.13　儿童公园功能分区

功能分区	特 点	规 模	位 置
幼儿活动区	既有6岁以下儿童的游戏活动场所,又有陪伴幼儿的成人休息设施	每位幼儿在10 m²以上	应选在居住区内或临近住宅100 m的地方,150~200户的居住区内设一处,以方便幼儿到达为原则
儿童活动区	7~13岁小学生活动场所	以每人30 m²为宜,面积以3 000 m²为原则	设置于日常生活领域附近,要求设在没有汽车、火车等交通车辆通过的地段,以300 m以内能到达为宜,一般在1 000户的居住区内应设一处
少年活动区	14~15岁以上少年活动场所	在园内活动少年每人50 m²以上,整体面积在8 000 m²以上为宜	以居住区内少年儿童10 min步行能到达为宜,故600 m范围之内即可
体育活动区	进行体育运动的场所,可增设一些障碍活动设施	酌定	儿童游戏场与安静休息区、游人密集区及城市干道之间,应用园林植物或自然地形等构成隔离地带
管理区	设有办公管理用房,与活动区之间设有一定隔离设施		

资料来源:丁绍刚主编《风景园林·景观设计师手册》

(2)体育健身公园

体育健身公园为专供市民开展群众性体育活动的公园,体育设施完善,可以开运动大会,也可开展其他游览休息活动。该类公园占用面积较大,不一定要求在市内,可设在市郊交通方便之处。利用平坦的地方设置运动场,还可在低处设置游泳池,如周围有自然起伏地形用来作为看台更好。一般体育公园以田径运动场为中心,设置运动场、体育馆、儿童游戏场等不同分区,布置各种运动设施,设置草地、树林等植被景观。

(3)滨水公园

滨水公园一般紧贴城市河流或海滩,植被、岸坡、水面连成一体,构成完整的水岸生态系统。公园建在城市河流、海边,还能使城市的绿色更加韵味无穷,让市民边逛公园边获得亲水体验。波光粼粼的水面,让公园绿地更加充满灵气,相辅相成,无形中提高了公园乃至整个城市的魅力。滨水公园功能分区一般以水域为依托,具有一定规模和质量的风景资源,在保证防汛前提下,配置以必要的基础设施和适当的人文景观,设置可供开展观光、娱乐、休闲或科学、文化、教育活动的区域。

（4）纪念性公园

纪念性公园是以技术与物质为手段，通过形象思维而创造的一种精神意境，从而激起人们的思想情感。纪念公园包含革命活动故地、烈士陵墓、著名历史名人活动旧址及墓地等。纪念性公园功能区可参考表2.14划分。

表2.14　纪念性公园功能分区

功能分区	特　　点
纪念区	由纪念馆、碑、墓地、塑像等组成
园林区	为游人创造良好的游览、观赏内容，为游人休息和开展游乐活动服务

资料来源：丁绍刚主编《风景园林·景观设计师手册》

（5）城市湿地公园

城市湿地公园是城市规划区范围内，以保护城市湿地资源为目的，兼具科普教育、科学研究、休闲游览等功能的公园绿地。城市湿地公园的设计应遵循生态优先、因地制宜、协调发展的原则。

《城市湿地公园设计导则》规定，城市湿地公园应依据基址属性、特征和管理需要科学合理分区，至少包括生态保育区、生态缓冲区及综合服务与管理区。各地也可根据实际情况划分二级功能区。分区应考虑生物栖息地和湿地相关的人文单元的完整性。生态缓冲区及综合服务与管理区内的栖息地应根据需要划设合理的禁入区及外围缓冲范围。

①生态保育区。对场地内具有特殊保护价值，需要保护和恢复的，或生态系统较为完整、生物多样性丰富、生态环境敏感性高的湿地区域及其他自然群落栖息地，应设置生态保育区。区内不得进行任何与湿地生态系统保护和管理无关的活动，禁止游人及车辆进入。应根据生态保育区生态环境状况，科学确定区域大小、边界形态，以及联通廊道、周边隔离防护措施等。

②生态缓冲区。为保护生态保育区的自然生态过程，在其外围应设立一定的生态缓冲区。生态缓冲区内生态敏感性较低的区域，可合理开展以展示湿地生态功能、生物种类和自然景观为重点的科普教育活动。生态缓冲区的布局、大小与形态应根据生态保育区所保护的自然生物群落所需要的繁殖、觅食及其他活动的范围，以及植物群落的生态习性等综合确定。区内除园务管理车辆及紧急情况外禁止机动车通行。在不影响生态环境的情况下，可适当设立人行及自行车游线、必要的停留点及科普教育设施等。区内所有设施及建构筑物须与周边自然环境相协调。

③综合服务与管理区。在场地生态敏感性相对较低的区域，设立满足与湿地相关的休闲、娱乐、游赏等服务功能，以及园务管理、科研服务等的区域。可综合考虑公园与城市周边交通衔接，设置相应的出入口与交通设施，营造适宜的游憩活动场地。除园务管理、紧急情况和环保型接驳车辆外，禁止其他机动车通行。可适当安排人行、自行车、环保型水上交通等不同游线，并设立相应的服务设施及停留点。可安排不影响生态环境的科教设施、小型服务建筑、游憩场地等，并合理布置雨洪管理设施及其他相关基础设施。

（6）森林公园

森林公园是以森林及其组成要素所构成的各类景观、各种环境、气候为主的，可供人们进行旅游观赏、避暑疗养、科学考察和研究、文化娱乐，美育、军事教育、体育等活动的大型旅游区和室外空间。森林公园功能分区一般包括游览区、游乐区、野营区、休疗养区、接待服务、生态保护区、生产经营区、行政管理区、职工生活区（表2.15）。

表 2.15　森林公园功能分区

功能分区	特　点
游览区	游客游览观光区域。主要用于景区、景点建设;在不降低景观质量的条件下,为方便游客及充实活动内容,可根据需要适当设置一定规模的饮食、购物、照相等服务与游艺项目
游乐区	对于距城市 50 km 之内的近郊森林公园,为填补景观不足、吸引游客,在条件允许的情况下,需建设大型游乐与体育活动项目时,应单独划分区域
野营区	开展野营、露宿、野炊等活动用地
休疗养区	主要用于游客较长时间的休憩疗养、增进身心健康
接待服务区	用于相对集中建设宾馆、饭店、购物、娱乐、医疗等接待服务项目及其配套设施
生态保护区	以涵养水源、保持水土、维护公园生态环境为主要功能的区域
生产经营区	从事木材生产、林副产品等非森林旅游业的各种林业生产区域
行政管理区	为行政管理建设用地。主要建设项目为办公楼、仓库、车库、停车场等
职工生活区	为森林公园职工及公园境内居民集中建设住宅及其配套设施用地

资料来源:丁绍刚主编《风景园林·景观设计师手册》

2.7.4　游园功能分区

　　游园是用地独立,规模较小或者形状多样,方便居民就近进入,具有一定游憩功能的绿地。其功能分区数量相对较少,一般包括儿童活动区、游憩娱乐区、静谧休憩区和观景区(表 2.16)。

表 2.16　游园功能分区

功能分区	内　容
儿童活动区	方便附近儿童进入游玩,提供不同年龄段的儿童活动区域
游憩娱乐区	为游人提供休憩场所
静谧休憩区	为周边老人、上班族提供安静休憩的环境,方便老人静养、上班族洽谈的区域
观景区	园区场地内若有水景、山景等景观可做观景区域方便游人观赏

思考题

　　1.《城市绿地规划标准》(GBT 51346—2019)如何定义公园系统?

　　2.城市公园分级配置的主要原则有哪些?

　　3.城市湿地公园在功能与规模、用地比例、游人容量计算等方面与其他公园有何不同?

　　4.公园用地中的陆地部分主要包括哪几种类型的用地?

　　5.儿童公园的功能分区一般包括哪些?

第3章 场地设计

本章导读:场地设计是为满足一个建设项目的要求,在基地现状条件和相关的法规、规范的基础上,组织场地中各构成要素之间关系的活动。本章主要介绍了公园场地设计相关的现状分析、竖向布置、雨洪管理、园路和场地铺装等内容。

3.1 公园场地设计内涵

在明确"场地设计"之前,有必要先明确"场地"。场地指基地中所包含的全部内容所组成的整体。场地设计是为满足一个建设项目的要求,在基地现状条件和相关的法规、规范的基础上,组织场地中各构成要素之间关系的设计活动。其根本目的是通过设计使场地中的各要素,尤其是建筑物与其他各要素之间能形成一个有机整体,以发挥效用,并使基地的利用能够达到最佳状态,充分发挥用地效益,节约土地,减少浪费。

一般意义上的场地设计更多强调以建筑物为主体的场地要素组织。由于公园的主体并非建筑物,结合公园实际,公园场地设计可定义为以创造优美绿色自然环境为基本任务,在基地现状条件和相关的法规、规范的基础上,组织功能区及景区、地形、园路、植物、建筑物、设施及工程管线等要素之间关系的设计活动。鉴于其中部分内容在本书其他章节做了专门介绍,本章主要介绍竖向控制、雨洪管理、园路和场地铺装等以及场地设计之前的现状分析。

3.2 现状分析

公园场地设计之前应该对拟设计场地进行合理的分析,包括场地处于城市中的位置、场地内部及外部自然要素、场地中的地形地貌,以及城市人文历史条件等多方面进行综合考虑,坚持做到地域性、文化性、以人为本、可持续发展、生态保护、生物多样性等多项原则。

3.2.1 区位条件

公园位于城市中心或者城市边缘,应该对公园进行不同的分析,例如城市所在位置、所属地区、城市人文历史、交通分析等多方面进行综合分析。

1)地理位置

我国地势西高东低,大致呈三级阶梯状,既有高原、山地,也有平原、丘陵,以及盆地。我国共有 34 个省级行政区、600 多个城市,各个地区拥有不同的地形、气候、人文条件。应该按照不同地区进行合理地设计,做到各个地区、各个城市的公园应该有不同的风貌,展现当地城市的特色。

2)用地条件

对相应设计区域做出相应规划用地指标,例如:规划用地面积、绿化率、绿化占地面积、容积率、建筑密度、建筑限高、出让面积、产出强度等。

3.2.2 自然条件

自然环境要素主要包括气候、土壤、地质、地形、水文、植被、光照、野生动物等多种要素。

1)气候

气候是指一个地区在一段时间内各种气象要素特征的总和。我国地域辽阔,气候复杂多样,季风气候显著,其中包括热带季风气候、亚热带季风气候、温带季风气候、高原山地气候以及温带大陆性气候(表 3.1)。

人为因素也可能导致区域气候、地形气候和微气候发生一定变化。

表 3.1 气候类型及特征

分类	概念	影响因素	风景园林应用
区域气候(大气候)	一个大面积区域的气象条件和天气模式	山脉、洋流、盛行风向以及纬度等自然条件	城市热岛效应的地理区域范围及密度与城市的规模和当地的区域气候条件有关
地形气候	以地形起伏为基础的小气候,向大气圈较高气层和地表景观的扩展和延伸,是介于大气候和小气候之间的中间尺度气候类型	地面的地形起伏对基地的日照、温度、气流等小气候因素有影响,从而使基地的气候有所改变	在地形分析的基础上先作出地形坡向和坡级分布图,然后分析不同坡向和坡级的日照状况,通常选冬夏两季进行分析

续表

分　类	概　念	影响因素	风景园林应用
微气候	由于基底构造特征(如小地形、小水面和小植被等)的不同使热量和水分收支不一致,从而形成了近地面大气层中局部地段特殊的气候	地表的坡度和坡向,土壤类型和土壤湿度,岩石性质,植被类型和高度,以及人为因素	对小气候的分析对大规模园林用地规划和小规模的设计都很有价值

资料来源:丁绍刚主编《风景园林·景观设计师手册》

　　光照:光照也是气候中重要的一部分(表 3.2),光照不仅能够促进人体身心健康,还能促进公园里的植物生长。

表 3.2　光照对气候的影响

要　素	概　念	影　响
光照时间(日照长度)	白昼的持续时数或太阳的可照时数	直接影响植物的生长发育状况、动物的活动时间以及场所给人类的舒适感等
光照强度	单位面积上所接受可见光的能量	决定植物的垂直分布状况以及动物的活动区域
太阳高度角	阳光入射面与地球表面之间的夹角	影响地球表面温度的重要因素

资料来源:丁绍刚主编《风景园林·景观设计师手册》

　　风:风指空气流动的现象,气象中指空气在水平方向的流动,包括风力、风向和风速(表 3.3)。

表 3.3　风的相关概念

要　素	概　念
风　向	气象上把风吹来的方向确定为风的方向
风向频率	表示某个方向的风出现的频率。一年(月)内某方向风出现的次数和各方向风出现的总次数的百分比
风向玫瑰图	表示一个给定地点一段时间内的风向分布。一年中各种风向出现的频率绘制出的极坐标图
风速图	一年中各种风速出现的频率绘制出的极坐标图

资料来源:丁绍刚主编《风景园林·景观设计师手册》

2)土壤

　　①土壤组成:总的来说,土壤是由固体、液体和气体 3 类物质组成的。
　　②土壤质地:指土壤中不同大小直径的矿物颗粒的组合情况,根据黏粒含量将质地分为 3 类:沙土类、壤土类、黏土类(表 3.4)。

表 3.4　土壤质地

类 型	状 态	适生植物
沙土类	质地较粗;含沙粒多、黏粒少;通气透水性强,蓄水能力差	较适合耐贫瘠植物生长
壤土类	质地较均匀;不同大小的土粒等量混合;物理性质良好,通气透水,水肥协调能力较强	多数植物能在此生长良好
黏土类	质地较细;以黏粒和粉沙居多;湿时黏,干时硬,保水保肥能力强,透水性差	较适合需要很强保水能力的植物

资料来源:丁绍刚主编《风景园林·景观设计师手册》

③土壤与设计的关系:土壤状态与植物栽植、设施建设、地形坡度设计、排水设计密切相关。主要考虑三个方面:根据土壤的承载力分析开发建设的适宜性;根据土壤冲蚀估算土壤潜在流失量;根据土壤类型、质地、酸碱度、透水性、含水性,分析植物栽植、排水设计、暴雨管理、地下水污染防治等。土壤的酸碱度不同对植物的生长和分布也有一定影响。不同地形和植被下土壤的地质特点如表 3.5 所示。

表 3.5　土壤质地

地形和植被		松散砂壤土	黏土和粉壤土	坚实的黏土
林地	平地(坡度 0~5%)	0.10	0.30	0.40
	起伏地面(坡度 5%~10%)	0.25	0.35	0.50
	多山地带(坡度 10%~30%)	0.30	0.50	0.60
草地	平地(坡度 0~5%)	0.10	0.30	0.40
	起伏地面(坡度 5%~10%)	0.16	0.36	0.55
	多山地带(坡度 10%~30%)	0.22	0.42	0.66
农田	平地(坡度 0~5%)	0.30	0.50	0.60
	起伏地面(坡度 5%~10%)	0.40	0.60	0.70
	多山地带(坡度 10%~30%)	0.52	0.72	0.82

资料来源:丁绍刚主编《风景园林·景观设计师手册》

3)水文

水文特征包括径流量、流速、含沙量、水位、有无汛期、凌汛、有无结冰期、水能资源、补给类型(地下水、雨水、冰雪融化等)。

- 径流量:指在某一时段内通过河流某一过水断面的水量。
- 流速:指水流单位时间内的位移。
- 含沙量:指单位体积的浑水中所含的干沙的质量。
- 水位:指自由水面相对于某一基面的高程。
- 汛期:指河水在一年中有规律显著上涨的时期。汛期不等于水灾,但水灾一般在汛期。

- 凌汛：指冰凌堵塞河道，对水流产生阻力而引起的江河水位明显上涨的水文现象。

4）植被

植被指地球表面某一地区所覆盖的植物群落。可依植物群落类型划分，如草甸植被、森林植被等，又如乔木、灌木、草本等。植被具有保持水土、吸收水分、制造氧气、吸收粉尘和二氧化碳、改善温室效应等功能。

3.2.3 场地用地分析

公园场地用地条件分析主要包括以下内容：

- 公园在城市中的位置，周围环境条件，主要人流方向、数量，公共交通的情况及园内外范围内现有道路、广场的情况（性质、走向、标高、宽度、路面材料等）。
- 当地历年来所积累的气象资料，包括每月最低、最高及平均气温，水温，湿度，降水量，历年最大暴雨量，每月阴天数量，风向和风力等。
- 公园用地的历史沿革和现在的使用情况。
- 公园规划范围界限与城市红线的关系及周围的标高，园外景观的分析、评定。
- 现有园林植物，含古树、大树的品种、数量、分布、高度、覆盖范围、地面标高、质量、生长情况以及观赏价值。
- 现有建筑物及构筑物的位置、面积、质量、形式及使用情况。
- 园内外现有地上、地下管线的位置、种类、管径、埋土深度等具体情况。
- 现有水面及水系的范围，最低、最高及常水位，历史上最高洪水位的高度，地下水位及水质情况等。
- 现有山峦形状、位置、面积、高度、坡度及土石情况。
- 地址、地貌及土壤状况的分析。
- 地形标高、坡度的分析。
- 风景资源及风景视线的分析。

3.3 竖向布置

竖向布置是场地设计的一项重要内容，涵盖竖向控制和竖向设计。

3.3.1 竖向布置及其规范

竖向控制也称竖向规划，是对公园内建设场地地形、各种设施、植物等的控制性高程的统筹安排以及与公园外高程的相互协作，是进行竖向设计的前提和依据。

竖向控制应根据公园周围城市竖向规划标高和排水规划，提出公园内地形的控制高程和主要景物的高程，并应符合下列要求：

- 应满足景观和空间塑造的要求；
- 应适应拟保留的现状物；
- 应考虑地表水的汇集、调蓄利用与安全排放；
- 应保证重要建筑物、动物笼舍、配电设施、游人集中场所等不被水淹，并便于安全管理。

竖向控制应对下列内容做出规定：

- 山顶或坡顶、坡底标高；
- 主要挡土墙标高；
- 最高水位、常水位、最低水位标高；
- 水底、驳岸顶部标高；
- 园路主要转折点、交叉点和变坡点标高，桥面标高；
- 公园各出入口内、外地面标高；
- 主要建筑的屋顶、室内和室外地坪标高；
- 地下工程管线及地下构筑物的埋深；
- 重要景观点的地面标高。

此外，公园地面与架空电力线路导线的最小垂直距离应符合表3.6的规定。

表3.6　公园地面与架空电力线路导线的最小垂直距离（在最大计算导线弧垂情况下）

线路电压 / kV	<1	1~10	35~110	220	330	500	750	1 000
最小垂直距离/ m	6.0	6.5	7.5	7.5	8.5	14.0	19.5	27.0

资料来源：《公园设计规范》（GB 51192—2016）

3.3.2　竖向设计

1) 竖向设计定义

竖向设计是在竖向控制之后进行的精细化的垂直于水平面的布置和处理。它与总平面布置有着密不可分的联系。现状地形往往不能满足风景园林设计的要求，需要进行原地形竖直方向的调整，充分利用，合理改造，如在平整场地时，对土石方、排水系统、构筑物高程等进行垂直于水平方向的布置和处理，以满足场地设计的需要。

公园场地竖向设计就是对公园中各个景点、设施及地貌在高程上进行统一协调而创造既有变化又统一协调的设计。

2) 竖向设计的作用

(1) 构成空间作用

地形通过控制视线来构成不同空间类型，如视线开敞的平地，构成开放空间；坡地及山体利用垂直面界定或围合空间范围，构成半开放或封闭空间（图3.1、图3.2）。地形还可构成空间序列，引导游线。

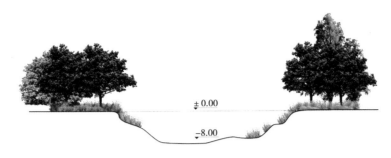

图 3.1　坡地构成半开放空间

（图片来源：丁绍刚主编《风景园林概论》）

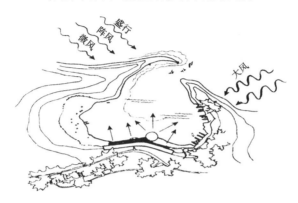

图 3.2　山体围合空间

（图片来源：丁绍刚主编《风景园林概论》）

（2）背景作用

地形可作为景物的背景起到衬托主景的作用,同时能够增加景深,丰富景观的层次（图 3.3）。

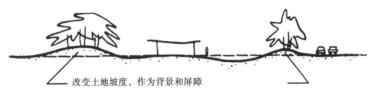

图 3.3　地形作为建筑的背景和屏障

（图片来源：丁绍刚主编《风景园林概论》）

（3）造景作用

形具有独特的美学特征,峰峦叠嶂的山地、延绵起伏的坡地、溪涧幽深的谷地以及开阔的草坪、湖面都有着易于识别的特点,其自身的形态便能形成风景。在现代景观设计中地形还被设计师进行艺术加工,形成独特的具有震撼力的景观,如大地艺术作品。

（4）景观作用

地形设计可以创造良好的观景条件,可以引导视线。在山顶或山坡可俯瞰整体景观,位于开敞地形中可感受丰富的立面景观形象,狭窄的谷地能够引导视线,强化尽端景物的焦点作用（图 3.4）。

图 3.4　夹道强化了尽端雕塑的焦点作用	图 3.5　地形能创造出最佳防风区
（图片来源：丁绍刚主编《风景园林概论》）	（图片来源：丁绍刚主编《风景园林概论》）

（5）工程作用

适当的地形起伏有利于排水，防止积涝。绿化工程中地形能够创造多样的生境，满足植物的生长需求，有利于生物多样性提高。地形还能影响光照、风向及降雨林，从而调节小气候（图 3.5）。

（6）实用作用

地形还创造了开展各项户外活动的室外空间，如适合野餐的草坪上、适合漫步的山林、适合泛舟的水域，以及高尔夫球场等。

3）竖向设计内容

竖向设计的内容是在分析修建地段地形条件的基础上，对原地形进行利用和改造，使它符合使用条件，适宜建筑布置和排水，达到功能合理、技术可行、造价经济和景观优美的要求。具体内容为：研究地形的利用与改造考虑地面排水组织，确定建筑、道路、场地、绿地及其他设施的地面设计标高。

竖向设计内容可分为 6 大类，各类的设计要点如下：

（1）地形设计

· 合理安排各要素坡度和各高程点，使所在的山水、植物、建筑、场地和设施等要素满足观赏和各种活动的需求。
· 形成良好的排水坡面，避免地表径流对水土冲刷而造成滑坡或塌方。
· 山体的坡度不宜超过土壤的自然安息角。
· 水体驳岸的坡度要按有关规范进行设计和施工。
· 考虑光照、风向及降雨量，从而调节小气候。

各种地形对景观特征的影响，地形设计坡度、斜率、倾角的选用等可参考表 3.7、表 3.8。

表 3.7　不同地形景观特征

地形类型	景观特征
平　地	坡度<3%较平坦的地形，如草坪、广场； 具有统一协调景观的作用； 有利于植物景观的营造和园林建筑的布局； 便于开展各种室外活动

续表

地形类型		景观特征
坡　地	缓　坡	坡度 3%～12% 的倾斜地形,如微地形、平地与山体连接、临水缓坡等; 能够营造变化的竖向景观; 可以开展一些室外活动
	陡　坡	坡度>12% 的倾斜地形; 便于欣赏低处的风景,可以设置观景台; 园路应设计成梯道; 一般不能作为活动场地
山　体		分为可登临的和不可登临的山体; 可以构成风景,也可以观看周围风景; 能够创造空间、组织空间序列
假　山		可以划分和组织园林空间; 成为景观焦点; 山石小品可以点缀园林空间,陪衬建筑、植物等; 作为驳岸、挡土墙、花台等

注:坡度计算公式:通常把坡面的垂直高度 h 和水平宽度 l 的比叫作坡度(或叫作坡比)用字母 i 表示;$i=h/l$。

资料来源:丁绍刚主编《风景园林·景观设计师手册》

表 3.8　地形设计中坡度值的取用

项　目	坡度值 i	
	适宜坡度/%	极值/%
游览步道 散步坡道	≤8 1～2	≤12 ≤4
主园路(通机动车) 次园路(园务便道) 次园路(不通机动车)	0.5～6(8) 1～10 0.5～12	0.3～10 0.5～15 0.3～20
广场与平台 台　阶	1～2 33～50	0.3～3 25～50
停车场地 运动场地 游戏场地	0.5～3 0.5～1.5 1～3	0.3～8 0.4～2 0.8～5
草　坡	<25～30	<50
种植林坡	<50	100

续表

项　目		坡度值 i	
		适宜坡度/%	极值/%
理想自然草坪 （有利机械修剪）		2~3	1~5
明　沟	自然土	2~9	0.5~15
	铺　装	1~50	0.3~100

注：$i=h/l$。

资料来源：丁绍刚主编《风景园林·景观设计师手册》

（2）道路、广场和桥涵的竖向设计

- 竖向设计图上应标明道路和广场的纵横向坡度、坡向和变坡点标高，桥梁应标明桥面和道桥连接处标高。
- 一般广场的纵坡应小于7%，横坡应小于2%；停车场的最大坡度不大于3%，一般为0.5%；足球场为0.3%~0.4%，篮球场为2%~5%，排球场为2%~5%。
- 道路的坡度不宜超过8%，否则应设置台阶。此外，从无障碍设计角度出发，还应在设置台阶处另设坡道。

（3）建筑和小品设施的竖向设计

建筑和小品设施的竖向设计应标出其地坪标高及其与周围环境的高程关系。

（4）植物种植设计对地形竖向设计的要求

- 植物对地下水很敏感，有的耐水耐湿，有的喜干旱而不耐水，要为植物创造不同的生境。
- 水生植物分为湿生、沼生和水生等，对水深有不同要求，如荷花适宜生长在水深0.6~1 m的水中。

（5）排水设计

一般无铺装地面的最小排水坡为1%，铺装地面的最小排水坡为0.5%，此外还要根据土壤、植被等因素进行综合考虑。

（6）综合管线的竖向设计

管线包括给水、雨水、污水管道，电力电信管线，热力及煤气管道等，应结合地形竖向设计统筹安排他们的排布和交会时高程关系的协调。

4）竖向设计原则

- 利用为主，改造为辅。对现有地形进行合理地利用，减少对场地过度开发，避免丢失自然野趣。
- 因地制宜。竖向设计应尊重自然，以保持自然天性为主，对较为劣势的地形进行相应改动，从而达到自然野趣与人工创造相结合。
- 保证土方平衡。《园冶》说："高阜可培，低方宜挖"。其意即要因高堆山，就低凿水，因势利导地安排内容,设置景点。必要时也可进行一些改造,这样做可以减少土方工程量,降低成本。

· 从经济、环保角度出发。尽量减少大规模堆挖土方,减少成本。

5)等高线法

等高线法是地图上表示地形高低起伏的一种常用方法,它是采用一组地面高程等值线即等高线所组成的平面图形,来显示地面的高低起伏、坡度陡缓的一种地形表示法。

等高线(图 3.6)指的是地形图上高程相等的相邻各点所连成的闭合曲线。把地面上海拔高度相同的点连成闭合曲线,并垂直投影到一个水平面上,并按比例缩绘在图纸上,就得到等高线。等高线也可以看作是不同海拔高度的水平面与实际地面的交线,所以等高线是闭合曲线。在等高线上标注的数字为该等高线的海拔。

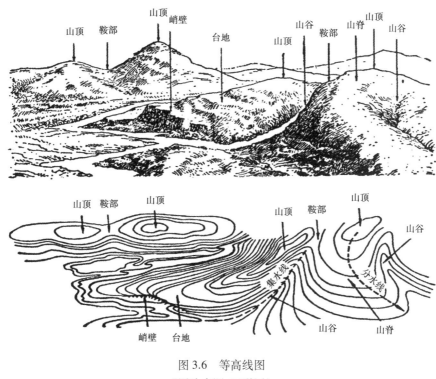

图 3.6 等高线图
(图片来源:互联网)

等高线性质:

· 在同一条等高线上的所有的点,其高程都相等;
· 每一条等高线都是闭合的;
· 等高线的水平间距的大小表示地形的缓或陡,如等高线疏表示地形缓,等高线密则表示地形陡;
· 等高线一般不相交、不重叠,只有在悬崖处等高线才可能出现相交情况;
· 等高线在图纸上不能直穿横过河谷、堤岸和道路等。

6)土方工程量

土方工程量计算一般根据附有原地形等高线的设计地形来进行计算,通过计算,有时又反过来可以修正设计中不合理的地方。土方工程量计算方法主要有估算法、断面法、方格网法。进行土方工程量计算时还应考虑到土方量的平衡及施工时的土方调配。

（1）估算法

估算法主要适用于一些类似于锥体、棱台的地形单体,但对计算精度要求不高时,可以采用相近的几何体体积公式来计算(图 3.7)。

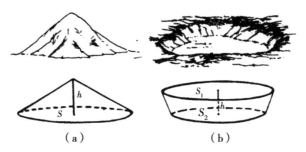

图 3.7 套用近似的规则图形估算土方量

（图片来源:丁绍刚主编《风景园林·景观设计师手册》）

（2）断面法

断面法是以一组等距(或不等距)的互相平行的截面将拟计算的地块、地形单体和土方工程分截成段,分别计算再累加,以求得总土方量。广泛适用于山体、溪涧、池岛、路堤、路堑、沟渠、路槽等(图 3.8、图 3.9)的土方工程量计算。

（3）方格网法

方格网法主要适用于将原来高低不平的、比较破碎的地形整理成为平坦且具有一定坡度的场地,如广场、停车场、体育场等的土方工程量计算(图 3.10)。

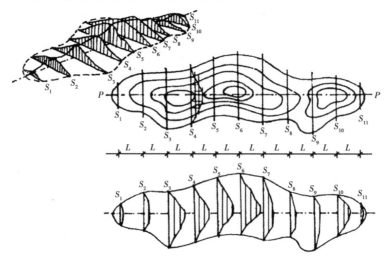

图 3.8 带状土山垂直断面法计量土方工程量

（图片来源:丁绍刚主编《风景园林·景观设计师手册》）

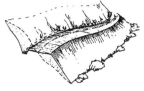
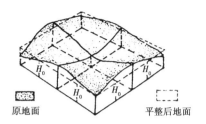

a.沟渠路堑   b.半挖半填路基   原地面   平整后地面

图 3.9   沟渠、路堑、路基垂直断面法   图 3.10   方格网法计算土方工程量

计量土方工程量   （资料来源：丁绍刚主编

（资料来源：丁绍刚主编   《风景园林·景观设计师手册》）

《风景园林·景观设计师手册》）

计量公式如下：

$$V = H_0 \cdot N \cdot a^2$$

$$H_0 = \frac{V}{N_a{}^2}$$

式中 V——该土体自水准面起算经平整后的体积；

     N——方格数；

     H_0——平整标高；

     A——方格边长。

$$V = \frac{S_1 + S_2}{2} \cdot L$$

但当 S_1、S_2 岛面积相差较大或当两相邻断面之间的距离大于 50 m 时，计算结果误差较大，可改用下式计算：

$$V = \frac{L}{6}(S_1 + S_2 + 4S_0)$$

式中 S_0——中间断面面积。

7）土方工程施工

（1）施工准备

施工准备的内容和步骤：清理场地→排水→定点放线→修筑临时性道路及水电线路→机具进场、临时停机棚和修理间搭设。相关施工要点如下。

①清理场地：

· 伐除树木。凡开挖深度不大于 50 cm，或填方高度较小的土方施工，现场及排水沟中的树木必须连根拔起；直径在 50 cm 以上的大树墩可用推土机铲除或爆破法清除，同时尽可能地保留大树。

· 建筑物和构筑物的拆除应遵照相关技术规范进行操作。

· 如地下或水下有管线或其他异常物体，应事先请相关部门协同查清。

②排水:

- 排除地面积水,排水沟的纵坡不应小于0.2%,沟的边坡值为1:1.5,沟底宽及沟深不小于50 cm。
- 排除地下水,多采用明沟引至集水井,并用水泵排水。

③定点放线:

- 平整场地的放线,用经纬仪将图纸上的方格测设到地面上,并在每个交点处立桩木,桩上标示出桩号(施工图上方格网的编号)和施工标高(挖土用"+",填土用"−")。
- 自然山体的放线,在施工图上设置方格网,再把方格网放到地面上,然后把设计地形等高线和方格网的交点一一标到地面上并打桩。
- 挖湖工程的放线,与山体的放线基本相同,池底放线可以粗放些,岸线和岸坡的定点放线要求精准。

(2)场地平整

场地平整是一个综合性的施工过程,大体分为四个环节:开挖、运输、填筑和压实,相关施工要点如下。

①开挖:

- 人力施工:主要施工工具为锹、镐、钢钎等,施工者要有足够的工作面,一般平均每人有4~6 m²,开挖土方附近不得有重物及易坍落物,要有合理的边坡,垂直下挖时,松软土不得超过0.7 m,中等密度不超过2 m,坚硬土不超过2 m。
- 机械施工:主要施工机械有推土机、挖土机等,推土机司机应了解施工对象的情况,注意保护表土,桩点和施工放线要明显,以利于施工。

②运输:

- 一般力求土方就地平衡,以减少土方的搬运量。
- 运输距离较长的,应使用机械或半机械化运输,组织运输路线,明确卸土地点。

③填筑:

- 土壤质量要根据填方的用途和要求加以选择,绿化地段土壤应满足种植植物的要求,建筑用地则以要求将来地基稳定为原则,外来土应进行验定。
- 大面积填方应分层填筑,一般每层20~50 cm,有条件的应层层压实。
- 斜坡上填方,为防止新填土方滑落,应先把土坡挖成台阶状,再填方。

(3)压实

- 压可用夯、碾等工具,机械碾压可用碾压机或拖拉机带动的铁碾,小型夯压机械有内燃夯、蛙式夯等。
- 土壤过分干燥,需洒水湿润后再行压实。
- 压实工作必须分层进行,注意均匀,自边缘开始逐渐向中间收拢,夯实松土应先轻后重。

3.4　雨洪管理

雨洪是指流经街道、草坪或其他场地的雨水,本应回渗到地面通过过滤最终补充地下水或流入溪流。但随着城市发展,更多不透水表面的建设阻止了雨水下渗,表面径流会引发污染、洪水、河岸侵蚀、破坏生物栖息地等问题。传统的雨洪管理利用竖向设计,以"管网收集"加"终端处理"模式排出雨水使其进入管网。

3.4.1　相关术语

①低影响开发:在城市开发建设过程中,通过生态化措施,尽可能维持城市开发建设前后水文特征不变,有效缓解不透水面积增加造成的径流总量、径流峰值与径流污染的增加等对环境造成的不利影响。

②年径流总量控制率:根据多年日降雨量统计数据分析计算,通过自然和人工强化的渗透、储存、蒸发(腾)等方式,场地内累计全年得到控制(不外排)的雨量占全年总降雨量的百分比。

③设计降雨量:为实现一定的年径流总量控制目标(年径流总量控制率),用于确定低影响开发设施设计规模的降雨量控制值,一般通过当地多年日降雨资料统计数据获取,通常用日降雨量(mm)表示。

④单位面积控制容积:指以径流总量控制为目标时,单位汇水面积上所需低影响开发设施的有效调蓄容积(不包括雨水调节容积)。

⑤雨水调蓄:是雨水储存和调节的统称。

⑥雨水储存:指采用具有一定容积的设施,对径流雨水进行滞留、集蓄,削减径流总量,以达到集蓄利用、补充地下水或净化雨水等目的。

⑦雨水调节:指在降雨期间暂时储存一定量的雨水,削减向下游排放的雨水峰值流量、延长排放时间,一般不减少排放的径流总量,也称调控排放。

⑧雨水渗透:指利用人工或自然设施,使雨水下渗到土壤表层以下,以补充地下水。

⑨雨水收集回用:利用一定的集雨面收集降水作为水源,经过适宜处理达到一定的水质标准后,通过管道输送或现场使用方式予以利用的全过程。

⑩面源污染:溶解和固体的污染物从非特定地点,在降水或融雪的冲刷作用下,通过径流过程而汇入受纳水体(包括河流、湖泊、水库和海湾等)并引起有机污染、水体富营养化或有毒有害等其他形式的污染。

⑪初期雨水径流:指一场降雨初期产生的一定厚度的降雨径流。

⑫雨水滞留:雨水存储下来予以入渗、蒸发蒸腾的过程。

⑬雨水滞流:雨水存储下来慢慢排放的过程。

⑭年径流总量控制率:根据多年日降雨量统计数据分析计算,通过自然和人工强化的渗透、储存、蒸发(腾)等方式,场地内累计全年得到控制(不外排)的雨量占全年总降雨量的百分比。

⑮下垫面:降雨受水面的总称,包括屋面、地面、水面等。

⑯流量径流系数:形成洪峰流量的历时内产生的径流量与降雨量之比。

⑰雨量径流系数:设定时间内降雨产生的径流总量与总雨量之比。

⑱径流污染控制量:为满足低影响开发面源污染控制目标而需要处理的初期径流水量。

⑲雨水入渗滞留控制量:为满足低影响开发径流总量控制目标而需要入渗和滞留的雨水量。

⑳雨水滞流控制量:为满足低影响开发外排洪峰流量控制目标而需要滞流的雨水量。

㉑径流污染控制降雨厚度:为满足低影响开发面源污染控制目标而需要控制的净降雨厚度。

㉒下沉式绿地:用于蓄存和入渗雨水,并且标高低于周围汇水区域的绿地。下沉式绿地一般不需更换填充土壤,不设置砾石层。与雨水花园相比,其雨水入渗和滞留能力较弱。下沉式绿地一般低于周围汇水区域 100~150 mm。

㉓透水铺装:透水路面最上部的透水层(图 3.11),主要包括透水砖、透水水泥混凝土和透水沥青混凝土等。

图 3.11　透水铺装
（图片来源:互联网）

㉔生物滞留设施:通过土壤的过滤和植物的根部吸附、吸收,以及微生物系统等作用去除雨水径流中污染物的人工设施(图 3.12),包括入渗型、过滤型和植生滞留槽 3 种类型。

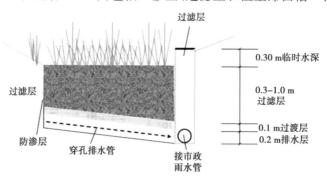

图 3.12　生物滞留池
（图片来源:互联网）

㉕植被草沟:一种收集雨水、处理雨水径流污染、排水并入渗雨水的植被型草沟(图 3.13),包括排水型和入渗型两种类型。

㉖雨水储存设施:储存未经过处理的雨水的设施。

㉗渗透井:雨水通过侧壁和井底进行入渗的设施。

㉘渗透雨水口:具有入渗雨水、截污、集水功能的一体式集水口。

㉙过滤设施:采用沙、土壤或泥炭等介质过滤雨水达到雨水径流污染物控制目标的低冲击开发设施,包括过滤池和过滤槽两种类型。

图 3.13　生物滞留池
（图片来源：百度百科）

㉚滞留（流）设施：通过滞留或滞流雨水、沉淀等方式达到低冲击开发目标的低冲击开发设施。

㉛过滤设备：利用滤网、滤布或介质过滤雨水径流中的泥沙及悬浮物从而实现低影响开发面源污染控制目标的附属设备。

㉜分流设施：在离线型低影响开发设施中用于截流初期径流的设施。

3.4.2　雨洪管理的方式

1）渗

雨洪管理系统应该把对雨洪的渗透作用放在第一位，解决雨洪渗透的方法可以从减少水泥路等不渗透材料路面着手，增加可渗透材料铺筑路面，涵养地下水。补充地下水的不足还可以改善生态环境，解决雨水渗透具体可参照以下方式：

- 透水铺装：能起到良好的路面渗透功能，减少地表径流（图 3.14）。
- 绿色屋顶：有利于屋顶雨水的减排和净化（图 3.15）。

图 3.14　透水铺装（图片来源：筑龙网）

图 3.15　绿色屋顶（图片来源：筑龙网）

2）滞

　　滞就是通过延缓短时间内形成的雨水径流来进行雨水的调峰和错峰。例如,通过微地形调节,让雨水慢慢地汇集到一个地方,用时间换空间。一般常见的方式包括雨水花园、生态滞留池、渗透池、人工湿地等(图3.16、图3.17)。

图 3.16　雨水花园
（图片来源:筑龙网）

图 3.17　生态植草沟
（图片来源:筑龙网）

3) 蓄

蓄是将雨水存储起来,当需要使用时又将其释放出来。蓄水的主要作用是通过雨水调峰和错峰,改善局部降水环境。常用的形式有两种:蓄水模块、地下蓄水池。

4) 净

净是通过土壤的渗透,以及植被、绿地系统、水体等,达到净化水质的作用。现阶段较为熟悉的净化过程分为三个环节:土壤渗滤净化、人工湿地净化、生物处理。

5) 用

在经过土壤渗滤净化、人工湿地净化、生物处理多层净化之后的雨水可以循环利用。目前的主要运用方向为灌溉用水、建筑施工用水、洗车用水、抽水马桶用水、消防用水,景观用水等。

6) 排

对于多余的雨水,要进行安全合理的排放。利用城市竖向与工程设施相结合,排水防涝设施与天然水系河道相结合,地面排水与地下雨水管渠相结合的方式将超标的雨水排放出去,避免内涝等灾害。

3.4.3 案例:果雨花园

果雨花园位于北京大学的宿舍区,在用地极为紧张的校园中,为学生提供了一个精心设计的开放空间。北京大学建园至今已有一百余年,内涝是校园当前面临的一个重大问题。为此,学生提议把宿舍区里没有被使用的绿地改造成雨水花园来消纳周边的雨水。在经历了多轮公众参与后,形成了最终的方案。方案通过最小的干预产生最丰富的功能。首先保留了场地两侧使用率很高的人行道,以及场地内的树木。其中,姿态奇特的柿子树和核桃树得到了最多的关注。这两棵树正好限定出了一个 5 m×5 m 的小广场,同时将狭长的绿地分成一大一小两个生物滞留池(图 3.18)。

设计进一步拓宽了人行道,来给原本占用人行道的自行车提供足够的停车空间。这将是一个供人们短时间停留和休息的场所。由于同学们非常担心有人在宿舍楼前长时间停留和聚集会制造很多噪声,仅在花园中提供非正式的座位,如清水混凝土墙和回收的木桩都可以作为供人短暂停留的家具(图 3.19)。

生物滞留区域可以收集附近 572 m² 区域的雨水,一部分雨水将缓慢下渗补充地下水,另一部分来不及下渗的雨水会临时存储在地下的储水罐中,之后通过太阳能再回到地面浇灌植物(图 3.20)。

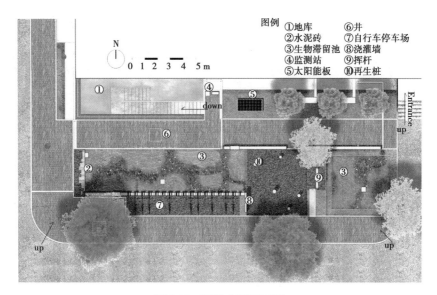

图例
①地库　　⑥井
②水泥砖　⑦自行车停车场
③生物滞留池⑧浇灌墙
④监测站　⑨挥杆
⑤太阳能板⑩再生桩

图 3.18　雨果花园平面图
（图片来源:筑龙网）

图 3.19　雨果花园非正式座位
（图片来源:筑龙网）

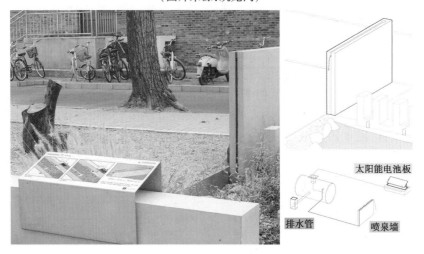

图 3.20　雨果花园生物滞留区域
（图片来源:筑龙网）

丰富的乡土植物群落替代了单一的草坪,为校园中的刺猬、松鼠、麻雀等提供了新的踏脚石。同时,花园也为高密度的建筑区带来了一片"荒野"。

3.5 园路及铺装

3.5.1 园路

园路是公园的骨架和脉络,具有交通、引导、组织空间、划分景区等功能。园路的布局、宽度应满足人车通行、消防和综合管线排布的需要。铺装场地是交通集散、开展各类活动和进行生产管理的硬质开敞区域。园路和铺装场地应考虑造景、提供活动和休息场所、组织排水等功能作用,其铺面材料及纹样应体现景观的要求。园路和铺装场地还应充分考虑无障碍设计的要求。

1)园路的功能及作用

不同于城市道路,公园园路除为便利实用外,更应顾及景观的区划布置。园路是公园的一部分,是公园的骨干,可形成园景轴线,故园路的设计必须配合公园,方能与之成为一个整体。设计者应按公园设施区划,以及园内交通的方向、流量等,规划园路路线,使公园各局部均能相互联络,便于引导游客观赏及游园,以构成整体园路线网系统。总的来说,园路具有联系景观各部分和划分景观空间两种功能。

2)园路类型

(1)根据功能划分

①主路。主路形成公园园路系统的主干,路宽为2~7 m,一般不宜设梯道。其连接公园各功能分区、主要活动建筑设施、景点,要求方便游人集散,并组织整个公园景观。必要时主路可通行少量管理用车。主路两旁应充分绿化,可采用列植高大、浓荫的乔木,树下配置较耐阴的草坪植物,路两旁可采用耐阴的花卉植物配置花境。

②次路。次路是公园各区内的主要道路,宽度一般为3~4 m,引导游人便捷地到达各个景点,对主路起辅助作用,可利用各区的景色来丰富道路景观。另外考虑到游人的不同需求,在道路布局中,还应为游人开辟从一个景区到另一个景区的捷径。

③支路。支路是公园各个景点的内部道路,宽度一般为1.2~3 m,主要作用在于方便游人到达景点内的各项游乐设施。

④小路。小路为游人散步使用,以安静休息区最多,双人行走时路宽为1.2~2 m,单人行走时路宽为0.6~1 m。其为全园风景变化最细腻,最能体现公园游憩功能和人性化设计的道路。

(2)根据构造形式划分

①路堑型:园路的路面低于周围绿地,道牙高于路面,起到阻挡绿地水土流失的作用。

②路堤型:路面高于两侧地面,平道牙靠近边缘处,道牙外有路肩,常利用明沟排水,路肩外

有明沟和绿地过渡,如图 3.21 所示。

③特殊型:包括步石、汀步、磴道、攀梯等。

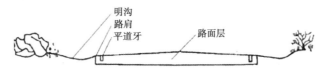

图 3.21　路堤型

（图片来源:丁绍刚主编《风景园林·景观设计师手册》）

（3）根据铺装材料划分

①整体路面。整体路面是园林建设中应用最多的一类,用水泥混凝土或沥青混凝土铺筑而成;具有强度高、耐压、耐磨、平整度好的特点,但不便维修,且一般观赏性较差;由于养护简单、便于清扫,多为大公园的主干道所采用。整体路面的色彩多为灰、黑色,近年来已出现了彩色沥青路和彩色水泥路。

②块料路面。块料路面用大方砖、石板等各种天然块石或各种预制板铺装而成;具有简朴、大方和便于地下施工时拆补的特点,在现代绿地中被广泛应用。

③碎料路面。碎料路面是用各种碎石、瓦片、卵石及其他碎状材料组成的路面;其材料价廉,能铺成各种花纹,一般多用在游步道中。

④简易路面。简易路面由煤屑、三合土等构成,多用于临时性或过渡性园路。

（4）根据路面的排水性划分

①透水性路面。透水性路面是指下雨时,雨水能及时通过路面结构渗入地下,或者储存于路面材料的空隙中,减少地面积水的路面。其做法既有直接采用吸水性好的面层材料,也有将不透水的材料干铺在透水性基层上,包括透水混凝土、透水沥青、透水性高分子材料及各种粉粒材料路面、透水草皮路面和人工草皮路面等。透水性路面可减轻排水系统负担,保护地下水资源,有利于维护生态环境,但往往平整度、耐压性不足,养护工作量却较大,主要应用于游步道、停车场、广场等处。

②非透水性路面。非透水性路面是指吸水率低,主要靠地表排水的路面。其具有较好的平整度和耐压性,整体铺装的可用作机动交通、游人量大的主要园路,块材铺筑的则多用作次要园道、游步道、广场等。

3）园路设计

（1）基本内容

园路设计的内容主要包括园路的几何线形设计、结构设计和面层装饰设计三大方面。

①园路的几何线形设计。需要解决的主要问题包括在运动学及力学方面的安全、舒适,在视觉及运动心理学方面的良好效果,与园林环境的协调关系以及经济性。为了在设计中表达及表述的方便,通常把园路的几何线形设计分解为园路的平面、纵断面和横断面来分别研究处理,然后结合地形及环境条件综合考虑。

②园路的结构设计。根据地形地质、交通量及荷载等条件,确定园路结构中各个组成部分所使用的材料、厚度要求等。园路的结构设计要求用最小的投资、尽可能少的外来材料及养护成本,在自然力、人及车辆荷载的共同作用下,使它们在使用年限内能保持良好状态,满足使用要求。

③园路的面层装饰设计。选用各种面层材料,确定其色彩、纹样和图案、表面处理方式等,以形成各种地面纹理变化,使之成为园景的组成部分。

(2)前期工作

①实地勘查。熟悉设计场地及周围的情况,对园路的客观环境进行全面的认识。勘查时应注意以下几点:了解基地现场的地形地貌情况,并核对图纸;了解基地的土壤、地质情况、地下水位、地表积水情况的成因及范围;了解基地内原有建筑物、道路、河池及植 物种植的情况,要特别注意保护大树和名贵树木;了解地下管线(包括煤气、供电、电信、给排水等)的分布情况;了解园外道路的宽度及公园出入门处园外道路的高程。

②涉及的有关资料一般包括原地形图,比例1:500 或1:1 000;风景园林设计图,包括竖向设计、建筑、道路规划、种植设计等图纸和说明书,图纸比例1:500 或1:1 000。要明确各段园路的性质、交通量、荷载要求和园景特色;搜集水文地质的勘测资料及现场勘查的补充资料。

(3)园路的几何线形设计

园路中线在水平面上的投影形状称为平面线形(图3.22)。园路的平面线形一般由3 种线形——直线、圆曲线和缓和曲线构成,称为"平面线形三要素"。通常直线与圆曲线直接衔接(相切)。当车速较高、圆曲线半径较小时,直线与圆曲线之间以及圆曲线之间要插设回旋型的缓和曲线。

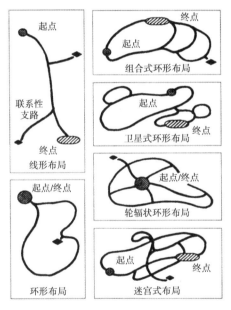

图3.22 园路的布局形式

(图片来源:丁绍刚主编《风景园林概论》)

行车园路平面线形设计一般原则是:平面线形连续、顺畅,并与地形、地物相适应,与周围环境相协调;满足行驶力学上的基本要求和视觉、心理上的要求;保证平面线形的均衡与连贯;避免连续急弯的线形;平曲线应有足够的长度。

园路在不考虑行车要求时,可以降低线形的技术要求,在不影响游人正常游览的前提下常常结合地形设计,采用连续曲线的线形,以优美的曲线构成园景。

4) 无障碍设计

园路的设计应能方便地供所有人使用,因此无障碍环境要确保行动不便者、乘轮椅者、挂盲杖者及使用助行器者能够安全方便地使用园路。公园的出入口不应妨碍轮椅或婴儿车的进出,所有道路中至少应有一条路满足以下条件:无高差,宽度在 1.2 m 以上,纵坡控制在 4%以下,当4%的坡持续 50 m 以上时应设置,1.5 m 以上的水平部分以便休息,铺地应使用防滑材料,平坦且没有凹凸的地坪。排水沟篦子应与路面在同一水平高度,排水孔不得大于 2.5 cm,2 cm 以下最佳,以免卡住轮椅的车轮和盲人的拐杖。尽可能在公园及建筑物的主要出入口附近设置残疾人可使用的上下车位置和停车位,停车场应设置残疾人专用的车位,车位附近的地面坡度应控制在 2%以下。

道路无障碍设施与设计要求可参见表 3.9。

表 3.9 道路无障碍设施与设计要求

设施类别	设计要求
缘石坡道	在交叉路口、街坊路口、单位出口、广场入口、人行横道及桥梁隧道、立体交叉等路口处的人行道应设缘石坡道
坡道与梯道	城市主要道路、建筑物和居住区的人行天桥和人行地道应设轮椅坡道和安全梯道; 在坡道和梯道两侧应设扶手,城市中心地区可设垂直升降梯取代轮椅坡道
盲道	城市中心区道路广场、步行街、商业街、桥梁隧道、立体交叉处及主要建筑物地段的人行道应设盲道;人行天桥、人行地道、人行横道及主要公交车站应设提示盲道
人行横道	人行横道的安全岛应能使轮椅通行;城市主要道路的人行横道宜设过街音响信号
标志	在城市广场、步行街、商业街、人行天桥、人行地道等无障碍设施的位置应设国际通用无障碍标志牌;城市主要地段的道路和建筑物宜设盲文位置图

资料来源:丁绍刚主编《风景园林概论》

①缘石坡道。缘石坡道是为乘轮椅者避免人行道路缘石带来的通行障碍而设置的一种坡道。缘石坡道通常设在人行道的交叉路口、街坊路口、单位出入口、广场入口、人行横道及桥梁、隧道、地铁站的入口。缘石坡道的高差不大于 2 cm,有效宽度不小于 1.2 m,坡度应不大于1:12,坡道部分采用防滑材质的材料。

②坡道。在有高差变化的地方应设置坡道来连接。坡道的坡度越小,越有利于无障碍通行。一般应将坡道的坡度控制在 1:20~1:15,纵坡度应不大于 1:12,当坡道实施有困难时也应不大于 1:8(需要协助推动轮椅前进)。每段坡道的坡度、允许最大高度和水平长度可按表 3.10选用。当坡道的高度和水平长度超过规定时,应在坡道中间设置深度不小于 1.80 m 的休息平台。在坡道的起点、终点及转弯处应设休息平台,休息平台的深度不应小于 1.50 m。坡道至少一侧应在 0.90 m 高度处设扶手,两段坡道之间的扶手应保持连贯。起点及终点处的扶手应水平延伸 0.30 m 以上。为防止轮椅从边侧滑落,应设高 5 cm 以上的挡石。

表 3.10　每段坡道坡度、最大高度和水平长度

坡道坡度(高:长)	1:20	1:16	1:12	1:10	1:8
每段坡道最大允许高/m	1.50	1.00	0.75	0.60	0.35
每段坡道允许水平长/m	30.0	16.0	9.0	6.0	2.8

资料来源:孟兆祯主编《风景园林工程》

③盲道。盲道是在人行道上铺设一种固定形态的地面砖,使视障者产生不同的脚感,借助盲杖触及,诱导他们向前行走和辨别方向以及到达目的地的通道。盲道表面触感部分以下的标高应与地面标高一致,盲道应连续,中途不可有电线杆、拉线、树木等障碍物。盲道分行进盲道和提示盲道两种。行进盲道的宽度一般为 0.3~0.6 m,视道路宽度选低限或高限。行进盲道距树池、围墙、花台或绿地的距离为 0.25~0.5 m。在行进盲道的起点、终点、交叉、拐弯处,以及有台阶、坡道和障碍物等时应设圆点形的提示盲道。提示盲道的长度应大于行进盲道的宽度,提示盲道的宽度为 0.3~0.6 m。

3.5.2　场地铺装

1)传统园路铺装

①砖石铺装:如平板冰纹铺地,条砖铺地,机制方头(片)弹石铺地。
②卵石铺地:如卵石铺筑,散石铺筑,雕花砖卵石嵌花铺地(石子面),花街铺地。
③其他铺地:典型如步石、汀石、磴道。

2)传统园路铺装技术

(1)砖石铺装
砖石铺装如图 3.23 所示。

条板冰梅嵌草路面（2.5 m）

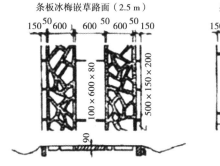

条板卵石路面（2.5 m）

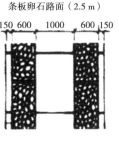

条板冰梅路面（2.5 m）

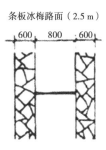

图 3.23　砖石铺装的具体做法

(图片来源:丁绍刚主编《风景园林·景观设计师手册》)

①平板冰纹铺地:用褚红或青灰色片岩石板砌成;不勾缝便于草皮长出,勾缝则显得工整;有用水泥混凝土划分成冰纹仿制,宜在表面拉毛,效果较好;有一定的承载力和耐久性,可用在自然气息较浓的园路上。

②条砖铺地:多用青砖进行席纹或同心圆弧形放射式排列;砖吸水、排水性能好,但不耐磨;目前已开始用彩色仿砖色水泥划成仿砖形铺地。日本、西欧等国喜用红砖或仿缸砖铺地。

③机制方头(片)弹石铺地:多数用花岗石磨切成为 150 mm ×150 mm×120 mm(厚)的方头状石块;表面平中带糙,可铺组成各种花纹和水波状铺地;其下垫层铺煤渣土厚 30~50 mm;承载力较高,可用于游人量大的地段,也可承受轻型车辆。

(2)卵石铺地

①卵石铺筑:采用卵石铺成各种图案,一般砌于灰浆或砂浆之上;装饰性强,但行走不舒适,清扫困难,且卵石易脱落;一般适合于游人较少的小径或园路的局部装饰。

②散石铺筑:其主要有两种做法。做法一,选西瓜子大小的白色、青灰色、紫黑色的石料,单一品种或混合后倒入路基槽中耙平或耙出波纹,最常见于日本园林中,在世界各地都有应用。做法二,用不同大小的粒状石料分块铺装组合,利用材料不同大小、质感、颜色的对比达到独特效果。

(3)雕花砖卵石嵌花铺地(石子面)

雕花砖卵石嵌花铺地(石子面)是选用精雕的砖、细磨的瓦和经过严格挑选的各色卵石拼凑成的路面,观赏价值很高。

(4)花街铺地

花街铺地是我国古典园林的特色做法,以砖瓦为骨、以石填心,用规整的砖和不规则的石板、卵石及碎砖、碎瓦、碎瓷片、碎缸片等废料相结合组成图案。

具体做法:将素土夯实后在上面铺垫50~150 mm 厚的煤屑、砂、碎砖、灰土,再铺设面层材料。铺设面层时,先用侧放的小板砖及片瓦组成花纹轮廓,然后嵌入卵石、碎瓦作图案式填充,再用水泥砂浆注入起稳定作用。也有用各种粒径的多色卵石和角料配砌成地纹,再用干拌水泥加细砂填充缝隙,然后洒水让其混合结固。后一种施工方法较多见。

(5)其他铺地

①步石:自然式草地或建筑附近的小块绿地上,用一至数块天然石块或预制成圆形、树桩形、木纹板形等铺块,自由组合于草地之中;数量不宜过多,块体不宜太小。

②汀石:在水中设置步石,使游人可以平水而过;适用于窄而浅的水面,如在小溪、涧、滩等地;石墩不宜过小,距离不宜过大,数量不宜过多。

③磴道:局部利用天然山石、露岩等凿出的或用水泥混凝土仿树桩、假石等塑成的上山道路。

3)现代园路铺装

(1)现代园路铺装类型

· 混凝土类:通常包括一般混凝土、彩色混凝土;

· 沥青类;

· 高分子材料;

- 木屑树皮类;
- 透水性草皮路面:通常有实体块材间隙植草路面,预制有孔材料嵌草路面,草皮保护垫。

(2)混凝土类铺装技术

混凝土类铺装技术如图3.24所示。

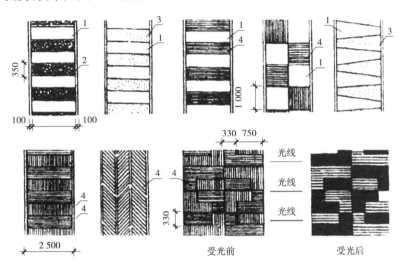

1—抛光;2—拉毛;3—水刷;4—用橡皮刷拉道

图3.24 混凝土路面铺装设计

(图片来源:丁绍刚主编《风景园林·景观设计师手册》)

①一般混凝土:具有强度高、耐磨、易于造型的特点,和天然石材相比,造价相对低廉;可以现场浇筑,也可以制成各种形状的混凝土平板或砌块,再如砖石材料一样铺装。

②彩色混凝土:具有色彩鲜明、匀称的特色;性价比高,其耐磨性和耐久性都大大超过普通地砖,耐久度可与真石材媲美,可修复性更强;施工方便。

彩色混凝土施工工艺有以下4种:

- 压模工艺:当混凝土面层处于初凝期,在上面铺撒强化料、脱模料,然后用特制的成型模压入混凝土表面以形成各种图案;高压冲洗,待完全干燥后,再喷涂保护剂。
- 纸模工艺:混凝土面层处于初凝期时,在其上平铺纸模,用抹刀抹平,再铺撒上强化料,然后揭除纸模;高压冲洗,待完全干燥后,再喷涂保护剂。
- 喷涂工艺:老的混凝土进行必要的修补和冲洗清洁后,用抹刀抹上基层处理剂,再平铺纸模或塑料模,用高压喷枪在表面随意喷洒喷涂料,然后揭除模具;高压冲洗,待完全干燥后,再喷涂保护剂。
- 幻彩工艺:是对已有的彩色混凝土的改造工艺。高压冲洗掉原有脱模料后,把细彩剂直接喷涂在混凝土表面,待其完全干燥后,再喷涂保护剂。其用途广泛,主要作装饰用,也作结构用。

③透水混凝土:透水系数大,雨水能及时通过路面渗入地下或存于路面空隙中,减少路面积水,有良好的社会、环境和生态效应,如图3.25所示。

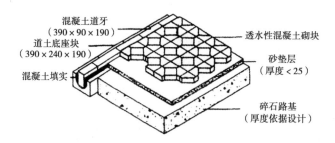

图 3.25 透水性混凝土砌块结构做法(单位:mm)

(图片来源:丁绍刚主编《风景园林·景观设计师手册》)

(3)沥青类铺装技术

沥青类铺装有素色和彩色、透水和不透水两种分类。

彩色沥青有抗高、低温,耐摩擦,使用寿命长等特性;色彩鲜艳、持久,弹性好,有很好的透水性;不易产生剥离、开裂等路面破坏现象,但通过脱色工艺的彩色沥青表面耐久性会稍差。彩色沥青路面一般用于城市道路人行道和行车道、风景区道路,与彩色混凝土比,有更好的弹性,适用于运动场所和儿童、老年人活动场所。

(4)高分子材料类铺装技术

与沥油类材料相比,高分子材料类铺装着色更加自由,且色彩鲜明,更利于园路的艺术创作;但耐磨性稍差些,对基层的要求也较高。

其面层铺装是在沥青混凝土或混凝土基层上喷涂或涂刷上一层高分子材料,也有将带砖缝的模板(厚约 2 mm)粘贴在基层上,放入材料,并用抹子抹平后再把模板拆掉,如果是成品卷材或板材,可直接用钉子固定,也可用砂浆粘贴在基层上。

(5)木屑树皮类铺装技术

木屑树皮类铺装是利用废弃的不规则的树皮、木屑等铺成,质感、色调、弹性好,具有吸热率高、经济、改善环境等优点。

简易的树皮木屑路做法:将土刨松,铺上树皮、树枝,然后浇一遍水(刨过土层 200 mm),使树皮和土壤有机结合,也可采用"树皮+卵石+树枝"方式,这样可增加铺装重量,避免大风天气对路面的破坏或造成扬尘。还有一种做法是将其与沥青类材料混合或在面层铺撒黏合剂,铺装耐久性和平整度都大大提高,且富有弹性,步行舒适,在散跑道、慢跑道、赛马场等处使用较多。

(6)透水性草皮路面铺装技术

①实体块材间隙植草路面:把天然石块和各种形状的预制水泥混凝土块,铺成冰裂纹或者其他花纹,铺筑时在块料间留 3~6 cm 的缝隙,填入培养土,缝间植草皮或用掺草籽的种植土灌缝。

②预制有孔材料嵌草路面:在透水性基层上铺砌混凝土预制块或砌砖块,在其孔穴中栽培草皮,使草皮免受人、车踏压。因为平整度差、表面耐压性不一,其不适合步行,一般用于广场绿化、停车场等场所。

③草皮保护垫:是保护草皮生长发育耐压性及耐候性强的开孔垫网,由聚丙烯塑料、橡胶粒及稳定剂、加强剂制成。可保护草皮免受行人践踏、车辆重压,其植草面积可达到 100%,和混凝土预制块或砌砖块相比,不会发生由于预制块本身的热辐射使植草叶面烧伤的情况。

思考题

1.简述竖向设计的定义及其作用。

2.公园竖向设计的主要内容包括哪些?

3.雨洪管理的主要方式有哪些?

4.简述传统园路铺装的类型。

第4章 种植设计

　　本章导读：植物是公园中少有的有生命、能生长，可通过季相变化、优美的姿态、丰富的色彩等营造出多样变化的景观的公园要素。本章在概述公园植物造景（种植设计）基础上，介绍了公园植物造景的基本原理、公园植物规划设计程序、生态种植设计与植物生态修复、公园植物的基本形式与分类设计等内容。

4.1　概述

4.1.1　公园植物景观

　　公园主要由丰富的植物、变化的地形、宜人的水景、明丽的建筑、流畅的道路等景观元素构成，在其中公园植物有生命、能生长，通过季相变化、优美的姿态、丰富的色彩，营造出多样变化的公园景观。

　　公园植物景观是指运用乔木、灌木、藤本、竹类、花卉、草本等植物材料，充分发挥植物本身的形体、线条、色彩等方面的美感，通过艺术手法及生态因子的作用，创造与周围环境相适应、相协调的环境，追求植物形成的空间尺度，反映当地自然条件和地域景观特征，展示植物群落的自然分布特点和整体景观效果。

4.1.2　公园植物造景方式

　　植物造景是以植物的个体或群体美来创造各种景观，包括利用、整理和修饰原有的自然植被，以及对单株或植物组合进行修剪整形。植物造景是以植物配置为基础的艺术创作，是当前建立城市生态系统的重要组成部分。

　　植物造景通过造景植物来实现，而造景植物则是由具有观赏价值的园林树木、花卉、草坪等组成。园林树木包括落叶乔木、灌木，常绿乔木、灌木以及常绿和落叶的藤本植物、竹类等；花卉分为一年生、多年生、球根、宿根、水生等多种；草坪分为暖季型和冷季型两类。

园林植物种类繁多,种间存在差异,植物造景时,充分掌握植物的形态特征、生活习性、生态特征和功能效益等属性,有助于更好地进行公园植物造景设计。公园的植物造景是按照公园的性质和规划要求,分为规则式、自然式和混合式三种类型。

1)规则式

规则式又称整形式、几何式、图案式等,是指园林植物成行成列等距离排列种植,或做有规则的简单重复,或具规整形状,多使用植篱、整形树、模纹景观及整形草坪等。花卉布置以图案式为主,花坛多为几何形,或组成大规模的花坛群;草坪平整而具有直线或几何曲线型边缘等。通常运用于规则式或混合式布局的园林环境中,具有整齐、严谨、庄重和人工美的艺术特色(图4.1)。

图4.1　荷兰某园林的规则式花坛群

(图片来源:邱建等编著《景观设计初步》)

规则式又分规则对称式和规则不对称式两种。规则对称式指植物景观的布置具有明显的对称轴线或对称中心,树木形态一致,或经人工整形,花卉布置采用规则图案。规则对称式种植常用于纪念性园林,或大型建筑物环境、广场等的规则式园林绿地中,具有庄严、雄伟、整齐、肃穆的艺术效果,有时也显得压抑和呆板。规则不对称设计没有明显的对称轴线和对称中心,景观布置虽有规律,但也有一定变化。规则式植物造景方式多用于公园出入口、重要建筑出入口等区域,以及纪念性园林、皇家园林等专类公园。

2)自然式

自然式又称风景式、不规则式,是指植物景观的布置没有明显的轴线,各种植物的分布自由变化,没有一定的规律性。树木种植无固定的株行距,形态大小不一,充分发挥树木自然生长的姿态,不求人工造型;充分考虑植物的生态习性,植物种类丰富多样,以自然界植物生态群落为蓝本,创造生动活泼、清幽典雅的自然植被景观。如自然式丛林、疏林草地、自然式花境等。自然式植物景观是公园中最基础、最常见的植物造景类型,常见于公园的安静休息区、观赏游览区,以及自然式游园等。如得名于《岳阳楼记》的日本东京小石川后乐园,被称为"洋溢着中国趣味的深山幽谷"。这座约70 000 m²的回游式假山泉水庭院展现了优美的自然植物景观(图4.2)。

图 4.2　日本东京小石川后乐园自然的植物景观
（图片来源：黄瑞拍摄）

3) 混合式

　　混合式是指将自然式和规则式两种方式相结合，共同运用在植物造景中，这类手法在当前的园林植物造景中较为常见。选取规则式表达人为之美，选取自然式表达自然之美，两者混用可以更好地表达设计者的思想。按规则式和自然式比例不同，混合式又分为三种形式：以规则式为主、自然式为辅；以自然式为主、规则式为辅；自然式和规则式并重。如许多现代城市公园为引导游人疏散和进入公园内部道路，常在入口处沿游览路线设置整形的种植池和相应的整形植物，背景则为展现植物自然之美的自然式配置，整体呈现出混合式的植物景观（图 4.3）。

图 4.3　成都浣花溪公园入口处混合式的植物配置
（图片来源：黄瑞拍摄）

4.1.3 公园植物的作用

1)生态及防护效益

公园是一个特定的景观生态系统。它在城市中,一般面积大、树木多、设施全,其绿地面积占 70% 以上,被人们称为"城市的绿肺"。因此,公园的植物对改善城市生态环境、维护城市生态平衡起着巨大的作用。首先是净化空气。植物的叶片在日光的作用下,能把光能转化为化学能,同时吸收二氧化碳放出氧气。同时,有些植物还能吸收有害气体,吸收放射性物质,吸滞粉尘等,对空气进行净化过滤,提高空气质量,也被称为绿色的"空气过滤器"。据测定,许多园林植物的叶片具有吸收二氧化硫的能力,松林每天可从 1 m³ 的空气中吸收 20 mg 二氧化硫;每公顷柳杉每天能吸收 60 kg 的二氧化硫。

园林植物还能调节温度和湿度。在盛夏,公园中乔灌草结构的绿地温度比裸露地面温度低 4.8 ℃,湿度比其他绿化率低的地区高 27%。同时,树木花草能吸收土壤中的有害物质,杀死病菌,起到净化作用。公园中的水生植物如荷花、睡莲、菖蒲等能吸收水中的有害物质,起到一定净化水质的作用。绿色植物对声波有散射、吸收作用,可以降低噪声,被称为"绿色消音器"。所以,公园植物特别是树木是构成现代人类良好生活环境不可缺少的部分。公园中的树木具有防风滞尘、涵养水源、保持水土、降低噪声、减少污染和保护人体免受放射性危害等方面的作用。据测定,在一个高 9 m 的复层结构的树林,在其迎风面 90 m 内,背风面 270 m 内,风速都有不同程度的减少。树木的滞尘作用更为明显,如悬铃木、刺槐林可使粉尘减少 23% ~ 52%,使空气中飘尘减少 37% ~ 60%。绿地的上空大气含尘量通常较裸地或街道少 1/3 ~ 1/2。树木的枝叶能够截流降水,据测截流量为降水量的 15% ~ 40%。其中枝叶稠密,叶面粗糙的树种如云杉、水杉、圆柏、柳等,截流量大。由于树冠的截流、地被植物的截流,加上土壤的渗透作用,就减少和减缓了地表径流量和流速,起到了涵养水源,保持水土的作用。城市环境中充满各种噪声,噪声超过 70 dB 时,对人体就会产生不利影响。栽植乔灌木可以降低噪声。如 30 m 宽的树林可降低噪声 8 ~ 10 dB,4 m 宽的枝叶浓密的绿篱坪可减少噪声 6 dB,因此在树木茂密的公园中会比较安静且舒适。树木还能过滤、吸收和阻隔放射性物质,减低光辐射的传播和伤害。公园除了上述防护作用外,还是发生地震和火灾等自然灾害时防灾避难的最佳保护地。所以分布在城市里的公园绿地,其防护效益还是很大的。

2)景观效益

公园是城市园林的核心部分之一,是城市文明的重要标志。具有独特风貌和地域特色的城市,不仅要有优美的自然地貌和良好的建筑群体,植物景观的好坏对城市面貌同样起着决定性的作用,是城市景观效果的有机组成部分。所以公园的面貌将直接关系到城市的景观价值和形象特征。如武汉的黄鹤楼公园中的黄鹤楼建筑,成为武汉市的象征性城标;广州越秀公园中的"五羊石雕",也成为"羊城"广州的标志。同样,国外的一些花园城市如新加坡、堪培拉、华沙等也都是因为城市中的绿地率高、园林风景优美,特别是公园分布均匀且艺术水平高而享誉世界,成为人们争相游览的园林名城。

公园如同城市中镶嵌的绿宝石。城市高楼林立、道路纵横、桥梁叠加,硬质材料构成的现代化城市景观,使人远离自然,感受单调。穿插在城市中间的绿地,特别是大面积的公园绿地,正好与生硬的高楼、道路、桥梁形成高低错落、刚柔相济、软硬搭配、色彩调和的融合效果。经过公园绿地装饰的城市街景,给建筑设施增添了自然的生机,丰富了城市的立面形象,使城市景观更加生动。当然,公园中的树木花草随着季节、生命周期的不断改变而发生的色彩、姿态、线条、质地的变化,更成了为城市添光增彩的动态风景,增加了城市的美感和魅力。

公园强调植物的合理配置及生物的多样性,目的是使公园空间表现出春有花、夏有荫,秋有果、冬有绿,"远近高低各不同""淡妆浓抹总相宜"。这意味着公园植物能够为城市编织一条周期性的彩线,在时空关系上形成一首传达城市形象的植物景观交响曲。

3)社会效益

公园是城市的起居空间,作为城市居民的主要休闲游憩场所,承载着城市居民休闲游憩活动要求的主要职能。城市公园容纳大量城市居民进行户外活动,随着全民健康运动的开展和社会文化的进步,城市公园日益成为传播精神文明、科普知识、宣传教育的重要场所。在城市公园中经常利用植物的花形叶色组成独特风景,开展各种社会文化活动,陶冶市民情操,提高市民文化素质,形成一种独特的大众文化。

4.2 公园植物造景基本原理

4.2.1 生态学原理

1)环境分析——植物个体生态学原理

环境分析在植物生态学上是指从植物个体的角度去研究植物与环境的关系。

就园林植物而言,其环境就是植物体周围的园林空间。在这个空间中,存在着各种不同的物理和化学因素,如光、空气、水,气候、温湿度,土壤、岩石、人工构筑物以及许多化学物质(如污染物等),可统称为非生物因素;另外还包括植物、动物、微生物及人类,可统称为生物因素。这些生物与非生物因素错综复杂地交织在一起,构成了植物生存的环境条件,并直接或间接地影响着植物的生存和发展。

环境因子就是组成环境的各种因素,也称生态因子。种植设计运用植物个体生态学原理,就是要尊重植物的生态习性,对各种环境条件与环境因子进行研究和分析,然后选择应用合适的植物种类,使园林中每一种植物都有各自理想的生活环境,或者将环境对植物的不利影响降到最小,使植物能够正常地生长和发育。

2）种群分布与生态位——植物种群生态学原理

　　种群是物种存在的基本单位。种群的个体都占据着特定的空间，并呈现出特定的个体分布形式或状态，这种种群个体在水平位置上的分布样式，称为种群分布或种群分布格局。种群空间分布的类型一般可概括为 3 种，即随机分布、均匀分布和集群分布。园林植物种群是园林中同种植物的个体集合，也是园林种植设计的基本内容。园林中多数植物种群往往有许多个体共同存在，如各种树丛、树林、花坛、花境、草坪及水生花卉等。在特定的园林空间里，植物种群同样呈现出以上 3 种特定的个体分布形式，也就是种植设计的基本形式，即规则式、自然式和混合式。

　　生态位指生物在群落中所处的地位和作用。它也可理解为群落中某种生物所占的物理空间，所发挥的功能作用及其在各种环境梯度里出现的范围，即群落中每个种是在哪里生活，如何生活及如何受其他生物与环境因子约束等。生态位既是群落种群种间关系（种群之间的相互影响）的结果，又是群落特性发生与发展、种系进化、种间竞争和协同的动力和原因。植物群落种群种间关系包含了种间竞争、互助或共生。

　　景观植物种植设计，如乔木树种与林下喜阴（或耐阴）灌木和地被植物组成的复层植物景观设计、密植景观设计，都必须建立种群优势，占据环境资源，排斥非设计性植物（如杂草等），选择竞争性强的植物，采用合理的种植密度。总之，都应遵循生态位原理，以求获得稳定的园林植物种群与群落景观。

3）物种多样性——群落生态学原理

　　生物多样性是指一定空间范围内多种多样的活有机体（包括动物、植物、微生物）有规律地结合在一起的总称（群落）。生物多样性是生物之间和生物与环境之间复杂的相互关系的体现，也是生物资源与自然景观丰富多彩的标志。生物多样性包含有遗传多样性、物种多样性和生态系统多样性。理解和表达一个区域环境物种多样性的特点，一般基于两个方面，即物种丰富度（或称丰富性）和物种的相对密度（或称异质性）。丰富度是指群落所含有的种数的多寡，种越多，丰富性越大。相对密度是指各个物种在一定区域或一个生态系统中分布多少的程度，即物种的优势和均匀性程度，优势种越不明显，种类分布越均匀，异质性越大。

　　景观植物种植设计遵循物种多样性的生态学原理，目的是实现园林植物群落的稳定性、植物景观的多样性和持续生长性等，并为实现区域环境生物多样性奠定基础。

4）生态系统——生态系统生态学原理

　　就生态功能与效益而言，通常是系统大于群体，群体大于个体。城市绿地系统是由城市中或城市周围各种绿地空间所组成的一个大的自然生态系统，而每一块绿地又是一个子系统。城市绿地系统的建立和保护，可以有效地整体改善和调节城市生态环境。景观植物种植设计不但要较多地利用木本植物，提高绿地的生态功能和效益，同时还要创造多种多样的生境和绿地生态系统，满足各种植物及其他生物的生存需要和整个城市自然生态系统的平衡，促进人居环境的可持续发展。

5）生态因子

对植物有直接、间接影响的环境因子称为生态因子（因素）。同其他生物一样，景观植物赖以生存的生态因子主要有温度、水分、光照、土壤等。不同地区的植物之所以会呈现出不同的景观效果，就是由于植物原生地生态因子不同的结果。

（1）温度因子

在地理空间上，温度随海拔的升高、纬度的北移而降低，随海拔的降低、纬度的南移而升高。在时间上，随四季变换、昼夜变换而变化。温度对植物景观的影响，不仅在于温度是植物生存的必要条件，有时候还是景观形成的主导因素。例如在海拔高、空气湿度大的地方配置秋色叶植物，景观更加明显，特色突出；而在北方常绿与落叶树种的合理搭配效果会更好。

根据树种对温度的要求和适应范围，大致上可分为四类：

①最喜温树种：指生长在热带的树种，故又称热带树种，如椰子、槟榔、龙血树、朱蕉、橡胶等。

②喜温树种：指生长在亚热带的树种，如云南山茶、毛竹、香樟、木棉花、瑞香、夹竹桃、竹柏等。

③耐寒树种：指生长在温带的树种，又称温带树种，如毛白杨、油松、白皮松、桃、李、梅、杏等。

④最耐寒树种：又称寒带树种，如红松、落叶松、东北绣线菊、水曲柳等。

（2）水分因子

水是生命之源，水分是植物体的重要组成部分。植物对营养物质的吸收和运输，以及光合、吸收、蒸腾等生理作用，都必须在有水分的参与下才能进行。水不仅直接关系着植物是否能健康生长，同时也具有特殊的植物景观效果。如"雨打芭蕉"即为描述雨中植物景观的一例。

①土壤湿度。

土壤中的水分对于植物景观的影响最为重要，决定植物的生存、生长发育过程；同时可利用不同植物对土壤水分的要求创造植物景观。不同的植物种类，在长期生活的水分环境中，不仅形成了对水分需求的适应性和生态习性，还产生了特殊的可赏景观。如仙人掌类植物，长期适应沙漠干旱的水分环境，从而形成了各种各样的奇特形态。

根据植物对水分的需求，可把植物分为水生、湿生、中生和旱生等生态类型。

水生植物根据其在水中生长的位置又分为沉水植物、浮水植物和挺水植物。不同的水生植物其枝叶形状也多种多样，具有不同的景观效果（图4.4）。如金鱼藻属植物，沉水的叶常为丝状、线状；荇菜、萍蓬等，浮水的叶常很宽，呈盾状口形或卵圆状心形。又如菱属门有二种叶，沉水叶线形，浮水叶菱形；挺水植物千屈菜挺拔秀丽，而浮萍却平静如绿波。

湿生植物的根常没于浅水中或潮湿的土壤中，常见于水际边沿地带或热带潮湿、荫蔽的森林中。一般适应性较差，大多数为草本，木本较少。做植物景观时，一些湿生植物多被应用，主要有落羽杉、红树、白柳、垂柳、墨西哥落羽松、池杉、水松、水椰、旱柳、黑杨、枫杨、箬竹、乌桕、白蜡、山里红、赤杨、梨、楝、三角枫、红棉木、怪柳、夹竹桃、椿树、千屈菜、黄花鸢尾、驴蹄草、花紫树、箬竹属、沼生海枣、榕属、水翁等。

生长在黄土高原、荒漠、沙漠等干旱地带的植物大多属于旱生植物（图4.5），如仙人掌类植物、龙血树、光棍树、木麻黄、猴面包树、瓶子树等。其他具有抗旱性的观赏植物有紫穗槐、桧柏、樟子松、紫藤、合欢、苦储、黄檀、榆、朴、石栎、栓皮栎、白栎、君迁子、黄连木、槐、杜梨、臭椿、小青杨、小叶杨、胡颓子、小叶锦鸡儿、白柳、旱柳、雪松、柳叶绣线菊、构树、皂荚、柏木、侧柏、夹竹桃等。

图 4.4 日本庭院中优美的水生植物配植
（图片来源：陈玮等编著
《园林构成要素实例解析》）

图 4.5 旱生植物景观
（图片来源：黄瑞拍摄）

②空气湿度。

空气湿度对植物生长起着很大作用。生长在高海拔的岩生植物或附生植物如兰花类，主要依靠空气中较高的湿度生长。热带雨林中具有高温高湿的环境，因此常常生长一些附生植物，如大型的蕨类，像鸟巢蕨、岩类蕨、书带蕨、星蕨等，这些植物构成了别具一格的景观。设计者掌握和了解哪些植物需要高湿度空气环境或不需要高湿度空气环境，进行合理搭配，不仅避免盲目性，还能利用其独特性创造景观。例如，大型展览温室中，可以利用现代科学技术，模拟热带雨林的高温高湿环境，并引种大量热带植物，获得热带景观效果。

（3）光照

光是植物的能量源。除光合作用外，光对植物的影响还在于光照的强度和光质，在很大程度上影响着植物的高矮和花色的深浅，如生长在高山上的植株通常受紫外线照射严重而显得低矮，且花色非常艳丽，不过这受自然条件的限制，设计者不能改变现实环境，但在人工环境下，利用现代科技手段也能达到相似的效果。

通常把植物按光照强度的需求分为三类：

①阳性植物。

阳性植物在阳光充足条件下才能正常生长，不耐荫蔽。在自然群落中，常为上层乔木，一般需光度为全日照 70% 以上的光强，如大多数松柏类植物（如马尾松、柏、油松等）、桉树、木麻黄、椰子、芒果、柳、桦、槐、桃、梅、木棉、银杏、广玉兰、鹅掌楸、白玉兰、紫玉兰、朴树、榆树、毛白杨、合欢、假俭草、结缕草等。另外，还包括许多一、二年生及许多多年生草本花卉（如鸢尾等），应用时要布置在阳面。

②阴性植物。

阴性植物不能忍受过强的光照，一般需光度为全日照的 5% ~ 20%。在自然群落中常处于中、下层，或者潮湿背阴处，在群落结构中常为相对稳定的主体。如红豆杉、三尖杉、粗榧、可可、

咖啡、香榧、肉桂、茶、紫金牛、常春藤、地锦、三七、人参、沙参、黄连、麦冬及吉祥草、铁杉、金粟兰、阴绣球、虎刺、紫金牛、六月雪等可以布置在建筑物或其他设施的阴面。

③中性植物。

中性植物的需光度在阳性植物和阴性植物之间,对光的适应幅度较大。全日照下生长良好,亦能忍受适当的荫蔽环境,如罗汉松、八角金盘、山楂、竹柏、绣线菊、玉簪、珍珠梅、虎刺、君迁子、桔梗、白笈、棣棠、蝴蝶花、马占相思、红背桂、花柏、云杉、冷杉、甜储、红豆杉、紫杉、山茶、栀子花、南天竹、海桐、珊瑚树、大叶黄杨、蚊母树、迎春、十大功劳、常春藤、玉簪、八仙花、早熟禾、麦冬、沿阶草等。

(4)土壤

土壤是植物生存的根本。设计者在选择植物时,对土壤应从3个方面进行了解,即基岩种类、土壤物理性质、土壤酸碱度。

不同的岩石风化后形成不同性质的土壤,不同性质的土壤上生长不同的植被,从而形成不同的植物景观。例如石灰岩主要由碳酸钙组成,属钙质岩类风化物。风化过程中,碳酸钙可受酸性水溶解,大量随水流失,土壤中缺乏磷和钾,多石灰质,呈中性或碱性,土壤黏实,易干,因此不宜针叶树生长,宜种植喜钙耐旱植物,上层乔木以落叶树为优势种,植物景观常以秋景为佳,秋色叶绚丽夺目。

城市土壤由于特殊的环境,其成分及物理结构有别于一般土壤。城市土壤含砖瓦与渣土,受基建污水、踩压等环境影响,一般较紧密,土壤孔隙度很低,植物生长困难。因此,在植物景观设计时,一要选择抗性强的树种,二要在必要的情况下进行土壤改良或使用客土。

在某种程度上,土壤的酸碱度决定着植物的存活。根据植物对酸碱的需求程度可分为酸性土植物、中性土植物和碱性土植物。

①酸性土植物。

酸性土植物要求土壤 pH 值在 6.5 以下。酸性土植物在碱性土或钙质土上不能生长或生长不良。分布在高温多雨地区,土壤中盐质如钾、钠、钙、镁被淋溶,而铝的浓度增加,土壤呈酸性。在高海拔地区,由于气候冷凉、潮湿,在以针叶树为主的森林区,土壤中形成富里酸,土壤也呈酸性。常见的植物有高山杜鹃、乌饭树、山茶、油茶、马尾松、石楠、油桐、吊钟花、马醉木、栀子花、大多数棕榈科植物、红松、印度橡皮树、柑橘类、白兰、含笑、珠兰、茉莉、继木、枸骨、八仙花、肉桂、茶等。

②中性土植物。

中性土植物要求土壤 pH 值在 6.5~7.5,大部分植物属于此类。

③碱性土植物。

碱性土植物要求土壤 pH 值在 7.5 以上,如柽柳、紫穗槐、沙棘、沙枣、杠柳、文冠果、合欢、黄栌、木槿、油橄榄、木麻黄等,耐盐碱能力比较强。

除了要熟悉各生态因子对景观植物设计及种植的影响外,在实际设计过程中,我们还应注意把握好以下三点:一是生态因子对植物的影响是综合的,每一个因子既有不可替代性又互相影响,不能孤立地去看任何一个因子;二是某一地区的各个因子对某一种植物起主导作用的一般只有 1~2 个,称为主导因子;三是各种因子不是静止不变的,而是随着条件的变化而变化的。

4.2.2　空间建造原理

城市公园中占主体的植物是一种有生命的空间构建材料。它们以特有的点、线、面、体形式以及个体和群体组合,形成有生命活力的复杂流动性的空间。这种空间具有强烈的可赏性。同时,这些空间形式给人以不同的感觉,或安全,或平静,或兴奋。公园中植物建造的各类空间承载着人们丰富多彩的活动。

空间是由地平面、垂直面及顶平面单独或共同组合成的实在的或暗示性的范围围合。与建筑材料不同,植物材料建造的空间更丰富而灵动。如在地平面上,不同高度和不同种类的地被植物或矮灌木可以暗示空间的边界,从而形成实空间或虚空间。又如在垂直面上,树干如同柱子,以暗示的方式形成空间的分隔,其空间封闭程度随树干的大小、疏密以及种植形式而不同,树干越多,空间围合感就越强。植物的叶丛是影响空间围合的另一个因素。叶丛的疏密度和分枝的高度影响着空间的闭合感。阔叶或针叶越浓密、体积越大其围合感越强烈。而落叶植物的封闭程度,随季节的变化而不同。如同建筑的顶平面一样,植物同样能限制、改变空间的顶平面。植物的枝叶犹如室外空间的天花板、限制了伸向天空的视线,并影响着垂直面上的尺度。季节、树种枝叶密度、种植形式都会影响顶平面的形成效果。当树木树冠相互覆盖、遮蔽了阳光时,其顶面的封闭感最强烈,如茂密树冠遮挡下的座椅会形成封闭感强烈的顶平面(图4.6)。

图 4.6　国外某大学顶平面封闭感强烈的树下空间
(图片来源:黄瑞拍摄)

空间的地平面、垂直面、顶平面在室外环境中,以各种变化方式互相组合,形成各种不同感受的空间形式。空间的封闭度总是随围合植物的高矮大小、株距、密度以及观赏者与周围植物的相对位置而变化的。

借助于植物材料作为空间限制的因素,就能建造出许多类型不同的空间。典型的类型有以下几种:

1)开敞空间

开敞空间仅用低矮灌木及地被植物作为空间的限制因素。这种空间四周开敞,外向,无隐秘性,并完全暴露于天空和阳光之下。公园中大面积的草坪、水面、广场植物均可以结合其他景观要素建造体验感丰富的各类开敞空间。

2）半开敞空间

半开敞空间与开敞空间有相似的特性,不过开敞程度较小,其方向性指向封闭性较差的开敞面。其通常适于用在既需要隐秘性,又需要景观的居民住宅环境中。公园中处于两种景观类型交接界面时,往往通过植物和其他要素建造半开敞空间,如各功能区通过植物、地形、水体、建筑及构筑物等隔离空间,在此隔离界面与公共空间的交界处常常出现以植物为构建主体的半开敞空间。

3）覆盖空间

覆盖空间利用具有浓密树冠的遮阴树,构成顶部覆盖、而四周开敞的空间。这种空间常常出现在公园中停留或需要提供休息功能的场地,如大水面边座椅旁、广场休息区域、山顶停留眺望场地等。

开敞空间、半开敞空间和覆盖空间示意图见图4.7。

图 4.7　开敞空间、半开敞空间及覆盖空间
（图片来源:卢圣主编《植物造景》）

4）全封闭空间

全封闭空间与覆盖空间相似,但其四周均被中小型植物所封闭。这种空间常见于森林中,它光线较暗,无方向性,具有极强的私密性和隔离感。

5）垂直空间

垂直空间运用高而细的植物能构成一个方向竖直、朝天开敞的室外空间。垂直感的强弱,取决于四周开敞的程度。此空间就像哥特式教堂,令人翘首仰望,将视线导向空中。

全封闭空间和垂直空间示意图见图4.8。

图 4.8　全封闭空间和垂直空间
（图片来源:卢圣主编《植物造景》）

4.2.3　美学原理

植物景观设计的一个重要目的是满足人们的审美要求。尽管不同时代、民族传统、宗教信仰、经历、社会地位以及教育文化水平的人的审美意识或审美观都会有所不同，但美有一定的共性，人们对美的植物景观总是会认同的。美是植物造景追求的目的之一，所以完美的植物景观设计必须具备科学性与艺术性两个方面的高度统一。既要满足植物与环境在生态适应性上的统一，又要通过艺术构图原理体现出植物个体和群体的形式美，以及人们在欣赏时所产生的意境美。

1）色彩美原理

据心理学家研究，不同的色彩会给人们带来不同的心理感受。在红色的环境中，人会产生兴奋情绪，脉搏会加快，还会感觉到温暖；而在蓝色环境中，人的情绪较沉静，脉搏会减缓，还会感到寒冷。为了达到理想的植物景观效果，园林设计师应该熟悉各种色彩的心理效应，在设计中根据环境功能、服务对象等选择适宜的植物色彩。

（1）色彩的冷暖感

带红、黄、橙的色调多为暖色调，带青、蓝、蓝紫的色调多为冷色调，绿色与紫色是中性色。无彩色系的白色是冷色，黑色是暖色，灰色是中性色。

（2）色彩的远近感

深颜色给人以坚实、凝重之感，有向观赏者靠近的趋势，会使空间显得比实际的要小；而浅色与之相反，在给人以明快、轻盈之感的同时，会产生远离的错觉，所以会使空间显得比实际的要开阔些。

（3）色彩的轻重感和软硬感

明度低的深色系具有稳重感，而明度高的浅色系具有轻快感。色彩的软硬感与色彩的轻重、强弱感觉有关——轻色软，重色硬；白色软、黑色硬；颜色越深，重量越重，感觉越硬。

（4）色彩的明快与忧郁感

科学研究表明，色彩可以影响人的情绪。明亮鲜艳的颜色使人感觉轻快，灰暗浑浊的颜色则令人忧郁；对比强的色彩组合趋向明快，对比弱者则趋向忧郁。有纪念意义的场所多以常绿植物为主，一方面常绿植物象征万古长青，另一方面常绿植物的色调以暗绿为主，会显得庄重。娱乐休闲场所多使用色彩鲜艳的花灌木作为点缀，创造轻松愉快的氛围。

偏暖的色系容易使人兴奋，而偏冷的色系使人沉静，绿色与紫色相对较为中性。色彩中，红色的刺激性最大，容易使人兴奋，也容易使人疲劳。绿色是视觉中最为舒适的颜色，当人们用眼过度产生疲劳时，到室外树林、草地中散步，看绿色植物，可以消除疲劳。所以，应该尽量提高绿地的植物覆盖面积以及"绿视率"。

（5）色彩的华丽与朴素感

色彩的华丽与朴素感和色相、色彩的纯度及明度有关。红、黄等暖色和鲜艳而明亮的色彩具有华丽感，青、蓝等冷色和浑浊而灰暗的色彩具有朴素感；有彩色系具有华丽感，无彩色系具有朴素感。另外，色彩的华丽与朴素感也与色彩的组合有关，对比的配色具有华丽感，其中以互补色组合最为华丽。

公园植物景观设计过程中可充分运用色彩美原理,营造不同场合、不同人群的多样化审美需求。如综合公园的安静休息区和老人活动区等场所可以以绿色植物为主,尽量少用大面积鲜艳的颜色。综合公园的主入口、主建筑出入口、儿童活动区,以及儿童公园、游乐园等场地可适当多种植色彩艳丽的植物,一方面可吸引注意力,另一方面也符合儿童活泼、可爱的个性等。

2) 形式美原理

形式美是指各种形式的元素(点、线、面、体、色彩、质地等)有规律的组合,是多种美的形式所具有的共同特征和概括反映。对形式美法则的研究,是为了提高美的创造能力,培养人们对形式变化的敏感性。

形式美的外形表现形态主要有线条美、图形美、形体美、光影美、色彩美等方面。人们在长期的社会劳动实践中,按照美的规律塑造景物外形,并逐步发现了一些形式美的规律性,即人们所说的形式美法则。统一、调和、均衡、韵律及比例与尺度等形式美的法则是园林植物造景设计中必须遵循的一种重要法则,现代园林植物景观设计应在更多的层面上应用这些规律,使景观稳定、和谐,产生一定的韵律感,以获得美的景观效果。

(1) 对比与调和

对比与调和是艺术构图的重要手段之一。对比是把具有明显差异、矛盾和对立的双方安排在一起,进行对照比较。调和则是利用景观元素的近似性或一致性,使人们在视觉上、心理上产生协调感。统一且变化就形成对比,使诸多不同形式统一起来,可采取调和的手法。园林景观需要有对比使景观丰富多彩,生动活泼,同时又要有调和,以便突出主题,不失园林的基本风格。在植物造景中,应主要从外形、质地、色彩、体量,以及疏密、藏露、刚柔、动静等方面实现调和与对比,从而达到变化中有统一的效果,一般是大对比小调和或大调和小对比。最典型的例子就是"万绿丛中一点红",其中"万绿"是调和,"一点红"是对比。

各类园林都普遍遵循调和与对比的原则。首先从整体上确定一个基本形式(形状、质地、色彩等)作为植物选配的依据,在此基础上,进行局部适当的调整,形成对比。如果说调和是共性的表现,那么对比就是个性的突出,两者在植物景观造景设计中缺一不可、相辅相成。

①外形的对比与调和。如乔木的高大和灌木的矮宽、尖塔形树冠与卵形树冠,有着明显的对比。利用外形相同或者相近的植物达到组团外观上的调和,球形、扁球形的植物最容易调和,形成统一的效果。例如,杭州花港观鱼公园某园路两侧的绿地,湖边高耸的水杉、池杉和枝条低垂水面的垂柳及平直的水面形成了强烈的对比,同时,以球形、半球形植物搭配,从而形成和谐的景观。

②质感的对比与调和。植物的质感会随着观赏距离的增加而变得模糊,因此,质感的对比与调和往往是针对某一局部的景观。细质感的植物由于清晰的轮廓、密实的枝叶、规整的形状常用作景观的背景。多数绿地都以草坪作为基底,其中一个重要原因就是经过修剪的草坪平整细腻,不会过多地吸引人的注意。在园林造景时,应该首先选择些细质感的植物,如珍珠绣线菊、小叶黄杨或针叶树种等,与草坪形成和谐的效果,在此基础上,再根据实际情况选择粗质感的植物加以点缀,形成对比,突出主景。在一些自然、充满野趣的环境中,常常使用未经修剪的草场,质感比较粗糙,此时可以选用粗质感的植物与其搭配,但要注意种类不要选择太多,否则会显得杂乱无章,使景观的艺术效果下降。

③体量的对比与调和。各种植物之间在体量上有很大的差别。园林景观讲究高低对比、错落有致，利用植物的高低不同，可以组织成有序列的景观，形成优美的林冠线。将高耸的乔木和低矮的灌木、整形绿篱种植在一个局部环境之中会形成鲜明的对比，产生强烈的艺术效果。如假槟榔与散尾葵、蒲葵与棕竹，在体量上形成对比，能突出假槟榔和蒲葵，但因为它们都属于棕榈形，姿态又是调和的。

④明暗的对比与调和。园林绿地中的明暗使人产生不同的感受，明处开朗活泼，适于活动，暗处幽绿柔和，适于休息。园林中常利用植物的种植疏密程度来构成景观的明暗对比，既能互相沟通又能形成丰富多变的景观。

⑤虚实的对比与调和。植物有常绿与落叶之分，树木有高矮之分。树冠为实，冠下为虚。园林空间中林木是实，林中草地则是虚。实中有虚，虚中有实，使园林空间有层次感，有丰富的变化。

⑥开阔的对比与调和。园林中有意识地创造有封闭又有开放的空间，形成有的局部空旷，有的局部幽深，互相对比，互相烘托，可起到引人入胜，让人流连忘返的效果。

⑦色彩的对比与调和。运用色彩对比可获得鲜明而有吸引力的效果，运用色彩调和则可获得宁静、稳定与舒适的效果。色彩中同一色系比较容易调和，色环上两种颜色的夹角越小越容易调和，如黄色和橙红色等，随着夹角的增大，颜色的对比也逐渐增强。色环上相对的两种颜色，即互补色，对比最强烈，如红和绿、黄和紫等。色彩的对比包括色相和色度两个方面的差异。差异明显的，如绿与红、白与黑就是对比，差异不大的就有调和的效果。对于植物的群体效果，应当根据当地的气候条件、环境色彩、民俗习惯等因素确定一个基本色调，选择一种或几种相同颜色的植物进行大面积的栽植，构成景观的基调、背景，也就是常说的使用基调植物。通常基调植物多选用绿色植物，绿色在植物色彩中最为普遍，而且绿色还有色度上的光谱范围，从淡绿到墨绿，相互调和。在总体调和的基础上，适当地点缀其他颜色，构成色彩上的对比，如园林植物中叶色也不乏红、黄、白、紫各色，花色更加丰富多彩，彩叶植物和各色花卉与绿色基调形成对比，成为造景的亮点。例如，由桧柏构成整个景观的基调和背景，配以京桃、红瑞木，京桃粉白相间的花朵、古铜色的枝干与深绿色的桧柏形成柔和的对比，而红瑞木鲜红的枝条与深绿色桧柏形成强烈的对比。

（2）节奏与韵律

节奏、韵律其原意是指艺术作品中的可比成分连续不断交替出现而产生的美感，现已广泛应用在建筑、雕塑、植物造景等造型艺术方面。节奏是最简单的韵律，韵律是节奏的重复变化和深化。在园林构图中，利用植物单体有规律的重复、有间隙的变化，在序列重复中产生节奏，在节奏变化中产生韵律。条理性和重复性是获得韵律感的必要条件。如公园主路用一种或两种以上植物的重复出现形成韵律。

（3）比例与尺度

园林中的景物在体形上具有适当美好的关系，其中，既有景物本身各部分之间长、宽、高的比例关系，又有景物之间、个体与整体之间的比例关系。这些比例关系并不一定用数字来表示，而是属于人们感觉上、经验上的审美概念。运用比例原则，从局部到整体、从近期到远期（尤其植物体量的增大）、从微观到宏观，相互间的比例关系与客观的需要能否恰当地结合起来，是园林艺术设计成败的关键。

尺度被认为是十分微妙而且难以捉摸的原则，它既有比例关系，又有匀称、协调、平衡的审

美要求。其中最重要的是联系到人的体形标准之间的关系,以及人所熟悉的大小关系。园林是供人欣赏用的空间景物,其尺度应按人的使用要求来确定,其比例关系也应符合人的视物规律。对于作主景的植物等景物,设立在什么位置上这一问题就有一个尺度和比例的要求。在正常情况下,不转动头部,最舒适的观赏视角在立面上为26°~30°,在水平面上为45°。以此推算,对大型景物来说,合适的视距为景物高度的3.3倍,小型景物约为1.3倍。而对景物宽度来说,其合适视距则为景物宽度的1.2倍。造园者在园林中要设置一株孤植树作主景时,周围草坪的最小宽度就需以这一规律来限定,否则就达不到最佳观赏效果。

(4)主从与统一

园林中的景物有很多,往往被人为区分为主体和从属的关系,也就是重点和一般的关系。园林属人工造景,受到经济、环境条件或苗木供应等各种因素的影响,造园者往往只能注重某一景物或某一景区,而把其余置于一般或从属的地位。一般而言,乔木是主体,灌木、草本是从属。强调或突出主景的方法,主要采用以下两种:

①轴心或重心位置法。这种方法是把主景安置在主轴线或两轴线交点上,从属景物放在轴线两侧或副轴线上。在自然式园林绿地中,主景则放在该地段的重心位置上,这个重心可能是地形的几何中心、地域中植物群体的均衡重心或者地域中各空间的体量重心。

②对比法。在前述的对比技法中,形体高大、形象优美、色彩鲜明、位处高地、在空旷处独无二或横向景物中"鹤立鸡群"者一般都是主景,其余则为从属景物。

(5)均衡与稳定原则

平面上表示轻重关系适当的就是均衡。规则式园林是在轴线两侧对称地布置景物,其品种、形体、数目、色彩等各种量的方面都是均衡的,对称均衡给人以整齐庄重的感觉。一般情况下,园林景物不可能是绝对对称均衡的,但仍然可获得总体景观上的均衡,这包括植物或其他构成要素在体形、数量、色彩、质地等能体现出量的感觉的各方面,要多方面权衡比较,以求得景观效果的均衡,这称为不对称均衡,也称为自然均衡。不对称均衡赋予景观以自然生动的感觉。

立面上表示轻重关系适宜的则为稳定。一个物体或一处景物,下部量大而上部量小,被认为是稳定的。园林是人造的仿自然景观,为取得环境的最佳效果,一般应是稳定的。因此,干细而长,枝叶集生顶部的乔木下应配置中木、下木使形体加重,使之成为稳定的景观。如高大乔木在风雨中摇晃起来,不稳定感十分强烈,当有中下乔木的树冠相烘托时,其欲倾之势大为减弱,稳定感明显增加。

3)植物景观的自然美、生活美和艺术美

自然美是人类面对自然与自然现象如天象、地貌、山岳、河川、植物、动物等所产生的审美意识;生活美是人类面对人类自身的活动或社会现象如生老病死、喜怒哀乐、悲欢离合、家庭、事业、社会关系、经济状况、贡献、成就等所产生的审美意识;艺术美是人类面对人类自身所创作的艺术作品如音乐、绘画、雕塑、建筑艺术、园林、诗词、小说、戏剧、电影等所产生的审美意识。园林植物景观的审美是园林植物或由其组成的"景"的刺激,引起作为主体的人的舒适、快乐、愉悦、敬佩、爱慕等情感反应。园林植物本身具有自然美的成分,同时又具有生活美的因素;另外,园林植物景观是运用艺术的手段而产生的美的组合,它是诗,是画,是艺术美的体现。总之,园林植物景观设计需要综合自然美、生活美和艺术美。

设计者利用植物造景,可以从视觉角度出发,根据植物的特有观赏性色彩和形状,运用艺术

手法来进行景观创造,但更要注重景观细部的色彩与形状的搭配,从色彩美及形式美两方面加以注意。植物景观中艺术性的创造极为细腻、复杂,诗情画意的体现需借鉴于绘画艺术原理及古典文学的运用,巧妙地充分利用植物的形体、线条、色彩、质地进行构图,并通过植物的季相及生命周期的变化,从而得到有生命力的动态构图。

4.3 公园植物规划设计程序

4.3.1 公园现状调查与分析

①熟悉项目概况,阅读项目总体框架和基本实施内容。在做公园的植物设计之前,应首先了解整个项目的概况,包括建设规模、投资规模、可持续发展等方面,这是植物选择的背景,是作为植物设计师对植物设计与考虑的轮廓和框架。

②掌握场地原始资料。建设项目的业主会同相关设计负责人员至基地现场踏勘,收集规划设计前必须掌握场地原始资料。这些资料种类繁多,大致分为 3 类,包括设计场地多年积累的气象资料(每月最低的、最高的及平均的气温、光照、季风方向、水文、土壤酸碱性、地下水位等),设计场所的外部环境(主要道路、车流人流方向)和设计场所的内环境(湖泊、河流、水渠分布状况、各处地形标高、走向等),以及场地现有植物、古树、大树的品种、数量、分布、高度、覆盖范围、地面标高、质量、生长情况、姿态及观赏价值的评定等。

与此同时,相关设计负责人员需要结合业主提供的基地现状图(又称"红线图"),对基地进行总体了解,对较大的影响因素做到心中有底。

③分析与评估植物种类的初步选择。在基本了解设计场地的性质与其客观条件之后,植物设计师已经可以在第一步对植物的意向性设计进行一个基本的梳理。在对植物与场地的关系进行构思时,针对不利因素要克服和避让,针对有利因素则要充分地利用。

公园中植物的科学配置,首先要从该设计场所的景观规划目标出发,公园是向公众开放的,因此,设计公园的植物配植时,要为大多数人提供适合的空间。

4.3.2 公园植物的总体规划

当通过完成 4.3.1 中第一步的具体内容之后(例如,植物设计师反复地实地考察,把握场地内部的空间感,同时梳理场地与周围区域的关系,最后根据资料以及踏勘掌握到各种现状资源,得出在场地作为公园性质指导下植物的初步原则),就应该开始用意向图概括地表示出公园规划目标,以确定在整体景观中植物功能的需求,这将是植物设计与气氛烘托结合在一起的基本依据,也是继第一部分内容对植物初步原则的细化与落实。

①植物规划要满足功能要求,并与山水、建筑、园路等自然环境和人工环境相协调。如综合性公园文化娱乐区人流量大,节日活动多,四季人流不断,要求绿化能达到遮阴、美化、季相明显等效果;儿童活动区的植物要求体态有趣、色彩鲜艳、无毒无刺;而安静休息区的植物种植和林相变化则要求多种多样、富于变化。有时,为了满足某种特殊功能的需要,还要采用相应的植物

配置。如上海长风公园的西北山丘,因考虑阻挡寒风,衬托南部百花洲,故选择耐寒、常绿、色深的黑松,并采取纯林的配置手法,这不仅阻挡了寒风,而且还为南部的百花洲起到背景的作用。

②植物规划要以乡土树种为公园的基调树种。同一城市内可视公园性质选择不同的乡土树种,这样植物成活率高,既经济又有地方特色。如湛江海滨公园的椰林、广州晓港公园的竹林、长沙橘洲公园的橘林等,都取得了基调鲜明的良好效果。同时,植物配置要充分利用现状树木,特别是古树名木。如岳麓公园有古树133株,如六朝松、元樟、古银杏等。规划时,充分利用和保护这些古树名木,可使其成为公园中独特的林木景观。

③植物配置应注意全园的整体效果,应做到主体突出、层次清楚、具有特色,应避免"宾主不分""喧宾夺主"和"主体孤立"等现象产生,使全园既统一又有变化,以产生和谐的艺术效果。如杭州花港观鱼以常绿观花乔木广玉兰为基调,统一全园景色;而在各景区中又有反映特色的主调树种,如金鱼园以海棠为主调,牡丹园以牡丹为主调,大草坪以樱花为主调等。

④植物配置应重视植物的造景特色。植物是有生命的材料,它随着季节的变换产生不同的风景艺术效果;同时,随着植物物候期的变化,其形态、色彩、风韵也各不相同。因此,利用植物的这种特性,可配合不同的景区、景点形成不同的美景。如桂林七星公园,以桂花为主题进行植物造景,仲秋时节,满园飘香;南京雨花台烈士陵园以红枫、雪松树群作为先烈石雕群像的背景;昆明圆通公园的"樱花甬道";等等。

⑤植物配置还应对各种植物类型和种植比重做出适当的安排,并保持一定的比例(如乔木、灌木、藤本、地被植物、花、草,常绿树、落叶树、针叶树、阔叶树等)。由于公园的大小、性质以及所处地理环境的不同,所用比例亦不相同,以下数据可供参考。

- 各种种植类型的比例:密林40%、疏林和树丛25%~30%、草地20%~25%、花卉3%~5%。
- 常绿树与落叶树的比例:华北地区常绿树30%~50%,落叶树50%~70%;长江流域常绿树50%,落叶树50%;华南地区常绿树70%~90%,落叶树10%~30%。

公园的植物规划应在普遍绿化的基础上重点美化为宜,对一些管理要求较细致的植物,如花卉、耐阴植物等宜集中设置,以便日常养护管理。

4.3.3 公园植物的配植设计

1)详细设计阶段

(1)植物尺寸大小的考虑

从植物尺寸大小的分类来讲,植物可以分为大乔木、中小乔木、大灌木、小灌木、地被植物、草坪和攀缘植物。一般来说,植物景观结构框架主要由植物的高度和大小决定。植物设计师在处理植物尺寸问题时,应首先确立大乔木的位置,因为它们的配置会对设计的整体结构和外观产生较大的影响。当这些大乔木被定植后,中等或者小乔木以及灌木才能得以安排,以完善和增强乔木形成的空间结构和空间特性。较矮小的植物,如地被植物、草坪和攀缘植物,就是在较大植物所构成的结构中更为亲近、细腻的装饰。在植物种植设计中考虑植物大小高度的尺寸,其实是在思考植物与人体高度比例的关系,最后还是为了处理植物与人类活动之间的一种关系,当明确了这之间的关系后,才可以按照植物的不同高度进行合理的空间建构设计。

（2）植物品种的搭配

植物设计师在研究植物品种的搭配时，首先考虑其所具有的可变因素。例如，在使用针叶常绿植物时，必须避免分散并且在不同的地方进行群植。这是因为针叶常绿植物在冬天因为凝重的外部观感往往十分醒目，如果是分散种植，可能会导致整个布局的混乱，景观的效果反而不好。如果和落叶植物搭配，这两种树木应保持一定的比例平衡关系，在视觉上相互补充，形成一种矛盾且又互相融合的独有效果。从另一个角度来讲，人们欣赏植物景色的要求是多方面的，而全能的园林植物是极少的，或者说是没有的。因此，植物配植应根据其观赏特性进行合并以达到互为补充的目的。植物的搭配还可以用观花和观叶两种不同植物的结合，不同色彩的乔、灌木的对比，同花期植物的季差美感等方式形成不同的搭配。

（3）植物色彩因素的协调

植物叶丛类型是植物色彩的一个重要因素，因为它可以影响一个设计的季节交替关系、可观赏性和协调性。通常在设计中，植物的色彩搭配需要做到与其他观赏性相协调，起到突出植□度和形态作用，而非喧宾夺主。如果植物以大小或形态作为设计中的主景来展现空间特□同时也应具备与此相适应的色彩。在一般处理手法中，植物的搭配应以中间绿色为主，其□为辅，不同的花色能为布局增添活力，也要防止过多颜色混乱视觉及景观重点。

□此同时，应多考虑色彩与季节的关系，因为植物颜色的协调在一定程度上对不同季节景观所要呈现的气氛具有相当重要的表现作用。植物的色彩随着季节的变化交替出现，形成了良好的季相构图，可以说从感官角度，优美景观就完成了一大半。

（4）植物质地的统一

在一个理想的设计中，粗壮型、中粗型及细小型 3 种不同类型的植物应均衡搭配使用。质地过细，布局会显得杂乱。比较理想的方式是按比例大小配置不同类型的植物。因此，在质地选取和使用上还应结合植物的大小、形态和色彩，以增强所有这些特性的功能。

（5）植物生态功能的应用

植物在保护环境方面起着巨大作用。在环境分析设计阶段，植物设计师必须理解场地中环境的需求重点，并根据景观规划的目标与现状有所侧重地选择满足场所特殊需要的树种，再以各种植物特殊生态功能作为依托，以合理的结构形式进行配植。合适的植物种植密度能够确保植物健康的生长空间，从而形成持续生长的植物群落。

（6）初步选择植物种类或确定其名称

根据设计思想及环境因素的分析，对植物四季的形态，不同生长期的形态、质地、色彩，耐寒性、养护要求，需要对维护程度及植物与场地之间的兼容性进行综合考虑，缩小植物选择范围，进而圈定项目的适用植物范围。在实际工作中，比较有效的方法是根据项目的功能要求、栽培要求和养护要求，制订本项目适用范围的苗木名录。

2）施工图阶段

施工图阶段就是整合植物设计与场地的关系。一个景观设计经历了初步方案与扩初设计，就意味着设计概念已经完成了一半，接下来需要通过施工图的进一步深化将所有概念实体化。而同时进行的植物设计也一样，在此阶段内，植物的分布、具体使用何种植物、单株植物的具体位置以及对特殊景观需求的树种，都应通过植物景观设计图纸表现出来，包括总平面图、局部设计图、局部效果图、立面图、剖面图、苗木表、详细种植图和施工说明。图中会对原有植物、需要

调整和移植的植物、设计的植物等进行详细的说明,还包括适用的地形图、必要的索引图或详图(通常需要单独图纸)、文字说明、标题栏、植物苗木表、施工说明等内容。

(1)确定设计植物品种、大小规格、数量

苗木表通常按照乔木、灌木、地被分类制订,内容包括序号、图例、数量或种植面积、植物名称(品种名、拉丁名、别称)、植物规格(高度、冠幅、胸径、土球大小)。一般来说,普通乔木规格主要根据胸径和苗高进行划分,苗木的胸径一般采用四舍五入制进行分级,如胸径为 4.6 cm 或 6.4 cm,则归入胸径 5~6 cm 的规格中。规格是苗木价格主要的依据,不同的树种应注明不同的规格信息,造型乔木还必须标注造型。灌木根据苗木种植的形式可分为地栽苗、盆栽苗及袋装苗;棕榈科植物有地栽和盆栽,还有袋装苗等。

(2)原有和需要调整或者移植的植物信息

植物设计师如果要分析植物现状条件,如原场地的大乔木在场地的位置信息,那么其做法是应用全站仪普测设计范围内的大树位置坐标数据,套叠在现状地形图上绘出准确的植物现状图,利用此图指导方案设计与种植设计。在施工图中,用乔木图例内加竖细线的方法区分原有树木与设计树木,再在说明中讲明其区别。

(3)备注说明

在实际项目中,现行的图纸里每种植物都有相应的图例表现,同种植物图例的圆心用线相连接,形成整体,并标注名称及其种植数量或面积,这样植物形态和形状较直观,能提供准确的种植点以及种植范围。但这样也有缺点,因为对于多层的植物种植设计,设计内容重叠,难以一目了然。现行解决问题的常用方法有两种:一是把乔木、灌木、地被植物分层并单独出图,虽解决了前一问题,但也带来了对植物搭配空间层次理解上不够直观的问题;二是乔木与灌木层单独出图,灌木与地被植物单独出图,对植物的景观有相对直观的效果。

此外,植物景观"三分栽植,七分养护",施工图阶段还应针对种植质量要求及施工后的植物养护和管理要点等内容附上必要的文字说明。

4.4　生态种植设计与植物生态修复

4.4.1　生态种植设计

19 世纪中后期,美国等西方发达国家将生态学原理运用于植物景观设计中。他们模仿自然风景(起伏的地形和丰富的植物群落景观等),出现了以自然式设计、乡土化设计、保护性设计和恢复性设计为基本内容的生态设计思想。

规模较大的种植设计应以生态学为原则,以地带性植被为种植设计的理论模式。规模较小的,特别是立地条件较差的城市基地中的种植设计应以基地特定的条件为依据。

自然植物群落是一个经过自然选择、不易衰败、相对稳定的植物群体。光、温、水、土壤、地形等是植被类型生长发育的重要因子,群体对包括诸因子在内的生活空间的利用方面保持着经济性和合理性。因此,对当地的自然植被类型和群落结构进行调查和分析对正确理解种群间的关系会有极大的帮助,而且,调查的结果往往可作为种植设计的科学依据。例如,英国的布里

安·海克特教授(Brian Hackett)曾对白蜡占主导的,生长在石灰岩母岩形成的土壤上的植物群落作了调查和分析。根据构成群落的主要植物种类的调查结果作了典型的植物水平分布图,从中可以了解到不同层植物的分布情况,并且加以分析,作出了分析图(图4.9、图4.10)。在此基础上结合基地条件简化和提炼出自然植被的结构和层次,然后将其运用于设计之中(图4.11)。

这种调查和分析方法不仅为种植设计提供了可靠的依据,使设计者熟悉这种自然植被的结构特点,同时还能在充分研究了当地的这种植物群落结构之后,结合设计要求、美学原则,做些不同的种植设计方案,并按规模、季相变化等特点分别编号,以提高设计工作的效率。

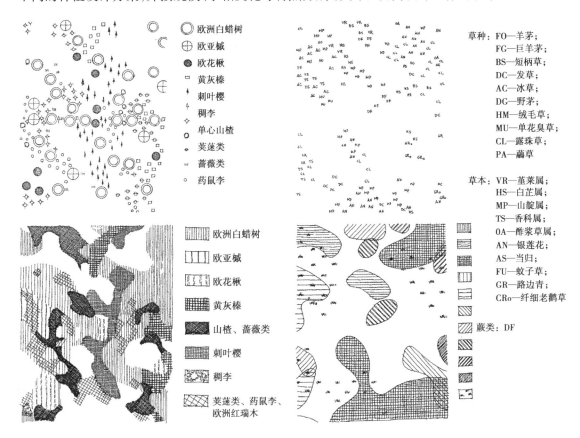

图4.9　自然植物群落及构成分析
(图片来源:王晓俊编著《风景园林设计》)

图4.10　林下自然地被、草本分布分析
(图片来源:王晓俊编著《风景园林设计》)

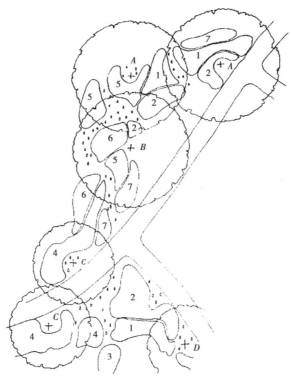

树木:A—欧洲白蜡树;B—欧亚槭;C—欧洲花楸;D—鸡距山楂

灌木:1—棉毛荚蒾;2—欧洲荚蒾;3—巴东荚蒾;4—黄灰榛;5—欧洲红瑞木;6—葡茎栒木;7—蔷薇类

地被物:蚊子草属、香料属、银莲花属的草本植物

图 4.11　以分析为依据所做的种植设计方案

（图片来源:王晓俊编著《风景园林设计》）

4.4.2　植物生态修复

植物是公园中保持生态力的基础,通过种植设计的手段来营造健康、可持续发展的生态系统环境是建设公园的目的之一,同时植物所发挥的生态效应也是保证公园整体系统生态修复的根本。在对公园植物的种植设计当中,一般采用保护优先、防护为主、修复为辅的原则,将不同植被划分为植被保护区、植被防治、植被修复区,根据不同区分采用绿化基础、植被工程、植被管理等技术,恢复生物多样性与生态系统服务功能。

1)绿化基础工程

把不良生育基础改变为适宜植物生长、创造植物生育的理想工程,确保植物生育基础的稳定性,改良不良的生育基础。具体措施包括:排水工程、挡土墙工程、挂网工程、坡面框格防护、柴排工程、客土工程与防风工程等。

2) 植被工程

植被工程是通过播种、栽植或促进自然侵入的植被修复。包括引入植物的播种工程,通过栽植而引入植物栽植工程,以及促进植被自然入侵的植被诱导工程。例如,将不同的微生物菌群植入于地表植被群落中,可以有效地改善植物群落的生长情况,最终生态环境得以改善。适当地增加植被营养菌群的植入,使植被生长环境得以平衡发展,持续提升植物群落活性。

3) 植被管理工程

植被管理工程是指帮助所引种的植物尽早地、稳定地接近目标群落,发挥群落保护功能而进行的工作。具体内容包括进行培育、维持与保护的相关管理。山地地区以自然林地为主,应引导近自然山林与山地空间耦合的乡土植物群落。因此,适当地增加乡土树种,丰富乡土植物群落,弥补公园中植被覆盖率低的"空白"。秉承生态修复为先的原则,首选生态修复的先锋树种,运用混交林、异龄林、复层林等多种方式,优化植被群落结构,形成近自然的植物群落层次。

4.5　公园植物的基本形式与分类设计

4.5.1　树木种植设计

1) 规则式

规则式种植方式主要用于具有对称轴线的园林中,其形式有以下几种:

(1) 对植

在建筑物道路入口处两侧,左右对称种植两株树形整齐、轮廓严整的树(图 4.12)。对植多选用耐修剪的常绿树,如海桐、七里香、罗汉松、柏木等。

图 4.12　杜甫草堂入口对植银杏
(图片来源:艺龙旅行网)

（2）列植

将树木成行成排以一定的株行距种植(图4.13)，通常为单行或双行，其形式有：

①单行列植：用一种树种组成，或用两种树种间植搭配而成。

②双行列植：重复单行列植。

③双行叠植：两行树木的种植点错开或部分重叠，多用于绿篱的种植。

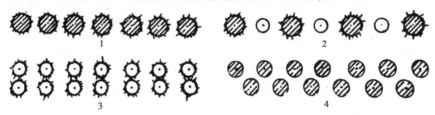

图4.13　列植示意(1.单行列植；2.单行间植；3.双行列植；4.双行叠植)

（图片来源：曾明颖等编《园林植物与造景》）

（3）几何形栽植

①正方形栽植：按方格网在交叉点种植树木，株行距相等。优点是透光、通风良好，便于抚育管理和机械操作；缺点是幼龄树苗易受干旱、霜冻、日灼及风害，又易造成树冠密接，一般园林绿地中极少应用。

②三角形种植：株行距按等边式或等腰三角形排列。此法可经济利用土地，但通风透光较差，不利机械化操作。

③长方形栽植：为正方形栽植的一般变形，它的行距大于株距。长方形栽植兼有正方形和三角形两种栽植方式的优点，而避免了它们的缺点，是一种较好的栽植方式。

④环植：这是按一定株距把树木栽为圆环的一种方式，有时仅有一个圆环，甚至半个圆环，有时则有多重圆环。

（4）花样栽植

花样栽植像西洋庭园常见的花坛那样，通过栽植构成装饰花样的图形。

2）自然式

自然式种植以模仿自然界中的植物景观为目的，其种植方式有：

（1）孤植

孤植树一般配置在园林空间构图的重心处，主要起造景和庇荫作用。孤植树一般要求有较高的观赏价值，具有树形高大、冠形美观、枝叶繁密、叶色鲜明等特点，如银杏、雪松、桂花、樟树、槭树等。

（2）丛植

丛植的树丛系由2~10株乔木组成，如加入灌木，总数最多可数十株左右。树丛的组合主要考虑群体美，但其单株植物的选择条件与孤植树相似。

树丛在功能和配置上与孤植树基本相似，但其观赏效果要比孤植树更为突出。作为纯观赏性或诱导树丛，可以用两种以上的乔木搭配栽植，或乔灌木混合配植，亦可同山石花卉相结合。庇阴用的树丛，以采用树种相同、树冠开展的高大乔木为宜，一般不用灌木配合。配置的基本形式如下：

①两株配植。两株必须既有调和又有对比。因此两株配合,首先必须有通相,即采用同一树种(或外形十分相似),才能使两者统一起来;但又必须有其殊相,即在姿态和大小应有差异,才能有对比,又生动活泼。一般来说,两株树的距离应小于两树冠半径之和(图4.14)。

②三株配植。三株配合最好采用姿态大小有差异的同一树种,栽植时忌三株在同一线上或成等边三角形。三株的距离都不要相等,一般最大和最小的要靠近一些成为一组,中间大小的远离一些成一组。如果是采用不同树种,最好同为常绿或同为落叶;或同为乔木,或同为灌木,其中大的和中等的应同为一种(图4.15)。

③三株配合是树丛的基本单元,四株以上可按其规律类推(图4.16)。

图 4.14　一高一低的两株配植
(图片来源:王玉晶等编著《城市公园植物造景》)

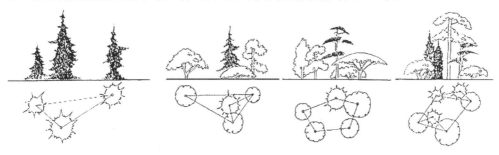

图 4.15　3 株植物配置
(图片来源:王玉晶等编著
《城市公园植物造景》)

图 4.16　4 株、5 株、6 株植物配置
(图片来源:王玉晶等编著《城市公园植物造景》)

（3）群植

群植系由十多株以上、七八十株以下的乔灌木组成的树木群体。群植主要是表现群体美,因而对单株要求不严格,树种也不宜过多。

树群在园林功能和配置上与树丛类同。不同之处是树群属于多层结构,须从整体上来考虑生物学与美观的问题,同时要考虑每株树在人工群体中的生态环境。

树群可分为单纯树群和混交树群两类。单纯树群观赏效果相对稳定,树下可用耐阴宿根花卉作地被植物;混交树群在外貌上应该注意季节变化,树群内部的树种组合必须符合生态要求。高大的乔木应居中央作为背景,小乔木和花灌木在外缘。

树群中一般无园路穿过。其任何方向上的断面应该有林冠线起伏错落,水平轮廓要有丰富的曲折变化,树木的间距要疏密有效。

（4）林植

林植是较大规模成片成带的树林状的种植方式。园林中的林带与片林,较之天然林,种植方式上较整齐,有规则,但仍可适当灵活、自然,做到因地制宜。并应在防护功能之外,着重注意在树种选择,搭配时考虑到美观和符合园林的实际需要。

树林可粗略分为密林(郁闭度0.7~1.0)与疏林(郁闭度0.4~0.6)。密林又有单纯密林和混交密林之分,前者简洁壮阔,后者华丽多彩,但从生物学的特性来看,混交密林比单纯密林好。

疏林中的树种应具有较高观赏价值,树木种植要三五成群、疏密相间、有断有续、错落有致,而使构图生动活泼。疏林还常与草地和花卉结合,形成草地疏林和嵌花草地疏林。

4.5.2 花卉种植设计

花卉以其丰富的色彩、优美的姿态而深受人们的喜爱。由于栽培简便、配置容易被广泛用于各种大型绿地上,成为装饰美化公园景观,体现群体美、色彩美的不可缺少的植物材料。

1) 花坛

花坛是一种古老的花卉应用形式,展现的主要是群体花卉的色彩和图案美。花坛是将同期开放的多种花卉,或不同颜色的同种花卉,根据一定的图案设计,栽种于特定规则式或自然式的苗床内,以发挥其群体美的效果。花坛的植物材料要求经常保持鲜艳的色彩与整齐的轮廓,并随季节的变化而进行更换,因此一般常选用一、二年生花卉。

按照不同的分类标准,花坛可分为不同的类型:按坛面花纹图案可分为花丛式花坛、模纹花坛、造型花坛(如动物造型等)、造景花坛(如造农家小院景观等);按空间位置可分为平面花坛、斜面花坛、立体花坛;按花坛的组合有单个花坛、带状花坛、花坛群等;按种植形式可分为永久花坛、临时花坛等。

最为常用的花坛类型是花丛式花坛和模纹花坛。花丛式花坛又叫盛花花坛,它是以观花草本花卉花朵盛开时,花卉本身华丽的群体为表现主题。选用的花卉必须是开花繁茂的,在花朵盛开时达到见花不见叶的效果,图案纹样在其中居于从属地位。模纹花坛又称为"嵌镶花坛""毛毡花坛",其表现主题是应用各种不同色彩的花叶兼美的植物来组成华丽的图案纹样(图4.17)。

图4.17 动漫角色立体模纹花坛
(图片来源:黄瑞拍摄)

花坛的植物选择因其类型和观赏时期的不同而异。花丛式花坛是以色彩构图为主,故宜应用1~2年生草本花卉,也可以运用一些球根花卉,但很少运用木本植物和观叶植物。观花花卉要求开花繁茂,花期一致,花序高矮规格一致,花期较长等。模纹花坛以表现图案为主,最好是用生长缓慢的多年生观叶草本植物,也可少量运用生长缓慢的木本观叶植物,常用的有五色苋类和黄杨类。不同模纹要选用色彩上有显著差别的植物,以求图案明晰。

总之,花坛用花宜选择株形整齐、具有多花性、花期长、花色鲜明、耐干燥、抗病虫害和矮生性的品种,常用的有金鱼草、雏菊、金盏菊、翠菊、鸡冠花、石竹、矮牵牛、一串红、万寿菊、三色堇、百日草等。

2) 花境

花境是以多年生花卉为主组成的带状地段,花卉布置采取自然式块状混交,表现花卉群体的自然景观。它是园林中从规则式构图到自然式构图的一种过渡的半自然式种植形式,平面轮

廓与带状花坛相似,植床两边是平行的直线或是有几何规则的曲线。花境的长轴很长,矮小的草本植物花境,宽度可小些;高大的草本植物或灌木,其宽度要大些。花境的构图是沿着长轴的方向演进的连续构图,是竖向和水平的组合景观。花境所选植物材料,以能越冬的观花灌木和多年生花卉为主,要求四季美观又能季相交替,一般栽植后 3~5 年不更换。花境表现的主题是观赏植物本身所特有的自然美,以及观赏植物自然组合的群体美,所以构图不着重平面的几何图案,而重视植物群落的自然景观(图 4.18)。

花境内布置的花卉应以花期长、色彩鲜艳、栽培管理简便的宿根花卉为主,并可适当配置一二年生草花、球根花卉、观叶花卉,还可以配置小型开花的木本花卉,如杜鹃、月季、珍珠梅、迎春花、绣线菊等。品种搭配要匀称,要考虑季相变化,使其一年四季陆续开花,即使在同一季节内开花的植株在分布、色彩、高度、形态都要协调匀称,使整个花境植株饱满,色彩艳丽(图 4.19)。

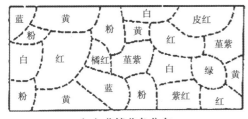

（a）花镜花色分布　　　　　　　（b）某季节花色分布

图 4.18　花境色彩设计示意图

（图片来源:王玉晶等编著《城市公园植物造景》）

图 4.19　色彩丰富、整体协调的花境

（图片来源:黄瑞拍摄）

3）花台与花池

花台因抬高了植床、缩短了观赏视距,宜选用适于近距离观赏的花卉,不是观赏其图案花纹,而是观赏园林植物的优美姿态,赏其艳丽的繁花,闻其浓郁的香味。因此花台宜布置得高低参差、错落有致。牡丹、杜鹃、梅花、五针松、蜡梅、红枫、翠柏等,均为我国花台中传统的观赏植物。配以山石、树木,还可做成盆景式花台。位于建筑物出入口两侧的小型花台,宜选用一种花卉布置,不宜用高大的花木。

花池是种植床和地面高程相差不多的园林小品设施,它的边缘也用砖石维护,池中常灵活地种以花木或配置山石。

4)花丛

几株至十几株以上花卉种植成丛称花丛。花丛是花卉的自然式布置形成,从平面轮廓到立面构图都是自然的。同一花丛,可以是一种花卉,也可以为数种混交,但种类宜少而精,忌多而杂。花卉种类常选用多年生、生长健壮的花卉,也可以选用野生花卉和自播繁衍的一二年生花卉。混交花丛以块状混交为多,要有大小、疏密、断续的变化,还要有形态、色彩上的变化,使在同一地段连续出现的花丛之间各有特色,以丰富园林景观。

花丛常布置在树林边缘,自然式道路两旁,草坪的四周,疏林草坪之中等。花丛是花卉诸多配置形式中,配置最为简单、管理最为粗放的一种形式,因此,在大的风景区中,可以广泛地应用,成为花卉的主要布置形式。

4.5.3 攀缘植物种植设计

攀缘植物种植又称垂直绿化种植,可形成丰富的立体景观。公园里,攀缘植物可以被应用于建筑立面、桥体侧面、围墙、出入口、挡土墙、花架、游廊等处。

公园中的建筑物可通过垂直绿化、屋顶绿化和其他节能手段实现生态节能建筑,同时也可以丰富建筑及构筑物立面,形成生机勃勃的景象(图4.20)。常用的攀缘植物有紫藤、木香、常春藤、扶芳藤、五叶地锦、三叶地锦、藤本月季、三角梅、牵牛花、凌霄、络实、葛藤、多花蔷薇、金银花、葡萄、猕猴桃、南蛇藤、茑萝、丝瓜、观赏南瓜、观赏菜豆等。

图4.20 之字形墙面攀援植物
(图片来源:黄瑞拍摄)

4.5.4 绿篱种植设计

绿篱是耐修剪的灌木或小乔木,以相等距离的株行距,单行或双行排列而组成的规则绿带,是属于密植行列栽植的类型之一。它在园林绿地中的应用很广泛,形式也较多。绿篱按修剪方式可分为规则式及自然式两种;按高度可分为绿墙、高绿篱、中绿篱、矮绿篱;从观赏和实用价值来讲,又可分为常绿篱、花篱、观果篱、编篱、刺篱、彩叶篱、蔓篱等多种(图4.21—图4.23)。

图4.21 新加坡植物园绿篱	图4.22 泰国一游乐园中的花篱	图4.23 金叶女贞等栽植的彩叶篱
(图片来源:刘子阅拍摄)	(图片来源:朱钧珍著《中国园林植物景观艺术》)	(图片来源:朱钧珍著《中国园林植物景观艺术》)

1)常绿篱

常绿篱一般由灌木或小乔木组成,是园林绿地中应用最多的绿篱形式(图4.21)。该绿篱一般常修剪成规则式。常采用的树种有桧柏、侧柏、大叶黄杨、瓜子黄杨、女贞、珊瑚、冬青、蚊母、小叶女贞、小叶黄杨、胡颓子、月桂、海桐等。

2)花篱

花篱是由枝密花多的花灌木组成,通常任其自然生长成不规则的形式,至多修剪其徒长的枝条。花篱是园林绿地中比较精美的绿篱形式,一般多用于重点绿化地带,其中常绿芳香花灌木树种有桂花、栀子花等。常绿及半常绿花灌木树种有六月雪、金丝桃、迎春、黄馨等。落叶花灌木树种有溲疏、锦带花、紫荆、郁李、珍珠花、麻叶绣球、绣线菊、金缕梅等。

3)观果篱

观果篱通常由果实色彩鲜艳的灌木组成,秋季果实成熟时,景观别具一格。观果篱常用树种有枸杞、火棘、紫珠、忍冬、胡颓子以及花椒等。观果篱在园林绿地中应用还较少,一般在重点绿化地带才采用,在养护管理上通常不做大的修剪,至多剪除其过长的徒长枝,如修剪过重,则会使结果率降低,影响其观果效果。

4)编篱

编篱通常由枝条韧性较大的灌木组成,是在这些植物的枝条幼嫩时编结成一定的网状或格栅状的形式(图4.24)。编篱既可编制成规则式,亦可编成自然式。常用的树种有木槿、枸杞、杞柳、紫穗槐等。

图 4.24　枝条编结成的绿篱

（图片来源：邱建等编著《景观设计初步》）

5）刺篱

刺篱是为了防范，用带刺的树种组成的绿篱。常用的树种有枸骨、枸桔、十大功劳、刺叶冬青、小檗、火棘、刺柏、山花椒、黄刺梅、胡颓子等。

6）落叶篱

落叶篱由彩叶树种组成。常用的树种有金边珊瑚、金叶桧、金叶女贞、金边大叶黄杨、洒金千头柏、金心黄杨、洒金桃叶珊瑚、金边六月雪、变叶木、玉边常春藤、紫叶小檗、红桑等（图4.25）。

图 4.25　变叶木篱

（图片来源：朱钧珍著《中国园林植物景观艺术》）

7）蔓篱

蔓篱用攀缘植物组成，需设供攀附的竹篱、木栅等篱架。主要植物可选用地锦、绿萝、常春藤、山荞麦、三角梅、金银花、扶芳藤、凌霄、蛇葡萄、南蛇藤、木通、蔷薇、茑萝、牵牛花、丝瓜等。

4.5.5　草坪种植设计

草坪是通过播种草种或栽植草苗在经过整形的土地上形成的人工草地。草坪不但能覆盖地面固定土壤,防止雨水冲刷减少地表径流,还能减少扬尘、净化空气、降温增湿,同时提供丰富的游憩空间。

1)草坪植物选择

草坪植物的选择应依草坪的功能与环境条件而定。游憩活动草坪和体育草坪应选择耐践踏、耐修剪、适应性强的草坪草,如狗牙根、结缕草、马尼拉、早熟禾等;干旱少雨地区则要求草坪草具有抗旱、耐旱、抗病性强等特性,以减少草坪养护费用,常用草坪草有假俭草、狗牙根、野牛草等;观赏草坪则要求草坪植株低矮、叶片细小美观、叶色翠绿且绿叶期长等,如天鹅绒、早熟禾、马尼拉、紫羊茅等;护坡草坪要求选用适应性强、耐旱、耐瘠薄、根系发达的草种,如结缕草、白三叶、百喜草、假俭草等;湖畔河边或地势低凹处应选择耐湿草种,如剪股颖、细叶苔草、假俭草、两耳草等;树下及建筑阴影环境选择耐阴草种,如两耳草、细叶苔草、羊胡子草等。

2)草坪空间设计

(1)围合草坪

围合草坪指草坪的周边由乔木、灌木、建筑、山体等围起来,形成一个封闭空间。其中围合景物要占草坪边缘的60%,其高度要大于草坪面积中长短轴平均长度的1/10。游人在这种空间里,可以安静休息和静观四周的景色(图4.26)。

(2)疏林草坪

疏林草坪指在草坪上栽植的乔灌木树冠覆盖面积不超过草坪面积的1/3,而且树木呈稀疏配置。这种草坪树木稀疏,株行距大,加上树木长势茂盛,既可作为园林景观供人欣赏,又是人们在林下休闲的好去处(图4.27)。

图 4.26　围合大草坪的群植配置

(图片来源:邱建等编著《景观设计初步》)

图 4.27　疏林草坪

(图片来源:黄瑞拍摄)

（3）密林草坪

密林草坪指草坪上的乔、灌木栽植面积大于草坪面积的 2/3 以上者。这种草坪树高林密，林下绿草如茵，给人以景深林幽之感，是游人寻觅幽静浓荫的佳境。

3）草坪坡度设计

草坪坡度大小因草坪的类型、功能和用地条件不同而异。

（1）游憩草坪坡度

规则式游憩草坪（图 4.28）的坡度较小，一般自然排水坡度以 0.2%~5% 为宜。而自然式游憩草坪的坡度可大一些，以 5%~10% 为宜，通常不超过 15%。

（2）观赏草坪坡度

观赏草坪（图 4.29）可以根据用地条件及景观特点，设计不同的坡度。平地观赏草坪坡度不小于 0.2%，坡地观赏草坪坡度不超过 50%。

图 4.28　景色宜人的休闲草坪　　　　　　　图 4.29　观赏草坪
（图片来源：黄瑞拍摄）　　　　　　　　　（图片来源：黄瑞拍摄）

（3）体育草坪坡度

为了便于开展体育活动，在满足排水的条件下，体育草坪一般越平越好。自然排水坡度为 0.2%~1%，如果场地具有地下排水系统，则草坪坡度可以更小。

- 草地网球场的草坪由中央向四周的坡度为 0.2%~0.8%，纵向坡度大一些，而横向坡度则小一些。
- 足球场草坪由中央向四周坡度以小于 1% 为宜。
- 高尔夫球场草坪因具体使用功能不同而变化较大，如发球区草坪坡度应小于 0.5%，球穴区一般以小于 0.5% 为宜，障碍区则可起伏多变，坡度可达到 15% 或更高。
- 赛马场草坪直道坡度为 1%~2.5%，转弯处坡度为 7.5%，弯道坡度为 5%~6.5%，中央场地草坪坡度为 1% 左右。

另外，水体中的植物景观设计也是景观设计工作的重要内容，将在第 5 章结合水体景观设计一并讲述。

思考题

1.按照公园的性质和规划要求,公园的植物造景分为哪几种类型?

2.简述公园植物的作用。

3.公园植物设计中如何体现比例和尺度?

4.生态种植设计的背景和主要内容是什么?

第5章 水景设计

本章导读：本章为水景专项设计，主要内容包括水景在公园中的作用，公园水景游赏，水体设计，驳岸与园桥设计，护栏设计，安全防护，水景维护与管理，公园水景与海绵城市。

5.1 水景在公园中的作用

地球被称为"蓝色星球"，因为地球表面约有71%的面积被水所覆盖，水覆盖的总面积大约是3.61亿平方千米。丰富的水资源是孕育人类文明，支撑社会发展的重要基石，也是决定生态环境质量的重要因素之一。

在园林设计领域，与其他设计因素相比较，水有着大量的、自身所独具的、区别于其他因素的特性，水是整个设计因素中最迷人和最激发人兴趣的因素之一。因此，世界各地园林的发展历史进程中，水资源都不约而同地作为最基本的造景要素之一而出现。

不同的地区和历史背景下，园林水景演进出了丰富的塑造方式和表达效果。这些经典的理水方式在现代园林中并没有完全失色，而是通过抽象与提炼，与新技术、新审美潮流融合，重新呈现在公众视野中。公园水景由于其独特的公共性质，广泛地服务社会大众，成为这种理水趋势的代表性水景类别。水景在公园中的作用主要体现在以下几方面。

5.1.1 美学构景

在园林规划设计中，水景与地形、植物、建筑共同组成四大景观要素。水元素运用在园林构景中是灵活多变的，因其本身具有的可塑性、流动性和变化性，水元素成为构景的重要框架和载体。

5.1.2 调节气候

水景工程可增加附近空气的湿度，平衡区域温度，尤其在热岛效应严重的城市环境，其作用更加明显。水景还可增加附近空气中的负离子的浓度，减少悬浮细菌数量，使空气清新洁净。

5.1.3　栖息地营造

　　水是生命之源,水为各种动植物提供了生长繁衍的必需条件。在栖息地匮乏的城市区域,公园水域为各种生物提供了宝贵的栖息环境,其中滨水区域的作用尤为重要,往往是生物多样性最丰富的地带。

5.1.4　雨洪管理

　　城市公园中的水体,尤其是自然水体,在场地条件的制约下,集中的水面部分一般都是场地内标高最低洼的区块,设计中通过对原有地形的合理利用和微地形的塑造,这部分水面自然承担起汇集和存储降水的功能。

5.2　公园水景游赏

5.2.1　水景审美

1）形态变化

　　水作为一种流动的液体,其形态往往由包含它的容器决定。自然中的水,不但形态丰富多样,而且有种种不同的类型。

　　随着生活的安定和富足,人们进而将水曼妙多变的体态,借助某种中介物而展现在人们的眼前,形成丰富多彩的水景(图5.1)。很多人造水景中的水正是对自然界各种形态类型的水的审美模拟和创造性再现。

图 5.1　自由变化的水体形态
(图片来源:互联网)

2) 声音体验

水景是有声空间与无声空间互为交织、错综相交的艺术世界,水的美除了活泼的流动外,伴随而来的一个特征就是有声。

水因为有了声音而充满活力,充满灵性。水景以其潺潺的乐音触动人们的听觉,这种不绝于耳的声音也能给人以美的享受(图5.2)。

图 5.2　潺潺的小溪
（图片来源:互联网）

3) 光影色彩

水本身是没有颜色的,但随着环境的变化与季节的更替也会表现出无穷的视觉体验,如结合水自身的特性,可产生具有朦胧通透的色彩(图5.3)。

图 5.3　水的光影色彩
（图片来源:互联网）

光影加之波动,能使水面波光晶莹、色彩缤纷。如一池静水增添光辉和动感后,确有"半亩方塘一鉴开,天光云影共徘徊"的意境。

4) 整体意境

在视觉艺术的领域里,似乎唯有水最适合作万千变化,这是其他艺术实体所难企及的(图5.4)。

图 5.4　水墨画般的湖面景致

（图片来源：互联网）

水可让生硬、死寂的空间活跃起来，也可因它而将空间立体化。水的设计应与周边环境总体设计的目的统一，可表现出不同的"情感特征"。

5.2.2　亲水形式

水对于娱乐和运动来说是非常重要的，尤其是在公共公园中。在适当的条件下，现有水资源可以被拓展与整合到户外场地中。亲水活动按与水产生互动的程度可以分为滨水活动与水上活动两大类，如垂钓、划船、游泳等。

5.3　水体设计

5.3.1　水体类型

1）功能性质分类

（1）观赏

供观赏的水景的功能主要是构成园林景色，一般面积较小。如溪涧、瀑布、喷泉等，既能产生波光倒影，又能形成风景的透视线。

（2）娱乐

娱乐用水体一般面积较大，水深适当，而且为静止水；也有一些小型的水体装置，可以产生与行人的互动，进行科普教育或丰富游赏活动。

2）设计形态分类

（1）自然式

自然式水体形态自由灵活、不拘一格，其轮廓为自然的曲线，岸为各种自然曲线的倾斜坡度，水景类型以湖泊池塘、河流、溪涧和自然式瀑布为主（图5.5左）。

（2）规则式

规则式水体讲究对称均齐的严整性，外形轮廓均为几何形，多采用整齐式驳岸，水景类型以整水池、壁泉、整形瀑布等为主（图5.5中）。

（3）混合式

混合式水体是规则式水体与自然式水体相结合的类水体形式，具有更丰富的变化形式。在园林水景设计中，为了与建筑环境相协调，经常将自然形态水体的岸线设计成局部的直线段和直角转折形式，水体在这一部分的形状就成了规则式的（图5.5右）。

图 5.5 设计形态分类
自然式水体（左）；规则式水体（中）；混合式水体（右）
（图片来源：互联网）

3）水体状态分类

（1）静水

静水是处于静止状态或是水体运动平稳缓慢的水体，整体水面较为平整，营造安宁、平静的氛围（图5.6左）。作为一种水的储存方法，静态水体更像一种容器的形状，随地形而存在，富有变化，由于地形的不同而形成各种轮廓。静态的水体，如湖、池、潭等，能映出倒影，展示粼粼的微波、激滟的水光，给人以明快、清宁、开朗或幽深的感受。

（2）流水

流水是指顺着自然或人工的载体走势而流动的水体。水流动的形式因流量、幅度、落差、基面以及驳岸的构造等因素，而形成不同的流态，以及有急缓、深浅之分（图5.6中）。蜿蜒的水型、淙淙的流水使环境更富有个性与动感，传达出完整而又富有活力的形象。运动与间歇，水流速的变化总是让人出乎意料，正是这样才更易吸引人的眼球。然而最重要的是，流水可以让线性的设计要素（例如水渠）得以延续；它连接起空间中的两个点（如沟渠或者小溪）并起到强调地形的作用。

（3）落水

水源因蓄水和地形条件的影响而形成高度落差，水体由高处倾泻而下形成的水体形式，往往带来较为强烈的视觉冲击和水声体验（图5.6中）。落水可细分为线落、布落、挂落、条落、多级跌落、层落、片落、云雨雾落、壁落等形式。水景时而悠然而落,时而奔腾磅礴,飞泻的动态给人以强烈的美感。

(4)喷水

喷水是指借助人工设施的压力作用,使得水以线、柱形喷出再回落而形成的水体景观(图5.6右)。园林中的喷水,除少部分自然涌泉外,一般是为了造景的需要人工建造的具有装饰性的喷泉或壁泉。这些喷水利用动态水景的不同形态特点,产生不同的效果,增添园林的艺术性、活泼性,在造园中应用十分广泛。此外,喷泉可以湿润周围空气,减少尘埃,降低气温。

图 5.6　静水(左),落水与流水(中),喷水(右)
(图片来源:互联网)

5.3.2　设计原则

1)遵守相关科学依据

园林水景工程从规划设计、施工营造到后期的管理维护,涉及多学科工程的科学原理和技术要求。如在水景地形改造设计中,设计者必须掌握该区域的土壤、地形、地貌及气候条件的详细资料;进行植物造景时,设计者必须掌握区域的气候特点,以及各种滨水或水生植物的生物、生态学特性。

2)突出经济适用原则

园林水景最终的目的就是要发挥其有效功能。所谓适用性是指两个方面,一是因地制宜地进行科学设计,二是使园林工程本身的使用功能充分发挥。

经济条件是园林水景工程建设的重要依据。设计者应根据建设单位的经济条件达到设计方案最佳并尽可能节省开支。

3)发展生态可持续性

公园水景的塑造应重视环境建设和生态维护。最理想的是利用自然界原有的地形塑造水景,具有自然界本身固有的协调。

以生态优化、修复为导向的水景观建设,对促进系统的自净能力,营造多样化的种群生存环境,实现生态环境的良性循环具有重要意义。

4）重视人员防护安全

园林水景在设计时,在重视形式上的美感和景观整体的艺术效果的同时,也不能忽视景观的安全防护设施安排。

使用人群与时间的变化都会影响水体景观的安全系数。此外,水下灯光、喷泉等人工设施的大量使用可能会产生水电安全隐患,因此从规划设计到施工管理的整个水景生命周期都要注意用电安全。

5.3.3 设计要点

1）尺度

公园中水面的大小无一定之规,有宽阔浩瀚的,也有小巧宜人的。

浩大的水面多是利用天然水体形成的。大水面开阔明朗,易吸引人们的视线,使人心胸畅然,而且可以灵活开展各类娱乐性水上活动。但出于用地、经济等因素的考虑,纯人工水景更倾向于选择小水体。水体小有小的优势,例如易于营建、亲水便利、维护简单等。

通常来说,水体尺度大小的确定要从于整体环境尺度大小。水景作为主景还是配景,以及表达的意境等方面,都要进行综合衡量。

2）水形

场地既有的空间形态,如既有的建筑结构和现存植被,是整体水景设计的参照。即在进行水景的水形构造时,要注意与环境形式上的呼应,加强与周遭环境的交流,使其成为一个整体。曲线式水形适合更加自然、柔和的环境,如用于郊野公园,带给人放松的体验;直线式的水型则更富有秩序感和规则性,适合纪念性公园。

3）视线关系

水景元素的布置与视线高度之间的关系决定了这个水景能给人怎样的体验,也因此决定了所选设计方法的整体效果。一个低的感知角度能够让人对水景进行较好的概览;而稍高的感知角度,如膝盖的高度,能给人更多形态上的体验;再高些的视线水平能给人以很强的距离感。

4）空间关系

水景在场地中不同的空间位置,可以带来不同的景观效果和心理感受。当水景出现在场地的轴线上时,可以突出整体布局序列,制造空间延伸感;当水景处于场地中心位置时,可以形成全场焦点乃至统领全局;当水景处于场地边界时,往往又能形成丰富的边界围合区域,吸引使用者逗留。

5) 植物配置

植物是园林水景中的重要元素,其多姿多彩的形态和丰富的色彩可以为水景带来无限生机 (图 5.7)。水景植物种类繁多,主要包括沿岸的乔灌木、草本、藤本及生长在近岸浅水区域的水生植物。

图 5.7　某公园滨水植物群落
(图片来源:刘子阅拍摄)

岸际陆生植物多用于衬托园林水景的背景,增强、丰富视觉效果。这类园林植物多具有一定的耐水湿能力。常见的耐湿种类有水杉、池杉、垂柳、雅榕、蒲葵、棕榈等。

水生植物一般又可分为挺水植物、浮叶植物、沉水植物、漂浮植物以及湿生植物。水生植物为了适应水体生态环境,在漫长的进化过程中,逐渐演变成许多次生性的水生结构,以便进行正常的光合作用、呼吸作用及新陈代谢。

(1)挺水植物

挺水植物的根、根茎生长在水的底泥之中,茎、叶挺出水面。在滨水植物景观营造中,挺水植物是最重要的植物材料,常见的有荷花、香蒲、芦、千屈菜等。

(2)浮叶植物

浮叶植物根生于水底土壤中,一般无明显的地上茎,而它们的体内通常贮藏大量的气体,使叶片浮于水中或略高于水面,仅在叶外表面有气孔,常见的有莲、菱等。

(3)沉水植物

沉水植物的植物体全部位于水层下面,它们的根不发达或退化,植物体的各部分都可吸收水分和养料,通气组织特别发达。这类植物的叶子大多为带状或丝状,常见的有苦草、金鱼藻、狐尾藻、黑藻等。

种植沉水植物的水体要求透光性较好,以便其进行光合作用。这类植物景观效果相对较低,但有利于提供水生生物所需氧气和丰富水下栖息环境。

(4)漂浮植物

漂浮植物又称完全漂浮植物,是根不着生在底泥中,整个植物体漂浮在水面上的一类浮水植物,可以随水移动;这类植物的根通常不发达,体内具有发达的通气组织,或具有膨大的叶柄,常见的有浮萍、大藻、凤眼莲等。

漂浮植物多数以观叶为主,为水面提供装饰和绿荫,还应注意防止漂浮植物过度覆盖水面,从而影响水景效果或是抑制水下生物生长。

（5）湿生植物

湿生植物生长在水池或小溪边沿湿润的土壤里，根部在保持湿润但不浸没的情况下，它们才能旺盛生长。园林中常见的湿生植物有美人蕉、梭鱼草、千屈菜、再力花、水生鸢尾等草本植物，另外还有水杉等木本植物。

6）水景植物种植要点

- 形成可持续的稳定群落：要选择乡土植物和其他适宜本地气候、生命力强的植物，同时充分考虑不同生态型、生活型植物的良好搭配。
- 考虑植物花期搭配：应考虑到色彩在时间上的延续性和变化性，可以通过选择在不同季节开花的植物搭配来维持水景在色彩上的动人效果。
- 结合水景功能用途：不同的水体类型适宜不同的植物选择与种植方式，如若搭配不当，就会破坏水景的和谐效果。
- 讲究审美艺术构图：植物的安排对于整个水景的设计起到画龙点睛的作用。要充分考虑到植物完全长大后的高度，以及叶片及花朵颜色的搭配。

5.3.4 案例：北京奥林匹克森林公园

1）案例概况

北京市奥林匹克森林公园于 2003 年开始建设，2008 年正式落成，占地约 680 hm²。森林公园主湖区"奥海"和景观河道构成了奥林匹克森林公园中的"龙"形水系，122 hm² 的水面超过了 1/2 个昆明湖。

2）规划方案

奥林匹克森林公园利用洼里公园、碧玉公园现有的水系整合改造。"仰山"与"奥湖"相互环绕，形成了完整、贯通的水系（图 5.8）。

公园水系可分为 3 个部分，分别为湖泊、河道（渠）、湿地。森林公园内规划的奥湖、湿地与清河导流渠、仰山大沟及原洼里公园内的湖面系统相连，湿地池塘的形态源于中国传统的云纹和梯田，蕴含着提炼于自然的形态与功能。

规划园址的北边界为清河，清河导流渠自西北向东南穿过园区成为清河向北小河供水的通道。"仰山"北侧渠段形态局部调整，以萦回曲折的溪流和小尺度湖面为主，蜿蜒于山丘之间，有效地烘托北区荒野自然的山林气氛。

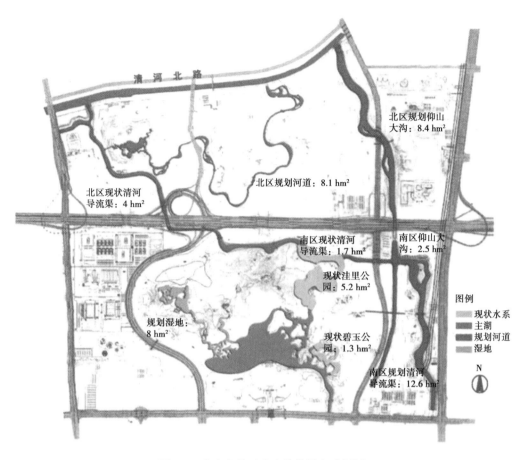

图 5.8　北京奥林匹克森林公园水系规划
（图片来源：《北京奥林匹克森林公园水系规划》）

3）循环系统

　　考虑到北京水资源本身比较匮乏，奥林匹克森林公园内部的水系统将采取全园循环方案，以降低整个水系统对水资源的消耗。在水系循环设计中根据不同时期设计了不同的循环方式。

　　非汛期时清河导流渠和仰山大沟上游没有来水，北区通过市政管道提供的中水进行补水，南区利用本身水系统通过泵站实现自身水系统内部循环。汛期时，清河导流渠和仰山大沟将承担奥林匹克中心区的地表径流排除功能。通过这两套水循环系统，整个奥林匹克森林公园水系可以实现在旱季为城市补水，在雨季为城市泄洪的作用，一定程度上改善了北京干旱无水补、下雨留不住的局面。

5.4 驳岸与园桥

5.4.1 驳岸

园林中的各种水体需要有稳定、美观的岸线,并使陆地与水面之间保持一定的比例关系,防止因水岸坍塌而影响水体,因而在水体的边缘修筑驳岸或进行护坡处理。

驳岸用来维系陆地与水面的界限,使其保持一定的比例关系,还能保证水体岸坡不受冲刷。通常水体岸坡受冲刷的程度取决于水面的大小、水位高低、风速及岸土的密实程度等。对水体岸坡进行驳岸工程处理,可使其保持稳定。

此外,驳岸还可以强化岸线的景观层次。通过不同的形式处理,可增加驳岸的变化,丰富水景的立面层次,增强景观的艺术效果。

1)驳岸的类型

(1)规则式驳岸

规则式驳岸指用块石、砖、混凝土砌筑的比较规整的驳岸,如常见的重力式驳岸、半重力式驳岸和扶壁式驳岸等,这类驳岸简洁明快,耐冲刷,但缺少变化(图5.9)。

图 5.9　规则式驳岸
（图片来源：互联网）

(2)自然式驳岸

自然式驳岸采用外观无固定形状或规格的岸坡处理,如常见的假山石驳岸、卵石驳岸、树桩驳岸、仿树桩驳岸等,这种驳岸自然亲切,景观效果好(图5.10)。

(3)混合式驳岸

混合式驳岸结合了规则式驳岸和自然式驳岸的特点,一般用毛石砌墙,自然山石封顶,园林工程中也较为常用(图5.11)。

图 5.10　自然式驳岸
（图片来源:黄瑞拍摄）

图 5.11　混合式驳岸
（图片来源:互联网）

2）驳岸平面与高程的确定

（1）驳岸平面位置的确定

驳岸的平面位置在平面图上以造景要求确定;技术设计图上,以常水位显示水面位置。整形驳岸,岸顶宽度一般为 30～50 cm。如果设计驳岸与地面成一个小于 90°的角,可根据倾斜度和岸顶高程求出驳岸线的平面位置。

（2）驳岸高程的确定

岸顶的高程应比最高水位高出一段距离,以保证水体不致因风浪冲涌而上岸。高出的距离与当地风浪大小有关,一般高出 25～100 cm,水面大、风大时,可高出 50～100 cm。从造景的角度讲,深潭边的驳岸要求高一些,显出假山石的外形之美;而水浅的地方,驳岸可低一些,以便水体回落后露出一些滩涂与之相协调。

3）景观设计

城市水景中的驳岸设计是一个综合性的设计,以保证其基本功能为基础,以环境品质的提升为目标,实现滨水区功能、环境、经济、技术的优化,创造可持续发展的滨水环境。

驳岸景观化设计正是与高速发展的社会对环境品质的要求及人们对环境质量的渴求相适应,这也是保持城市环境可持续发展的一种表现。在驳岸的景观设计中要让环境融合、功能实现、经济效益、技术改革等协同并进。

4）驳岸景观乡土化与地域化

驳岸景观的设计可以通过将抽象的地域特征元素融入景观设计,从而创造特色的地方驳岸。

以江南驳岸为例,江南地区的水体小巧精致,水流形态曲折蜿蜒,故驳岸的处理也应该玲珑曲折,以模拟自然景观为主,选材上也主要利用当地的湖石配合乡土植物,形成江南独特的驳岸景观。

5)驳岸的亲水性设计

人有与生俱来的亲水性,驳岸设计中要尽可能地做到水"可见""可近""可触"。水空间是园内乃至整个城市空间中最宝贵的空间,充分利用好水空间与人的互动,是驳岸空间的重中之重。亲水性设计往往都是通过人的参与实现的,充分利用现有的景观条件,提供人与水亲近的场所,为人与水发生深层次的亲水行为提供可能,常见做法如下:

①把水引进来。在条件适合的宽敞地段,把水引到岸上,成为浅水池,小面积水面可以使人们环水而坐,较大的围合空间可以形成水边的露天剧场。较大面积的水面可以形成更加完整的景观,形成更加丰富的亲水活动。更大程度上,还可以将水引入园内甚至城市内部,创造出形式更加灵活多变的亲水空间(图5.12左)。

②把岸拉出去。对于比较狭窄的地段,在不影响水利工程的前提下,通常可采用这种方法,将平台伸入水中,使人更加感受到水面的开阔(图5.12右)。

图5.12　亲水设计
(图片来源:谷德设计网)

6)弹性驳岸景观设计

弹性景观的建设可增强城市对雨水的适应能力,为现代城市雨洪管理提供了新的思路,提高城市对于雨洪的弹性(图5.13)。水弹性景观就是将景观设计与弹性理念结合,实现景观与雨洪管理的多元效益,它具有以下特征:

①生态弹性:利用自然原理,引导自然的雨洪调节能力。

②工程弹性:雨洪管理是一个动态过程,水弹性设计是对这个过程的适应,而不是抵抗。

③社会和经济弹性:多功能复合,带来更大的社会效益和经济效益。

7)驳岸的生态设计

(1)生态驳岸的特征

岸坡生态系统作为陆地和水域两大景观要素的空间邻接边界,具有水陆交错带的一些独特特征(图5.14):

图 5.13　纽约 Long Dock 河岸公园
（图片来源：谷德设计网）

图 5.14　自然生态驳岸
（图片来源：黄瑞拍摄）

①生态脆弱性：对周围环境条件变化十分敏感。

②异质性：水陆交错带的环境条件趋于多样性和复杂化，明显不同于两个相邻群落的环境条件，因此异质性高。

③动态性：水陆两大系统成分处在激烈竞争的动态平衡之中，因此在受到干扰后，很容易发生变化。这种动态变化的主要表现形式有渐变和突变两种。

④生物多样性：异质性高使得生物群落多样性的水平高，适于多种生物生长，优于陆地或单纯水域网。不但含有两个相邻群落中偏爱边缘生境的物种，而且其特殊化的生境导致出现某些特有种或边缘种。

（2）生态驳岸应该遵循的生态学原理

①因地制宜。在设计时要充分考察当地的环境条件和生物种群，因地制宜，选用当地材料来构建生态护岸；植物的配置也应以乡土植物为主，合理布局，以保证高的异质性。

②保护生物多样性。以生态学为基础，设计中考虑驳岸连接度和宽度对生物群落的影响。构建过程也要考虑保存和提高生物多样性，提高整个驳岸的生态系统的自我修复能力。

③稳定性。驳岸自身的稳定性也不容忽视，注重水或风冲刷、腐蚀以及土层滑动等自然之力。

5.4.2 园桥

园桥被广泛应用在园林景观中。无论是在人造园林中,或在自然园林中,都设有各种类型的园桥。它们往往依附地形和水体而建,形式多样、体量适宜,或可爱玲珑、或意趣优雅,用于装点园林,与周围环境有机结合并相互呼应。

1)园桥的位置

园桥的布置同园林的总体布局、水域面积、水面的开合和分隔密切相关。窄处通桥,既经济又合理地选择建桥基址。此外,应结合园林道路系统,满足交通便捷及水路通行的需求,综合地进行合理选址。

2)园桥的类型

（1）平桥

平桥是园林景观中最常见的桥,主要应用于园林中的小河、溪流等水面跨度小或水面跨度大但不深的水面上,平桥中还包括一些质朴、简单的木平桥、石板桥等(图5.15左)。

（2）拱桥

拱桥是在竖直平面内以拱作为结构主要承重构件的桥梁。传统拱桥多用石材建造,其最早并非用于园林造景,而是在工程中满足泄洪及桥下通航的目的。拱桥曲线圆润,造型优美,富有动态感(图5.15中)

图5.15　平桥(左)、拱桥(中)、曲桥(右)
(图片来源:互联网)

（3）曲桥

曲桥是园林中特有的桥形式,多为三、五、七、九 的单折数。为了追求"景莫妙于曲"的造园技巧,故把园桥做成有折角的曲桥,则可以为游人规划蜿蜒曲折、具有不同观景点的游览路线,达到扩大景观面、延长风景线、增加观景角度的效果(图5.15右)。

（4）汀步

汀步,又称飞石、布石,是在水面上按一定距离布设微露水面的块石,供游人跨步而过,一般应用于溪滩和较浅的水面上(图5.16左)。

（5）亭桥和廊桥

设计师们在园桥的设计过程中融入了建筑美,在桥上加建亭廊,这些园桥被称为亭桥或廊

桥(图 5.16 中、右)。这种桥既有交通作用又有游憩功能与造景效果,有助于构成丰富的水面景观。

对于小水面,空间不大,亭桥、廊桥通常以低临水面为宜。若水面空间辽阔,桥体则高大,亭、廊高临水面,构成截然不同的水面景观。

图 5.16　汀步(左)、亭桥(中)、廊桥(右)
(图片来源:互联网)

5.5　护栏

护栏是园林中的一种构筑物,除了防护功能,还起着分隔、保护、引导的作用。

5.5.1　护栏的分类

护栏按其高度可分为低栏(0.2~0.3 m)、中栏(0.8~0.9 m)和高栏(1.1~1.3 m),具体设计要因地按需而择。

水岸护栏多采用中栏,中栏的上槛要考虑作为扶手使用,以便游客凭栏望景。防钻护栏净空不宜超过 14 cm;若无须防钻,构图的优美是设计要考虑的关键因素。一些警示护栏及有危险、临空的水岸多采用高栏,设计时需考虑防爬,下部不要有过多的横向杆件,尤其要注意儿童的安全问题。

5.5.2　护栏的材质

护栏的材质有石、木、竹、PVC、木塑、仿木、铸铁、铸铝与型钢等(图 5.17),其他材料选择应视环境而定。

与石桥相对应的水岸护栏很多采用石栏杆,自然朴实,结实耐用,防护性好。采用仿木工艺制作的护栏也颇为常用。型钢与铸铁、铸铝组合的铁艺栏杆可以做出各种花型构件,其特点鲜明,风格质朴,经济适用,工艺简便。

图 5.17 仿木(左)、木(中)、型钢(右)
(图片来源:互联网)

5.5.3 护栏设计

护栏设计通常按单元划分,既要整体美观,在长距离连续的重复中也要产生韵律感,可选用一些具体的图案、标志或抽象的几何线条组合以给人鲜明的印象。栏杆的构图还要服从整体景观的要求,与环境呼应。

园林栏杆的构图除了美观,也要考虑造价和安全,还需讲求经济实用和安全可靠,因此在设计时要疏密相间、用料恰当。

5.6 安全防护

水元素一直兼具吸引力和威胁性。因此利用水作为设计元素时对安全性的要求非常高。

5.6.1 防护设施

1)铺地

亲水设施的铺地一定要采用防滑耐磨型的材料,且材料不宜生苔藻类植物,以防止游人失足沿道跌落水中。但由于水边空气潮湿,水位经常发生变化,被水淹没的台阶、铺地容易生长苔藻类植物,因此要做到经常清理打扫。

2)护栏

危险地域一定要采用护栏或者密植高大的植物进行防护。人可到达的亲水设施 2 m 范围内,水深超过 0.5 m 时,需要设置护栏的高度应不低于 1.1 m,应该考虑到游人凭靠时不会发生跌落。护栏立柱的间隔要保证儿童头部不能穿过,因此立柱间隔不宜超过 0.11 m;立柱的间隔形式也不宜采取横向,因为儿童会脚踩其向上攀登,存在安全隐患。

3) 护岸

护栏的设置虽然可大大提高安全性,但是不够满足游人亲水的需求,因此可以采用适当的护岸形式,既满足游人的亲水需求,同时保证游人的安全。相关做法包括:

- 将水边部位设计为阶梯状,使踏步一直延伸至河床。
- 以缓斜坡的形式将水边部位及与其相接的水面以下部位连接在一起。
- 将河岸向河内延伸的一定范围内的水域抬高做成浅水区。

5.6.2　救生设施

为防止水边事故的发生,在亲水设施周边应该预先设置好安全防范设施,确保万一有落水事故发生,落水者在一定程度上能自救,目击者也能够马上施救。因此,要预先设计好有助于实施自救的结构、设施。首先在距亲水设施周边 2 m 以内的区域设置救生绳等安全防范设施,将易落水的区域圈定,这样游人落水就可以尝试抓住救生绳进行自救 。全面的他人救助设施也必不可少,这些救助设施可帮助施救者发现落水者后能够迅速进行施救。如在岸边或者亲水设施附近配备系有绳索的救生圈、救生棒等,并在岸边或者亲水设施上用显眼的标志标注救生设施的准确位置和使用方法。

5.7　水景维护与管理

5.7.1　水质要求

水景工程中水源,充水、补水用水的水质,根据其不同功能应符合下列规定:

- 人体非全身性接触的娱乐性景观环境用水水质,应符合国家标准《地表水环境质量标准》(GB 3838—2002)中规定的标准。
- 人体非直接接触的观赏性景观环境用水水质应符合国家标准《地表水环境质量标准》(GB 3838—2002)中规定的Ⅴ类标准。
- 高压人工造雾系统水源水质应符合现行国家标准《生活饮用水卫生标准》(GB 5749—2022)或《地表水环境质量标准》(GB 3838—2002)规定。
- 高压人工造雾设备的出水水质应符合国家标准《生活饮用水卫生标准》(GB 5749—2022)的规定。
- 旱泉、水旱泉的出水水质应符合现行国家标准《生活饮用水卫生标准》(GB 5749—2022)的规定。
- 在水资源匮乏地区,如采用再生水作为初次充水或补水水源,其水质不应低于现行国家标准《城市污水再生利用景观环境用水水质》(GB/ T 18921—2002)的规定。
- 当水景工程的水体水质不能达到上述规定的水质标准时,应进行水质净化处理。

5.7.2 水质修复与维护

水质的保障措施和水质处理方法应符合下列规定:

· 水质保障措施和水质处理方法的选择应经技术经济比较确定。

· 宜利用天然或人工河道,且应使水体流动。

· 宜通过设置喷泉、瀑布、跌水等措施增加水体溶解氧。

· 可因地制宜采取生态修复工程净化水质。

· 应采取抑制水体中菌类生长、防止水体藻类滋生的措施。

· 容积不大于 5 m³ 的景观水体宜采用物理化学处理方法,如混凝沉淀、过滤、加药气浮和消毒等。

· 容积大于 5 m³ 的景观水体宜采用生态生化处理方法,如生物接触氧化、人工湿地等。

人造景观水体多为近于封闭的静止或缓流水体,水环境容量小、水体自净能力低,加上生活污水、工业污水和地表径流的注入,容易受到污染或富营养化,严重影响水体生态和周围环境。对于以富营养化为主要特征的景观水体的治理,主要是去除藻类和氮、磷营养元素,改善水体生态。当前景观水体治理技术可归结为以下几类(图 5.18)。

①物理和化学方法。物理、化学方法具有见效快、易于操作的优点,特别适用于中、小型景观水体的处理。主要的方法有:引水换水、水体曝气充氧、底泥疏浚、底泥原位处理、机械除藻、混凝沉淀、加药气浮、过滤技术、杀藻技术。

②生物法。生物法具有运行费用低、操作管理简单、无二次污染等优点,若景观水体中的有机物含量较高,则可利用生物方法处理。主要方法有:生物接触性氧化法、曝气生物滤池法、膜生物反应器、微生物净化技术。

③生态法。生态法通过水、土壤、砂石、微生物、高等植物和阳光等组成的"自然处理系统"对污水进行处理,符合按自然界自身规律恢复其本来面貌的修复理念,在富营养化水体处理中具有独到的优势。主要技术有:生物操纵控藻技术、水生植物净化技术、人工湿地、稳定塘、生态混凝土技术。

图 5.18 曝气池(左)、过滤箱(中)、水生植物(右)
(图片来源:詹姆斯·埃里森著,蒋怡、姜欣译《园林水景》)

5.8　公园水景与海绵城市

5.8.1　海绵城市的概念

"海绵城市"是城市指能够像海绵一样,在适应环境变化和应对自然灾害等方面具有良好的"弹性",下雨时及时吸水、蓄水、渗水、净水,需要时将蓄存的雨水"释放"并加以利用。在海绵城市建设中,应统筹给水、排水等水循环利用各个环节,并考虑其复杂性和长期性。

5.8.2　公园的地位和作用

公园作为城市环境中为数不多的软质性空间,是提高雨洪管理质量的关键性因素之一。一些公园依托河流、湖泊等自然水体而建成,对这些公园滨水区域的优化处理,可以有效提高这些水体对于雨洪的吸纳、管理和再利用能力(图5.19)。

图 5.19　滨水区对雨水的吸纳、存储示意图
(图片来源:互联网)

从更广泛的角度而言,软质的公园区域能吸收来自建筑物和地面的雨水径流,通过景观设计降低径流污染,防止水土流失,有效地保护当地水质。在这种景观设计与雨洪管理的结合中,公园水景的处理就是一个代表性的层面。

5.8.3　海绵城市下公园景观的类型

海绵城市下公园景观的类型包括如下几种(图5.20)。

（a）渗透池　　　　　　　　　　（b）滞洪池

（c）草地渠道　　　　　　　　　　（d）湿地公园

图5.20　各类雨洪管理景观
（图片来源：互联网）

1）渗透池

渗透池是由高渗透性的土壤建造的供雨水暂时储存的设备。渗透池对于雨水公园来说，相当于人体的肝脏。渗透池通常不具有结构性的出口来排放多余雨水。相反，出水流是通过池子周围的土壤来进行的。对于渗透池来说总悬浮物的清除率为80%。

2）滞洪池

滞洪池暂时储存和削减雨水径流。滞洪池对所经过的径流进行污染物的处理工作，主要在有大量径流下使用。滞洪池有两种类型：表层滞洪池和下层滞洪池。

3）草地渠道

草地渠道是一种狭长的渠道，对不透水表面的径流进行过滤和入渗，与传统的渠道区别是其表面铺设有植被。它可以移除90%左右的悬浮物以及25%左右的重金属及磷、氮等。其铺设具有很强的灵活性，造价低廉。

4）人工湿地

人工湿地被用于清除大型雨水公园中土壤的多种污染物。雨水径流通过开放的沼泽系统，污染物被植物沉淀、吸收、过滤以达到清除的目的。当标准的人工湿地设计成一个即时系统的时候，其同样也用于降低径流速率。即时系统接收所有雨水和暴雨的上游来水，通过出口或溢

出流对大雨量的降水进行处理和传输;在非即时系统中,大部分或全部的雨洪径流是通过上游改道通过雨水公园的。

除了污染物的清除和雨量的控制,人工湿地同样也为野生动物提供栖息地,可以增强雨水公园整体美感。这些系统主要是为了雨水公园设计,在某些情况下不应该在天然的湿地内建设。

标准的人工湿地包括预处理区域和由两个部分或多个部分组成的综合区域,如池塘区、沼泽区和半湿润区。现场的条件决定了标准人工公园湿地的选择,根据湿地每个部分雨量的不同可分为:池塘人工湿地、沼泽人工湿地和扩展预留人工湿地。

思考题

1.水景在公园中的作用有哪些?

2.水景植物如何分类,请列举每类至少 3 种植物。

3.海绵城市下公园景观的类型有哪些?

第6章 公园建筑设计

本章导读:公园建筑既是建筑类型中的一种,又是公园环境中的重要组成要素。本章介绍公园建筑的基础知识,使风景园林和相关专业的学生能够认识公园建筑,掌握公园建筑的设计原则、设计程序以及设计方法。

6.1 公园建筑概念

公园建筑一般是指位于公园内,集使用功能与观赏性于一体的景观建筑,是公园重要的组成部分。在使用功能上,公园建筑主要为公园游客提供必要的停留空间,并起到"观景""点景""组织游览路线"连接各景点的作用。公园建筑体量小巧、功能简单、造型别致、富有情趣,分布在公园的各个场地之中。本章中的公园建筑是园林中建筑物和现代城市公园的建筑、构筑物的统称。

6.2 公园建筑的分类及功用

公园建筑游主要有游憩类建筑、服务类建筑和管理类建筑,详见表6.1。

表6.1 公园建筑设施分类表

大 类	中 类	建筑类型及分类表
公园建筑	游憩类建筑	亭、廊、厅、榭
		活动馆
		展 馆
	服务类建筑	游客服务中心
		厕 所
		售票房

续表

大 类	中 类	建筑类型及分类表
公园建筑	服务类建筑	餐 厅
		茶座、咖啡厅
		小卖部
		医疗救助站
	管理类建筑	管理办公用房
		安保监控室
		广播室

资料来源:《公园设计规范》(GB 51192—2016)

6.2.1　游憩类建筑

游憩类建筑给游人提供游览休息的场所和观景的视点,并且本身也是景点或公园景观的构图中心,同时作为公园主体建筑的补充或联系,如亭、廊、厅、榭等,也为游客在公园内开展各类活动提供场所,如观演厅、露天剧场、展览室等(图6.1)。

（a）厦门中山公园魁星亭　　　（b）中山公园玻璃廊　　　（c）中山公园史记馆

图 6.1　游憩类公园建筑
（图片来源:互联网）

6.2.2　服务类建筑

服务类建筑是公园内重要的设施,在人流疏散、功能要求、建筑形象等方面对公园有很大的影响,主要包括游客服务中心、厕所、售票房、餐厅、茶座、咖啡厅等(图6.2)。

（a）厦门中山公园逸趣茶室　　　　（b）海湾公园小卖部　　　　（c）中山公园厕所

图 6.2　服务类公园建筑

（图片来源：互联网）

6.2.3　管理类建筑

管理类建筑主要是供内部工作人员使用，包括管理办公用房、安保监控室、广播室等（图 6.3）。

图 6.3　管理类公园建筑（厦门中山公园服务驿站）

（图片来源：互联网）

6.3　公园建筑设计原则

公园建筑设计、布局必须考虑公园所处的地理环境、历史文脉、社会环境和使用者需求等。公园建筑设计过程中，应该注重人性化设计、与公园自然环境、人文环境协调，突出地域特色、注重可持续设计。

6.3.1　人性化原则

设计的最终目的就是满足不同群体的生理需求和心理需求。在公园建筑设计中，人性化的设计体现在无障碍设计和交往空间设计等方面。

例如,在公园中最普遍和使用效率较高的建筑是公共厕所。厕所内必须设置无障碍厕位,以方便轮椅使用者和肢体障碍者使用。公园建筑入口设台阶时,必须设轮椅坡道和扶手,坡道设计要符合《城市无障碍环境设计》,无障碍入口和轮椅通行平台应设置雨棚。

公园建筑的交往空间设计符合人性化原则,公园建筑设计除了要设置方便各类人群使用的无障碍设施外,还要注意营造各类休闲交往空间,即除了要满足各类人群的生理行为要求外,还要满足他们的心理需求。

6.3.2　地域性原则

公园建筑实践中需要充分考虑到公园建筑所在地的自然条件和人文环境,从多方面进行综合考虑,最终提出同时兼具社会效益、环境效益与经济效益的设计方案。

与地域自然条件相适应:"设计结合自然""设计适应气候"已成为建筑设计的一个基本原则。结合建筑所在地的气候特点和地域条件,最大限度地利用自然界的光照条件和风能,实现建筑物的自然通风和自然采光,降低公园建筑的能耗;合理选用建筑材料,保持与地方自然环境相一致。

与地域人文环境相适宜:公园建筑设计应注意保持地域文化的特征和连续性,体现公园的地域文化气息。与各类人文环境要素相宜,是公园建筑实现其价值的前提。

20 世纪 80 年代冯纪忠先生主持设计的上海松江方塔园,其中何陋轩是具有时代性的景观建筑(图 6.4)。该建筑屋顶运用当地传统的民居做法,屋脊呈弯月形,中间凹下,两端翘起,屋面铺设茅草等,下部支撑结构完全是用竹子制成,竹构的节点是用绑扎的方法,并把交接点漆成黑色,以"削弱清晰度",既表达对历史环境的充分尊重,又使得建筑结构更具传统美与现代美。建筑从外形上看运用了乡土材料,形成稳定性、耐久性、安全性的建筑结构,便于维护;内部构造却非常现代,将现代风格与传统意境相融合。

图 6.4　上海松江方塔园何陋轩
(图片来源:互联网)

6.3.3　可持续性原则

公园建筑的可持续设计是要实现人与自然环境的融合,保护资源、节约能源。例如,可通过屋面光伏发电,解决园内景观建筑夜间照明等问题;在景观建筑的散水旁设计下沉式水槽,用于收集雨水,作为景观用水水源。

可通过对有机生命组织的高效低耗特性及组织结构合理性的探索,使建筑与仿生学相结合,提取有机体的生命特征规律,创造性地用于城市公园建筑创作。

6.4 公园建筑设计要点

6.4.1 亭、廊

1) 亭

(1)亭的分类
亭按平面形态可分为几何形亭、半亭、双亭、仿生亭、组合式亭等类型(图6.5)。

几何形亭:包括三角亭、四角亭(方亭、长方亭)、五角亭、六角亭、八角亭、多角亭、圆亭及扇形亭等。

半亭:一般依附于墙体存在,一面或两面为墙,其他面为亭。

双亭:双亭的平面形式有双三角形、双方形、双圆形等,一般为两个完全相同的平面连接在一起。

仿生亭:是指模仿各种生物形状而建成的亭,如蘑菇亭、壳形亭、梅花亭等。

组合式亭:组合式亭是亭与亭、廊墙、石壁等的组合。组合式亭是为了追求体形的丰富与变化,寻求更完美的轮廓线。

(a)厦门南湖公园四角亭　　　　(b)湖北神农公园蘑菇亭　　　　(c)厦门白鹭洲公园圆亭

图6.5 公园之亭

(图片来源:互联网)

(2)设计要点
①亭的造型:亭的造型主要取决于其平面形状、平面组合及屋顶形式等。要因地制宜,并从经济和施工角度考虑其结构;要根据民族的风俗、爱好及周围的环境来确定其色彩。

②亭的体量:亭的体量不论平面、立面都不宜过大过高,要因地制宜,根据造景的需要而定,一般情况是小巧而集中的。

亭的直径一般为3~5 m,根据具体情况来确定。亭的面阔用 L 来表示。柱高 $=0.8L$~$0.9L$;柱径 $=7/100L$;台基高/柱高 $=1/10$~$1/4$。

③亭的比例:古典亭的亭顶、柱高、开间三者在比例上有密切关系,比例是否恰当,对亭的造型影响很大。四角亭,柱高:开间 $=0.8:1$;六角亭,柱高:开间 $=1.5:1$;八角亭,柱高:开间 $=1.6:1$。

④亭的装饰:亭在装饰上既可复杂也可简单;既可精雕细琢,也可不加任何装饰构成简洁质朴的风格。如北京颐和园的亭,为显示皇家的富贵,大多进行了华丽的装饰;而厦门中山公园的竹亭和北流湿地公园的茅草亭,则呈现出自然、纯朴的气质(图6.6)。

图6.6 自然装饰的亭

(图片来源:图虫网)

⑤亭的色彩:亭的色彩要根据环境、气候、地方特色、风俗、喜好等来确定。古典园林中,南方多以灰蓝色、深褐色等素雅的色彩为主,给人以清爽、轻盈的感觉;皇家园林中,北方则多以红色、绿色、黄色等艳丽的色彩为主,以显示富丽堂皇的皇家风范。

2)廊

(1)廊的分类

按廊的总体造型及其与地形、环境的关系,可分为直廊、曲廊、抄手廊、爬山廊、叠落廊、水廊、桥廊等(图6.7)。

(a)厦门海湾公园玻璃廊　　(b)深圳香蜜公园单面空廊　　(c)深圳香蜜公园桥廊

图6.7 不同类型的廊

(图片来源:互联网)

按廊的横剖面形式可分为以下几种:

- 双面空廊:只有屋顶用柱支撑、四面无墙的廊。
- 单面空廊:在双面空廊一侧列柱间砌有实墙或半空半实墙的,就成为单面空廊。
- 复廊:又称为内外廊,是在双面空廊的中间隔一道装饰有各种式样漏窗的墙,或者说,是两个有漏窗之墙的单面空廊连在一起形成的。
- 双层廊:又称为楼廊,有上下两层,便于联系不同高程上的建筑和景物,增加廊的气势和观景层次。

- 单支柱式廊:中间单柱支撑,屋顶两端略向上反翘或作折板或作独立几何形状连成一体。
- 暖廊:设有可装卸玻璃门窗的廊,既可以防风雨,又能保温隔热,最适合气候变化大的地区及有保温要求的建筑。

(2)设计要点

①建筑形式:根据位置和造景的需要,廊可设计成直廊、弧形廊、曲廊、回廊及圆形廊等(图6.8)。廊顶的基本形式有悬山顶、歇山顶、平顶、折板顶、十字顶、伞状顶等(图6.9)。

| 直廊 | 曲廊 | 复廊 |
| 空廊 | 爬山廊 | 水廊 |

图 6.8 廊的形式

(图片来源:古建家园)

图 6.9 廊顶形式

(图片来源:互联网)

做法上应注意廊、亭结合,以丰富立面造型扩大平面上重点地方的使用面积,注意建筑组合的完整性与主要观赏面的透视景观效果,使廊、亭风格统一。应多选用开敞式的造型,以轻巧为主。廊柱之间可设 0.5~0.8 m 高的矮墙,上面覆硬质材料,古典样式的也可采用水磨石椅面和美人靠背。

②体量尺度:廊的开间不宜过大,宜在 3 m 左右。一般横向净宽在 1.2~1.5 m,现在一些廊宽常为 2.5~3.0 m,以适应游客人流增长后的需要。柱距可为 3 m,柱高为 2.5~2.8 m,柱径为 150 mm,方柱截面控制在 150 mm×150 mm~250 mm×250 mm,长方形截面柱长边不大于 300 mm。檐口底皮高度为 2.4~2.8 m。

③内部空间处理:要有良好的对景。道路可曲折迂回,多曲折的廊可使内部空间产生层次变化。可在廊内适当位置做横向隔断,在隔断上设置花格、门洞、漏窗等,从而使廊内空间增加层次感和深远感。将植物种植在廊内或将廊内地面上升均可丰富廊内的空间效果。在廊的一面墙上悬挂书法、字画或装饰一面镜子,可形成空间的延伸与穿插,从而产生空间扩大的感觉。

④出入口设计:廊的出入口一般布置在廊的两端或中部某处,设计时应将入口平面或空间适当扩大,以尽快疏散人流,方便游人的游乐活动。在立面及空间处理上做重点装饰,强调虚实对比,以突出其美观效果。

⑤装饰设计:古典园林中,廊檐下有花格和挂落,多采用木质且雕刻精美;廊内的休息椅凳下常设置花格装饰,与上面的花格相呼应而构成框景;在廊内部的梁和枋上可绘制苏式彩画等,以丰富游廊内容。而在现代园林中,廊的材质相对多样,造型趋于简洁。

6.4.2　展览馆

1)分类

展览馆是作为展出临时陈列品之用的建筑。按照展出的内容分综合性展览馆和专业性展览馆两类。公园内的展览馆建筑多为文化艺术、科学技术类,以及动植物类的,按照规模来分,又可分为展廊、展馆、大型展馆。厦门中山公园中的花展馆就是植物专类展览馆(图 6.10)。

图 6.10　厦门中山公园花展馆

(图片来源:互联网)

2）功能分区和流线设计

展览馆一般由展厅、库房和管理办公用房三部分组成。三部分相互连接,库房和管理办公用房共同服务于展厅。展厅由以上所述串联空间组合、放射性空间组合及放射兼串联空间组合三种空间组合形式组成。中山公园史迹馆的第一、第二、第三展馆流线顺畅,互不干扰(图6.11)。

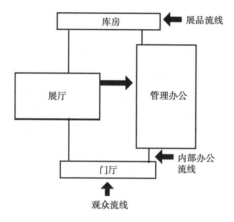

图6.11　展览馆功能与流线分析图

展览馆一般由观众流线、内部办公流线和展品流线三股流线组成交通,所以需要设置三个分开的出入口,以满足不同流线交通。观众流线从建筑门厅进出,内部办公人员从管理办公用房的出入口进出,而展品需从单独通向库房的出入口进出。库房的出入口最好能与用地外部交通紧密联系。如库房没有紧挨着用地外部道路,则需要单独设置道路,使展品方便从用地外部道路直接通向库房,道路应满足主要运输交通工具的尺寸要求。

3）布置形式

展厅可以有单线、双线、自由布置3种布置形式(图6.12):

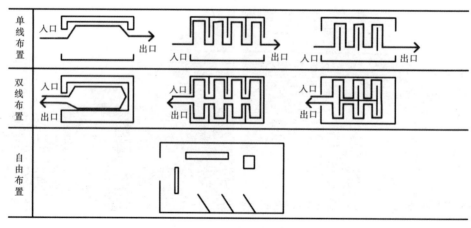

图6.12　展厅布置形式示意图

①单线布置,出入口分别设置。

②双线布置,出入口合并。

③自由布置,比较自由,没有统一的参观流线。

4)设计要点

位于公园内的展览馆,必须按照公园建筑的要求来设计。由于展览馆建筑体量庞大,为使其与公园的整体环境协调统一,需注意以下设计要点:

(1)布局形式

根据建筑自身特点,布局形式可以采用集中式和分散式两种,其中小型展览馆以分散式的布局方式居多。一般用庭院组合的方式将展览馆水平铺开,空间上内外结合,通透开敞。这样不仅在使用上增加很多灵活性,而且还能以其扁平低矮的建筑形体融入绿化中,使建筑造型不过于突出。如上海鲁迅公园的艺苑展览馆(图6.13),它位于鲁迅纪念馆对面,一道粉墙把建筑群体和环境绿化围在其中,形成独立的庭院。展览馆共有两个展厅,由曲廊连接,转角均采用空廊、花廊与庭院绿化景色相连,人们置身其中,感到别有一番天地。

图 6.13　鲁迅公园艺苑展览馆

(图片来源:互联网)

(2)空间组织

展览馆的空间包括展示空间、辅助空间和庭院空间。展示空间是主体空间,其组合形态通常包括串联式和放射式两种。庭院空间则是巧妙创造室内外景观的有利因素。

例如,公园历史展览馆作为公园发展史的重要展示场所,是集中展示公园发展历史及公园建设过程中发生的大事件或者是过往所取得的成就和殊荣。厦门中山公园史迹馆包括3个展馆(图6.14),第一展馆通过老地图、历史照片、厦门中山公园计划书等珍贵史料,介绍中山公园的"建园缘起""建设之初"和"历史记忆"等;第二展馆介绍与中山公园相关的历史人物;第三展馆则是中山公园的大事年表。

(3)结构材料

展览馆无论规模大小,都需要较大跨度的空间,因此多采用新的结构技术和建筑材料。现代展览建筑通常采用钢结构、空间网架和桁架结构等。近年来,一种新的结构形式——张拉膜结构得到了广泛的应用。

图 6.14　厦门中山公园史迹馆
（图片来源：互联网）

6.4.3　游客服务中心

游客中心指是旅游区（点）设立的为游客提供信息、咨询、游程安排、讲解、教育及休息等服务功能的专门综合性场所。游客中心可以使人们在公园游览之前对其人文地理特征有更深入的了解，对行程有独创性的安排等。游客中心作为现代旅游发展的产物，正在尝试着改变以往传统的旅游方式。

1）分类

根据功能不同，游客中心可以分为两类：一类是功能齐全有固定场所的游客中心，一类是游客咨询中心；根据景源不同，又可分为旅游中心和风景区游客中心。

2）功能分区和流线设计

游客服务中心应包括门厅、休息厅、接待处、展示、商店银行和售票处；解说长廊，可包括播放、板报、展览、声像影院、表演舞台活动区或类似设施；食物和饮料供应区、卫生间、管理和急救区，导游服务等功能区（图 6.15）。

游客服务中心的游客人流相对分散，没有明显的高峰期，人流比较平均。主要集中在休息厅和展示厅，通过门厅进行连接。展览用房的参观人流具有分散而有序的特点，而商店等服务设施的人流则呈现既分散又无序的特点。

管理人员人流应能直接方便地到达办公室，人数虽然不多但同样需要便捷的流线，不应与游客人流交叉相混。根据活动人员人流的特点，在功能流线的组织中，应给予适当的安排：应使集中而有序的人流能以最便捷的流线集散，使集中而无序的人流能被控制在具有类似活动环境的区域内，尽可能减少对安静活动区域的干扰；对人流分散的活动用房则应创造更便于使用时自由选择活动项目的流线，以均衡各项活动的人流，减少人流往返迂回带来的干扰，提高设备的利用效率。

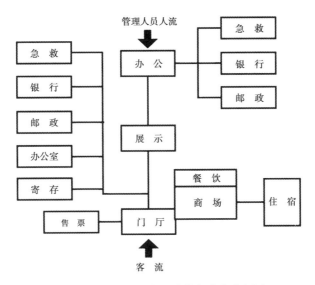

图 6.15　游客服务中心功能与流线分析图

3)设计要点

(1)选址

- 游客中心选址要在景区规划布局的指导下,根据游客中心自身的功能特点,通过现场踏勘、调查研究,选择最适宜修建的场所。
- 游客中心选址受游客容量的影响,应考虑在景区入口和景区内部采取分散或集中式的设置。
- 游客中心需要设置在主要旅游线路的周边,以满足其水、电等能源配套设施的需求。
- 需要综合考虑景区的整体景象特征,并与其相辅相成。

(2)功能

游客中心的功能可以分为 4 个方面:

- 展示功能(展厅、多媒体展示、全景沙盘等)。
- 游客集散功能(交通换乘、停车场等)。
- 综合服务功能(售票、问询接待、导游、旅游购物、互联网服务、旅馆、餐饮等)。
- 管理办公功能(办公室、会议室、微机房、控制室、库房等)。

(3)功能面积指标测算

①展示:展示建筑的展位平均以 3 m×3 m 为一个单元,根据风景区展示的性质测算展位的数量来估算展示建筑的规模和建筑面积。

②游客集散:

- 集散广场:展演类广场的指标为 5 000 m²/万人,有时还需结合停车场进行设计。
- 换乘站:换乘站使用面积指标应参照旅客最高聚集人数 1.10 m²/人计算,结合集散广场与换乘站的流量对面积进行预测。
- 停车场:换乘站停车场应根据日容量、客流量以及换乘车辆的承载人数测定车位数,根

据换乘车辆的大小确定车位面积,一般大型车位面积为 4 m×10 m,中型车位面积为3 m×6 m。

③旅馆、餐饮、购物:

· 旅馆面积测算:床位数=游客年总数×平均停留天数/床位利用率×年旅游天数;旅馆建筑用地面积=床位数×旅馆建筑面积指标/建筑密度×平均层数。其中旅馆建筑面积指标(每床位平均占建筑面积)为:标准较低的旅馆为 8~15 m²/床,标准较高的旅馆为25~35 m²/床,最高级旅馆为 35~70 m²/床。

· 餐饮面积测算:每餐位的面积如表所示,结合景区的特色确定就餐人数,再根据餐位换算餐厅面积(表6.2)。

表 6.2　餐饮面积指标

等　　级	餐馆餐厅/(m²·座⁻¹)	餐饮店餐厅/(m²·座⁻¹)	快餐厅/(m²·座⁻¹)
一	1.3	1.3	1.1
二	1.1	1.1	0.85
三	1.0	—	—

资料来源:作者根据规范改制

· 购物面积测算:每位顾客的使用面积为 1.35 m²,根据公园的日容量测定数据以及游客购物行为的发生率进行购物中心的面积测算。

④管理办公:根据风景区服务人员的数量测算管理办公用房的间数、会议室等的规模。
综合以上建筑面积的测算,综合考虑游客中心的使用频率,进行游客中心建筑面积的预测。
(4)细则

· 功能安排上要方便游客的进出,突出服务性建筑的效率。
· 进行合理便捷的流线安排,使建筑有恰当的空间组合。
· 有足够的外部空间容纳大量的游客和旅游车辆,满足集散功能。
· 进行无障碍设计并提供相应的工具和设施,如轮椅、儿童车等,体现对老人、残疾人、儿童等弱势群体的关怀。
· 布局形式有集中式和分散式两种,根据风景区及建筑特点来选择适用的形式。
· 在进行游客中心设计的过程中,结合基于传统地域性建筑的某些特征,摘取和提炼出一些富有代表性的特征细部和局部符号加以使用。
· 尽量采用生态建筑的一些设计手法,降低建筑对自然生态环境的破坏程度。

6.4.4　厕所

　　游人到园林中需用较长的时间进行游览,因此设计师就需要为游人提供一定的场所来进行如厕活动。

1)分类

公厕依其性质可分为临时性公厕和永久性公厕。永久性公厕又可分为独立式和附属式。

（1）独立式厕所

独立式厕所指在园林中单独设置，与其他设施不相连接的厕所。其特点是可避免与其他设施的主要活动产生相互干扰，适合于一般公园。

（2）附属式厕所

附属式厕所指附属于其他建筑物之中供公众使用的公厕。其特点是管理与维护均较方便，适合于不太拥挤的区域。

（3）临时性厕所

临时性厕所指临时性设置，可以解决因临时性活动的增加所带来的需求。例如流动公厕，适合在地质土壤不良的河川、沙滩的附近或临时性人流量较大的场所设置。

2)选址

公厕选址一般遵循以下原则：

①布置在公园的进出口附近：公园的进出口，人流量大，且人流分布的时空集中性强，在此布置厕所，可方便游人，控制出入口及附近一带区域；同时，可为游人游览风景区做好生理上的准备。

②布置在公园游人集中的区域：公园中游人集中的地方一般主要有主体建筑、主景、广场、博物馆、露天影剧场、球场、游泳池、儿童游乐场等。在这些地方，游人多而密，且逗留时间长，若无厕所，会带来诸多不便，甚至影响游人的兴致。因此，在旅游区或景区中游人集中地布置厕所，可起到以点控面的作用。

③突出方便性：公园厕所的布置，不应妨碍风景，同时又须易于寻觅，突出方便性和可达性。因此，须均匀分布于旅游区的各功能区，彼此的距离以 200~500 m 为宜，其服务半径最好不大于 500 m，且应有鲜明的标志以示游人。

④强调隐蔽性：目前，公园厕所的建造正在向净化、美化、香化的新型厕所发展。但就一般而言，在其布局时，宜"靠边"布置在靠墙边、靠池塘湖水边、靠山石（山）边、靠树林边、靠路边等；宜隐蔽在绿荫丛中，用美观、别致、突出的指示牌加以指引或引导，以方便游人寻找。

3)设计策略及要点

（1）公厕规模

公厕的规模根据公园规模的大小和游人量而定。建筑面积一般为每公顷 6~8 m²；游人较多的公园可提高到每公顷 15~25 m²。每处公厕的面积为 30~40 m²，男女蹲位一般 3~6 个，男女蹲位的数量比例以 1:2 或 2:3 为宜，男厕内还需配小便槽。

（2）功能组成

园林公厕一般由门斗、男厕、女厕、化粪池、管理室（储藏室）等部分组成。建筑标准较高的公厕除了本身设施完善外，还应提供良好的附属设施，如垃圾桶、等候座椅、照明设备等。

入口处应设男、女的明显标志，一般入口外设 1.8 m 高的屏墙以挡视线。若是附属式公厕，则应设置前室,这样既可隐蔽公厕内部,又有利于改善涌向公厕的走廊或过厅的卫生条件。

(3)与环境的关系

公厕的设计要与周围的环境相融合,使之既"藏"又"露",既不妨碍风景,又易于被发现。另外,需要符合园林的格调与地形特点,既不能过分讲究,又不能过分简陋;使之既处于风景环境之中,又置于景物之外。其色彩的选择应尽量符合园林特点,切勿造成突兀不协调的感受,还要考虑到未来的保养和维护。

公厕应设在阳光充足、通风良好、排水顺畅的地段。最好在附近栽种带有香味的花木,如南方地区可种植白兰花、茉莉花、米兰等,北方地区可种植丁香、珍珠梅、合欢、中国槐等。

厦门滨海公厕(图6.16),建筑所呈现出的状态更多的是一些树木以及竹棍为主要视觉元素的空间群落,闽南红砖则作为空间场所的暗示,成为空间的基底,红砖构成的庭院空间,也成为一种强烈的地域线索。

图6.16 厦门滨海公厕
(图片来源:谷德设计网)

(4)无障碍设计

为了维护公厕内部的清洁卫生,避免泥沙粘在鞋底带入厕所内,可对通往公厕入口的通道铺面稍加处理,并使其略高于地表,且铺面平坦,不易积水。如果是建筑物内的厕所,则地面标高应低于走廊或过道地坪30~50 mm。

厕所地面应采用防滑材料,并设置1%~2%的坡度以避免积水。还应考虑为行动不方便人士或残疾人设置扶手及专用蹲位。

(5)垂直绿化

墙面绿化主要是靠墙面上的植物遮挡太阳辐射以及吸收热量。垂直绿化还有很好的观赏性,与公园的整体环境相适应(图6.17)。一般做法是选用较为粗糙的墙体材料,也可以结合柱子与圈梁组成的构架,结合种植槽让攀缘植物生长;或采用木架、金属网等支架辅助植物攀缘。绿墙与墙面之间形成的间层是夏季良好的通风竖井,绿化墙面宜设在东、西面,防止太阳东、西晒并保证充足的阳光供植物生长。

图 6.17　厦门海湾公园厕所垂直绿化
(图片来源:互联网)

6.4.5　茶室

园林中的茶室是游人赏景、休息、会客的场所,是游客长时间停留的地方,也是体现园林功能的重要建筑(图 6.18)。茶室可划分为营业区和辅助区两部分,营业部分是接待游客的主体,既要交通方便又要有好的朝向,与室外空间相连;辅助部分要有单独的供应出入口。茶室面积可以按每座 1 m² 计算,布置方式要考虑客人及服务人员的通道。

图 6.18　厦门中山公园逸趣园茶室
(图片来源:互联网)

1)位置选择

为方便游客,应配合游览路线布置茶室。在一般公园里,茶室应与各景区保持适当距离,从而既能避免抢景又能便于交通联系。在中等规模的公园里,茶室宜布置在人流活动较集中的地方。在规模较大的风景区,茶室可分区设置,靠近主景点。

建筑选址一般要交通方便、地势开阔,以适应客流高峰期的需要,也有利于管理和供应。

2) 功能及流线

公园茶室的基本功能有营业及辅助的需要,两者互不交流,分两个部分设计。其中营业部分是公园茶室的主要功能部分,其既要交通方便又要有好的朝向,并与室外空间相连。茶室营业厅面积约以每座 1 m² 计算,布置餐桌餐椅时,除座位安排外还要考虑客人出入与服务人员送水、送物的通道,两者可共同使用以减少交通面积,但要注意尽可能减少人流交叉干扰。辅助部分要求隐蔽,但也要有单独的供应道路来运送货物等。

茶室一般可由以下房间组成,按不同规模及类型作适当增减(图 6.19):门厅,室内外空间的过渡,缓冲人流,在北方冬季有防寒作用;营业厅,应考虑最好的风景面及室内外同时营业的可能;备茶及加工间,茶或冷、热饮的备制空间,备茶室应有售出供应柜台;洗涤间,用作茶具的洗涤、消毒;烧水间,应有简单的炉灶设备;储藏间,主要用作食物的贮存;办公、管理室,一般可与工作人员的更衣、休息结合使用;厕所,一般应将游人用厕所与工作人员用内部厕所分别设置;小卖部,一般茶室设有食品小卖部或纪念品小卖部等;杂物院,作进货入口,并可堆放杂物及排除废品。

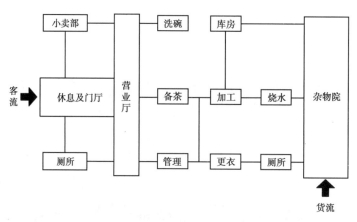

图 6.19 茶室功能与流线分析图

3) 设计要点

(1)注重景观效果

茶室不仅要注重建筑自身的视觉效果,更应注重从室内往外看的景观效果,最好能有美妙的对景、借景。同时,茶室设计要注重室内外空间相结合。公园游人淡旺季变化很大,利用室外空间不仅可以调剂人流,而且如果合理设计,还能够带来绝佳的景观效果。如南京玄武湖公园的白苑餐厅,上海静安公园、古城公园的茶室等都做到了"秀色可餐"。

(2)建筑造型处理恰当

建于园林内的茶室,应与园林的整体环境协调统一。点景是园林茶室建筑的特色所在,要强化这一效果,就要根据不同的气候条件,不同环境的具体情况,因地制宜,结合功能要求仔细推敲其建筑造型与空间组合。如位于湖心的茶室,要根据游览路线和建筑环境在眺望上的要求,对主要立面做重点处理,多采用榭舫和楼船的形式,取临湖之意。而建于山麓的茶室,一般使用功能较简单,宜在楼上挑出回廊,利于游客赏景,加强建筑悬临崖气氛,达到"下望上是楼,

山半疑为平屋"的视觉效果

（3）妥善隐蔽，防止污染

茶室建筑的辅助部分用房（如厨房、堆场、杂物院等）和构筑物一般较难与园林风景相协调，且极易破坏景区，属于不利景观。在设计时要注意解决好后勤、交通、噪声、三废等问题，防止对环境的污染。要解决好这些功能和建筑形象之间的矛盾，就要充分利用自然环境的特点，因地制宜，合理进行功能分区，并采取绿化和其他建筑手段，以突出茶室建筑的主体，隐藏辅助部分。

6.4.6　小卖部

在公园中，为方便游人游园，常设一些商业服务性设施，经营食品、旅游工艺品和土特产等小商品，这类小型服务性建筑称为小卖部（图 6.20）。它是既要满足游人的消费需要，完善服务体系，提高经济效益，又要为游人提供较佳的休息、休闲、赏景场所。小卖部用房较少，功能比较简单。

图 6.20　厦门海湾公园小卖部

（图片来源：互联网）

1）分类

根据公园性质、规模及游人量的多少来确定不同类型的小卖部，以满足游人的需要，大致可分为四类。

（1）食品类

食品类在小卖部中占有绝对优势，比重最大，主要经营糖果、小食品、饮料等，在大型园林或旅游风景区可设多处。

（2）旅游工艺纪念品类

在名胜古迹园林和旅游风景区，结合人文、景物、传统、民俗和各地工艺特点，积极开发、加工、制造具有园林特色、地方特色、民族特色，并且具有纪念性的工艺品。还可出售风景图片、旅游指南等。

（3）花鸟鱼类售品部

花、鸟、鱼是园林中的特色,可结合园内花房、温室、展馆等展出花木、盆景、鱼类、鸟类,既向游人宣传饲养知识,又丰富了园林内容,同时还增加了园内的经济效益。

（4）摄影部

尤其是风景名胜区和古迹园林中,为方便游人摄影纪念,往往在景区、景点或主要出入口处设有摄影部。为了给游人照相取景创造条件,还可在画廊、橱窗中展出本园林的风景图片,以及设置景门、景窗,更有利于游人取景拍照;有条件的园林还可设打印照片、出售相机等服务内容。

2）功能关系与流线

小卖部从功能上可以分为营业区与辅助区两部分。营业区主要是营业厅,密切服务于营业厅的主要是库房与加工间。库房与加工间可以合并成一个大房间,也可以分开设置,两者与营业厅紧挨在一起,方便营业厅使用。其他办公用房可以设置在营业厅附近,所有辅助用房共同服务于营业厅。小卖部内部皆为员工使用的部分,游客不得进入,仅在服务台完成全部活动,不安排游客流线。小卖部用房较少,交通流线也较为单一,一般客流直接进入到营业厅。条件允许情况下,可以设置杂物院,便于货物进出,方便库房与加工间的使用,同时把客流与货流分开。典型小卖部功能与流线如图 6.21 所示。

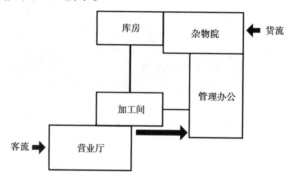

图 6.21　小卖部功能与流线分析图

3）设计要点

（1）不同季节的调整利用

园林随季节的变化而变化,尤其是在北方园林更为明显,因此小卖部要适应季节的变化,便于调整和利用。冬季小卖部的窗户可朝南或在室内销售,夏季可朝北营业或室内外相互结合。有的小卖部附设在大型服务建筑内,结合经营,更能增加经济效益,这样既便于室内外结合季节调整与整体管理,又有利于小气候条件下的经营。如太原市儿童公园的小卖部设在天文馆一层,天文馆为圆形建筑,针对季节能够很好地调整利用。

（2）细部原则

小卖部是园林中为游人服务的重要设施之一,因此在设计时应考虑到以下几方面:

根据园林的性质、规模和活动设施,结合周围环境、景点的分布及销售的类型和内容,来考虑其设置的位置。

·根据园林的地方特色、文化特色等,确定小卖部的建筑形式和结构,要求轻巧、灵活,既独特，又新颖，并与园林的性质、风格相协调。

· 要与园内景点和环境互相衬托，造型简洁大方，还应具有一定的观赏效果。

· 明确建筑与景点的主从关系，以免喧宾夺主，还应注意环境保护和景观，为游人赏景创造一定条件。

· 简易的小卖部可用竹木、不锈钢、帆布、铁皮、塑料等材料建成，可做成固定的或活动的；大型的小卖部可为独立建筑，或结合其他建筑共同设置，如与亭、廊、花架等。

6.5　案例：蛇形画廊

蛇形画廊(Serpentine Gallery)坐落于伦敦中心海德公园的肯辛顿花园，由大不列颠艺术委员会在 1970 年成立，原址为 1934 年古典风格的茶室，1970 年改成画廊，专门展示英国艺术家的设计作品，并得名于附近横贯海德公园的蛇形湖(Serpentine Lake)。画廊入口有现代艺术家和园林设计师伊恩·汉密尔顿·芬利(Ian Hamilton Finlay)与新西兰艺术家皮特·考蒂斯(Peter Coates)合作的永久艺术品。

蛇形画廊由两部分组成，一个是有着像蛇头一样形状的展馆 Serpentine Sackler Gallery，另一个是每年都会"更新换貌"的 Serpentine Gallery。两个画廊分别伫立在蛇形湖两边，之间相隔仅有 5 分钟的路程。1998 年在戴安娜王妃的资助下画廊重新装修，成为伦敦最受欢迎的现当代艺术画廊之一，每年都要展出来自世界各地杰出设计师的作品。

每年夏天蛇形画廊都要为募集艺术资金而举办慈善派对，并在室外草坪搭建临时展馆以供使用。2000 年起，为探索现代展馆建筑的创新思维，画廊开始每年邀请世界级知名建筑师特别设计打造蛇形画廊展厅，并赋予他们创作上充分的自由。

2000 年的蛇形画廊由伊拉克裔英国建筑师扎哈·哈迪德设计(Zaha Hadid)。哈迪德在实践的早期被称为"纸上建筑师"，她因其狂野的几何造型和充满实验精神的设计而知名。这是她在其祖国建造的第一个项目，这位享誉全球的建筑师利用三角形的支撑结构创造一座具有帐篷形态的建筑(图 6.22)。

图 6.22　2000 年蛇形画廊

(图片来源：互联网)

2001 年的蛇形画廊由建筑师丹尼尔·里博斯金德(Daniel Libeskind)和英国 Arup 工程顾问公司共同设计。这座建筑被称为"十八弯",完全由金属板构成了动态形式,如同里博斯金德最重要的项目——柏林犹太人博物馆那样具有折纸般的形式(图 6.23)。因为这两座建筑都在同一年被建造,里博斯金德经常被问到这座建筑究竟是受到了博物馆的启发,抑或只是更大尺度博物馆的小型实验这样的问题。

图 6.23　2001 年蛇形画廊
(图片来源:互联网)

2002 年的蛇形画廊由伊东丰雄和 Cecil Balmond 设计,尽管看起来完全由随机的三角形和四边形构成,伊东丰雄设计的展馆的立面实际上经过了方体扩展和旋转精确计算得出。光和影、透明和实体之间的对比游戏为建筑的室内创造了有趣的效果(图 6.24)。

图 6.24　2002 年蛇形画廊
(图片来源:互联网)

2003 年的蛇形画廊由奥斯卡·尼迈耶(Oscar Niemeyer)设计。这位著名的巴西建筑师,其草图广为流传,坚持建筑的理念应该是非常简单的,可以通过一系列草图得以展示。这种理念在这一展馆中得到了很好的展示。设计师让这座展馆成为了他在 20 世纪中叶设计的建筑的一次重新展示,带我们回到了现代主义建筑的黄金年代。展馆建筑完全由混凝土建造,被漆成了白色,并且利用一条坡道构成了建筑的入口(图 6.25)。

2004 年的蛇形画廊由荷兰 MVRDV 建筑师事务所设计,这是唯一一个没有建成的蛇形画廊,由于预算和施工难度等原因,被称为"勇敢的失败"(图 6.26)。

2005 年的蛇形画廊由葡萄牙建筑领军人物阿尔瓦多·西扎(Alvaro Siza)、爱德华·苏托·

德·莫拉(Eduardo Souto de Moura)和塞西尔·巴尔蒙德(Cecil Balmond)设计。场馆整体结构基于动物骨骼的组织形式,通过穿插的木质结构组成了一个富有动感的弧线形结构体(图6.27)。

图6.25 2003年蛇形画廊

(图片来源:互联网)

图6.26 2004年蛇形画廊

(图片来源:互联网)

图6.27 2005年蛇形画廊

(图片来源:互联网)

2006年的蛇形画廊由雷姆·库哈斯(Rem Koolhaas)设计。库哈斯与塞西尔·巴尔蒙德(Cecil Balmond)一同创造了这座单层圆形展馆,利用一个卵型的充气顶棚进行庇护,同时应对了当地的各种天气条件(图6.28)。比之前的展馆考虑得更多,设计师为这座展馆计划了复杂的功能,也为这座建筑增添了许多吸引力,让它成为了当地的一个吸引点。

图 6.28　2006 年蛇形画廊
（图片来源:互联网）

2007 年的蛇形画廊由挪威建筑师克雷蒂尔·索尔森（Kjetil Thorsen）和丹麦裔冰岛艺术家奥拉维尔·埃利亚松（Olafu Eliasson）设计,木质的多层展馆旋转到达顶端,成为所有展馆中最为精致的一座（图 6.29）。

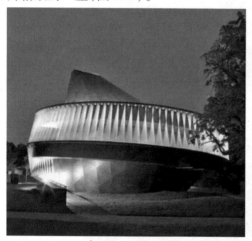

图 6.29　2007 年蛇形画廊
（图片来源:互联网）

2008 年的蛇形画廊由建筑师弗兰克·盖里（Frank Owen Gehry）设计。尽管盖里的这座展馆会被简单地认为是他之前"狂野"作品的一次重复,但是在这一项目中他面临了挑战。他之前的作品往往可以被认为是形式的"爆炸",而这次他颠覆了这一概念。这座玻璃展馆看起来是"内聚"的,具有鲜明的网格结构（图 6.30）。这也是他第一次和他的儿子 Samuel 合作,最终的建筑既是蛇形画廊旁边的一条街道,同时也是一个可以组织各种活动的室外剧场。

2009 年的蛇形画廊由日本建筑师妹岛和世与西泽立卫设计。他们设计的这座建筑可能是最直接而简单的了:一片由纤细立柱支撑的高反射屋顶（图 6.31）。但是利用这种简单的结构,他们的建筑仿佛"如飘散的烟,如融化的金属,如浮动的云朵,如流动的水"。从平面上看,他们结合了作品中的经典形式,像是一系列曲线泡沫的融合。

图 6.30　2008 年蛇形画廊
（图片来源：互联网）

图 6.31　2009 年蛇形画廊
（图片来源：互联网）

2010 年的蛇形画廊由法国建筑师让·努维尔（Jean Nouvel）设计。他设计的这座惊艳的红色展馆正好赶上了蛇形画廊 40 周年的庆典（图 6.32）。这座展馆可以当作是一个礼堂、咖啡厅和公共空间，如同通常的建筑般使用，尽管这在蛇形画廊中并不常见。其色彩亮丽的聚氨酯织物表面代表了一种愉悦的精神，与绿色的草坪形成了鲜明的对比，类似伯纳德·屈米设计的拉维莱特公园。

2011 年的蛇形画廊由瑞士建筑师彼得·卒姆托（Peter Zumthor）设计。他在这座蛇形画廊中延续了他在实体和空间之间的游戏（图 6.33）。和他之前的作品瓦尔斯浴场相似，这种对比创造出了多样的效果，让建筑还原到了原始和本身的时刻。这座建筑如同一个被包裹着的花园。

2012 年的蛇形画廊由中国建筑师和雅克·赫尔佐格（Jacques Herzog）与皮埃尔·德梅隆（Pierrede Meuron）设计，通过下沉地面展示了历史展馆足迹。同时，这座展馆有一个用来收集雨水的镜面屋顶，以及一个用软木覆盖的地下座位区（图 6.34）。

图 6.32　2010 年蛇形画廊
（图片来源：互联网）

图 6.33　2011 年蛇形画廊
（图片来源：互联网）

图 6.34　2012 年蛇形画廊
（图片来源：互联网）

　　2013 年的蛇形画廊由日本建筑师藤本壮介设计（图 6.35）。藤本是为蛇形画廊设计夏季展馆的第 13 位建筑师，也是画廊建筑系列中最年轻的建筑师。展馆采用金属薄片构成白色云形网格，覆盖在半透明面板上，为游客提供庇护之所。

图 6.35　2013 年蛇形画廊
（图片来源：互联网）

2014 年的蛇形画廊由智利建筑师让斯密利安·拉蒂奇（Smiljan Radić）设计。展馆是一个半透明的由玻璃钢模制成的圆壳，坐于巨大的石头上面（图 6.36），半透明外壳使柔和的光线被过滤至主要的木地板区域。

图 6.36　2014 年蛇形画廊
（图片来源：互联网）

2015 年的蛇形画廊由马德里的 Selgas Cano 设计工作室设计。展馆由多层织物制成的半透明膜板构成，设计师何塞·塞尔加斯（José Selgas）和卢西亚·卡诺（Lucía Cano）希望通过改变结构、光线、颜色和材料等简单的设计元素提供全新建筑体验（图 6.37）。

图 6.37　2015 年蛇形画廊
（图片来源：互联网）

2016 年的蛇形画廊由丹麦建筑师 Bjarke Ingels 设计。展馆由玻璃纤维压制而成的方形管搭建,用数百个 T 形铝支架连接在一起(图 6.38)。砖墙利用比例创造了一个塔形结构的微型实现。

图 6.38　2016 年蛇形画廊

(图片来源:互联网)

2017 年的蛇形画廊由非洲建筑师迪埃贝多·弗朗西斯·凯雷(Diébédo Francis Kéré)设计。他从乡村生活中寻找设计灵感,将展亭建为庇护所和集合点(图 6.39)。这座建筑由一个轻钢树干状框架进行支撑,具有像树冠一样延伸的木檐,形成斑驳光效,而在此之上,透明的聚碳酸酯图层面板保护了整体内部空间,行人则从四面开放的靛蓝色墙壁之间进入展亭。建筑充分考虑了英国的多雨气候。雨水从聚碳酸酯屋顶流下,进入中心区域,最终通过浇筑混凝土下的排水管道进行收集。

图 6.39　2017 年蛇形画廊

(图片来源:互联网)

2018 年的蛇形画廊由墨西哥建筑师弗里达·埃斯科贝多(Frida Escobedo)设计,设计师在展馆的落地设计过程中注重时间性和个人体验(图 6.40)。这座展亭位于伦敦市某公园里的封闭庭院,其设计受到科尔多瓦大清真寺(位于西班牙南部古城科尔多瓦市内)的启发。展馆的多边形结构创造了三个空间,两个较小的庭院和一个中央庭院,均由多孔墙壁和英国屋顶瓦片构成,形成一个格架空间。

图 6.40　2018 年蛇形画廊

（图片来源：互联网）

2019 年的蛇形画廊由日本建筑师石上纯也设计，以一块"石毯"从公园景观中升起的形式，通过轻质独立的支柱支撑，形成一个室内空间（图 6.41）。石上纯也表示，他的展亭设计体现了他的"自由空间"哲学，即在人造建筑和现有环境间寻求和谐："我对展亭的设计是以自然景观为背景，从建筑环境的角度出发，突出自然和有机的感觉，就好像它是从草坪上生长出来的一座由岩石构成的小山丘。"

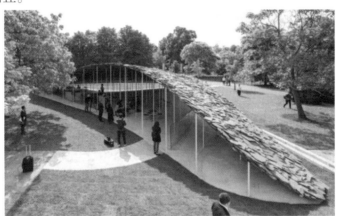

图 6.41　2019 年蛇形画廊

（图片来源：互联网）

2020 年的蛇形画廊由南非年轻的建筑事务所 Counterspace 操刀。这是一家总部位于南非约翰内斯堡的研究型建筑事务所，由三位"90 后"女建筑师苏玛亚·瓦利（Sumayya Vally），阿米娜·卡斯卡（Amina Kaskar）和莎拉·德·维利耶（Sarah de Villiers）联合创办。展亭的设计灵感源自英国几个不同的社区建筑，从布里克斯顿到哈克尼，从白教堂到伊灵，体现建筑的多元文化特性，同时又呈现了其包容性（图 6.42）。整个展亭的建筑材料的 90% 来自回收材料，如软木、废弃的砖等等。建筑师 Sumayya Vally 说"展厅作为一个建筑载体，人可以通过运动体验其内在，具有连续性和一致性，体现社会的包容性。"

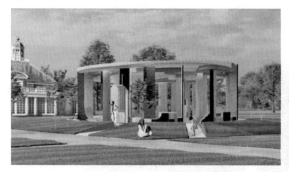

图 6.42　2020 年蛇形画廊

（图片来源：互联网）

思考题

1.现代公园建筑的特点是什么？

2.举例说明现代公园建筑设计中存在的问题，表现在哪些方面？

3.古典元素如何更好地与现代公园建筑相结合？

第7章　夜景与灯光照明设计

本章导读：夜景与灯光照明是公园设计中不可或缺的一部分。本章介绍了公园照明设计原则、质量要求、设计规范，以及不同应用场景的设计、照明节能等内容。

7.1　概述

随着城市现代化的发展和人们生活水平的提高，人们对城市公园夜景也提出了越来越高的要求。公园夜景是公园日景在时间上的延续，但是它在表达效果上与白天的公园景观存在较大的差异，白天的公园通过功能布局、空间造型、铺装材质、植物水体等进行搭配设计，而夜晚城市公园需要在日景设计的基础上，使用多样的照明灯光营造出别具格调的景观空间，优化人们在夜晚的观景体验感。城市的夜景质量与城市公园夜景设计息息相关，因此为了满足人们日益多样的需求，进行公园夜景照明设计十分必要。

在公园照明设计中，灯光不仅能起到照明作用，还具有美学功能，如光亮度的调整、色彩的变化、光影效果等等，这些方面对营造夜景效果起到重要作用。夜景照明亮度与色彩的变化具有很强的艺术表现力，极易影响观景者的心理感受，所以景观照明也被认为是一种主观的、感性的体验。因此在公园照明设计中，不仅要满足照明的基本需求，还要考虑审美主体——使用者对于景观照明的审美偏好与安全感知，使用合适的照明亮度与色彩来烘托景观要素的艺术性与文化性，借此增强公园夜景的视觉效果。

在公园照明设计中，应贯彻落实国家法律法规和技术经济政策，塑造公园夜间形象，增添城市魅力、提高城市竞争力，丰富市民夜间生活，做到技术先进、经济合理、节约能源、保护环境、使用安全、维护管理方便，且实施绿色照明。公园照明设计除了应遵守《城市夜景照明设计规范》（JGJ/T 163—2008）相关要求外，尚应符合国家现行有关标准的规定。

7.2 相关术语

①夜间景观(landscape in night,nightscape):在夜间,通过自然光和灯光塑造的景观,简称夜景。

②夜景照明(nightscape lighting):泛指除体育场场地、建筑工地和道路照明等功能性照明以外,所有室外公共活动空间或景物的夜间景观的照明,亦称景观照明(landscape lighting)。

③泛光照明(flood lighting):通常由投光灯来照射某一情景或目标,使其照度比其周围照度明显高的照明。

④轮廓灯照明(outline lighting,contour lighting):利用灯光直接勾画建筑物和构筑物等被照对象轮廓的照明方式。

⑤内透光照明(lighting from interior lights):利用室内光线向室外透射的照明方式。

⑥重点照明(accent lighting):为提高特定区域或目标的照度,使其比周围区域亮的照明。

⑦动态照明(dynamic lighting):通过对照明装置的光输出的控制形成景明、暗或色彩等变化的照明方式。

⑧灯具效率(luminaire efficiency):在相同的使用条件下,灯具发出的总光通量与灯具内所有光源发出的总光通量之比。

⑨照度(illuminance):表面上一点的照度是入射在包含该点面元上的光通量 $\mathrm{d}\Phi$ 除以该面元面积 $\mathrm{d}A$ 之商,即 $E=\mathrm{d}\Phi/\mathrm{d}A$;该量的符号为 E,单位为 lx(勒克斯),$1\ \mathrm{lx}=1\ \mathrm{lm/m^2}$。

⑩亮度(luminance):由 $\mathrm{d}\Phi/(\mathrm{d}A\cdot\cos\theta\cdot\mathrm{d}\omega)$ 定义的量,即单位投影面积上的发光强度,其公式为 $L=\mathrm{d}\Phi/(\mathrm{d}A\cdot\cos\theta\cdot\mathrm{d}\omega)$。式中,$\mathrm{d}\Phi$ 为由指定点的光束元在包含指定方向的立体角 $\mathrm{d}\omega$ 内传播的光通量;$\mathrm{d}A$ 为包括给定点的光束截面积;θ 为光束截面法线与光束方向间的夹角。该量的符号为 L,单位为 $\mathrm{cd/m^2}$(坎德拉每平方米)。

⑪眩光(glare):由于视野中的亮度分布或亮度范围的不适宜,或存在极端的对比,以致引起不舒适感觉或降低观察细部或目标能力的视觉现象。

⑫阈值增量(threshold increment):失能眩光的度量。表示为存在眩光源时,为了达到同样看清物体的目的,在物体及背景之间的对比所需增加的百分比。该量的符号为 T_1。

⑬色温(colour temperature):当光源的色品与某一温度下黑体的色品相同时,该黑体的绝对温度为此光源的色温度。该量的符号为 T_c,单位为 K。

⑭相关色温(度)(correlated colour temperature):当光源的色品点不在黑体轨迹上,且光源的色品与某一温度下黑体的色品最接近时,该黑体的绝对温度为此光源的相关色温。该量的符号为 T_{cp},单位为 K。

⑮一般显色指数(general colour rendering index):光源对国际照明委员会(CIE)规定的 8 种标准颜色样品特殊显色指数的平均值,通称显色指数。该量的符号为 R_a。

⑯反射比(reflectance):在入射光线的光谱组成、偏振状态和几何分布指定条件下,反射的光通量与入射光通量之比,符号为 ρ。

⑰亮度对比(luminance contrast):视野中识别对象和背景的亮度差与背景亮度之比,即 $C=(L_o-L_b)/L_b$ 或 $C=\Delta L/L_b$。其中,C 为亮度对比;L_o 为识别对象亮度;L_b 为识别对象的背景亮度;

ΔL 为识别对象与背景的亮度差。当 $L_o > L_b$ 时为正对比；$L_o < L_b$ 时为负对比。

⑱颜色对比(chromatic contrast,colour contrast)：同时或相继观察视野中相邻两部分颜色差异的主观评价。色对比分为色调对比、明度对比和彩度对比等。

⑲照度或亮度均匀度[uniformity of illuminance(luminance)]：表示规定平面上的照度或亮度变化的量,该量符号位 U。

照度或亮度均匀度有两种表示方法：

a.最小照度或亮度与最大照度或亮度之比,符号为 U_1。

b.最小照度或亮度与平均照度或亮度之比,符号为 U_2。

⑳平均半柱面照度(average semi-cylindrical illuminance)：光源在给定的空间一点上一个假想的半个圆柱面上产生的平均照度。圆柱体轴线通常是竖直的。该量符号为 E_{sc}。

㉑立体感(modeling)：用光造成明暗对比效果,显示物体三维形体及表面质地的能力。

㉒绿色照明(green lights)：节约资源、保护环境、有益于提高人们的学习、工作效率和生活质量以及保障身心健康的照明。

㉓照明功率密度(LPD)(lighting power density)：单位面积上的照明安装功率(包括光源、镇流器或变压器等),单位为瓦特每平方米(W/m^2)。

㉔光污染(light pollution)：指干扰光或过量的光辐射(含可见光、紫外和红外光辐射)对人、生态环境和天文观测等造成的负面影响的总称。

㉕溢散光(spill light/spray light)：照明装置发出的光线中照射到被照目标范围外的部分光线。

㉖干扰光(obtrusive light)：由于光的数量、方向或光谱特性,在特定场合中引起人的不舒适、分散注意力或视觉能力下降的溢散光。

㉗上射光通比(ULOR)(upward light output ratio)：当灯具安装在规定的设计位置时,灯具发射到水平面以上的光通量与灯具中全部光源发出的总光通量之比。

㉘熄灯时间(curfew)：为控制干扰光的光污染要求比较严格的时间段。

㉙环境区域(environment zones)：为限制光污染,根据环境亮度状况和活动的内容,对相应地区所作的划分。

㉚维护系数(maintenance factor)：照明装置在使用一定时间后,在规定表面上的平均照度或平均亮度与该装置在相同条件下新装时在规定表面上所得到的平均照度或平均亮度之比。

㉛维持平均照度(亮度)[maintained average illuminance(luminance)]：照明装置必须进行维护时,在规定表面上的平均照度(亮度)值。

7.3 公园照明设计原则与步骤

7.3.1 设计原则

在夜间,公园已然成为居民游憩、娱乐的好去处。公园夜景的观赏性与照明设计息息相关,科学、规范的照明系统设计有利于提高公园质量、美化公园夜景、营造良好的公园视觉景观。公

园夜景照明设计应遵循的基本原则有：

1）合理性

公园夜景照明设计首先需要景观照明设计师对公园夜景照明和城市规划的关系有正确认识，了解相应的夜景照明标准和规划理念，并科学合理地制订方案与实施。其次，还要注重"长期发展"和"绿色照明"的理念，合理规划灯光的用量及色彩，注重在公园照明设计发展中节约能源、提高照明质量、减少眩光和光污染。

2）地域性

公园夜景照明是一个城市总体发展以及综合体现。公园照明设计应该突出该地区区域特色，如：增加公园的特色，或凸显独有的构造物、标志物等的视觉效果，增强其文化内涵；通过树木、园路、水景等的照明艺术的应用，体现公园特色，增添公园生命力。

3）安全性

公园夜景照明应遵循安全性原则，保障游客的安全是开放性景观发展的基础和前提。如在灾害发生时照明设施能够正确引导人们安全疏散。还应该注意游客可能会接触到照明设施，要避免发生触电等意外事故。

7.3.2　设计步骤

1）收集原始资料

在进行公园照明设计前，应具备下列一些原始资料：

- 公园的平面布置图及地形图，必要时应有该公园中主要建筑物的平面图、立面图和剖面图。
- 该公园对电气的要求（设计任务书），特别是一些专用性强的公园照明，应明确提出照度、灯具选择、布置、安装等要求。
- 电源的供电情况及进线方位。

2）设计流程

- 了解设计意图：包括环境空间的规模、实地形态、景观特性、文化背景及风格特点、功能要求。
- 规划方案：包括规划照明的部位、重点、层次，光色配合、照度和亮度水平，灯具类型、灯具布位，并进行多方案比较。
- 照明计算：照度计算、光源选定、灯具选型。
- 技术设计：包括控制方式、安全保护、电路设计、电气计算及整定、材料选定、技术要求、安全要求、施工方式等。

- 实施:符合设计要求、施工方法,包括灯具检验、安装、现场调整定位。
- 验收:符合国标规程规范,满足设计要求。

7.4　公园照明质量要求

7.4.1　照明质量

1)合理照度

照度是决定物体明亮程度的间接指标。在一定范围内,照度增加,视觉能力也相应提高。根据《城市夜景照明设计规范》(JGJ/T 163—2008),表 7.1 给出了公园活动区域的照度值标准。

表 7.1　公园活动区域的照度值标准

区　域	最小平均水平照度 $E_{h,min}$/lx	最小半柱面照度 $E_{sc,min}$/lx
人行道、非机动车道	2	2
庭院、平台	5	3
儿童游戏场地	10	4

资料来源:《城市夜景照明规范》(JGJ/T 163—2008)

2)照明均匀度

公园照明除力图满足景色的需要外,还要注意周围环境中的亮度分布应力求均匀,避免导致视觉疲劳。

3)眩光限制

眩光是指由于亮度分布不适当,或亮度的变化幅度太大,或在时间上相继出现的亮度相差过大所造成的观看物体时感觉不适或视力减低的视觉条件。为防止眩光产生,常采用的方法包括:注意照明灯具的最低悬挂高度;尽量使照明光源来自优越方向;使用发光表面面积大、亮度低的灯具。

7.4.2　光源与颜色

公园照明光源及其电气附件应符合《城市夜景照明设计规范》(JGJ/T 163—2008)等现行相关标准和有关规定。

1)照明光源

选择公园夜景照明光源时,在满足所期望达到的照明效果等要求的条件下,应根据光源、灯

具及镇流器等的性能和价格,进行综合技术经济分析比较后确定。

(1)光源类型

常用光源根据其发光原理的不同可分为以下三类:热辐射光源、气体放电光源、半导体光源。公园照明常用的光源有钠灯、金卤灯、LED 灯、荧光灯等类型。光源的选择对公园照明设计的表现至关重要,不同类型光源的光特性与适用场所有所不同,只有充分了解各种光源的特性,才能针对性地选用合适的光源,营造出合适的效果。

(2)常用光源

常用光源的主要特性见表7.2。

表 7.2　常用公园照明光源主要特性

特　性	光源名称						
	白炽灯 (普通照明灯泡)	卤钨灯	荧光灯	荧光 高压汞灯	高压 钠灯	金属 卤化物灯	管形 氙灯
额定功率范围/W	10~1 000	500~2 000	6~125	50~1 000	250~400	400~1 000	1 500~ 100 000
光效/(lm·W⁻¹)	6.5~19	19.5~21	25~67	30~50	90~100	60~80	20~37
平均寿命/h	1 000	1 500	2 000~ 3 000	2 500~ 5 000	3 000	2 000	500~1 000
一般显色指数/Ra	95~99	95~99	70~80	30~40	20~25	65~85	90~94
色温/K	2 700~ 2 900	2 900~ 3 200	2 700~ 6 500	5 500	2 000~ 2 400	5 000~ 6 500	5 500~ 6 000
功率因数 cosΦ	1	1	0.33~0.7	0.44~0.67	0.44	0.4~0.61	0.4~0.9
表面亮度	大	大	小	较大	较大	大	大
频闪效应	不明显	不明显	明显	明显	明显	明显	明显
耐震性能	较差	差	较好	好	较好	好	好
所需附件	无	无	镇流器 起辉器	镇流器	镇流器	镇流器 触发器	镇流器 触发器

资料来源:丁绍刚主编《风景园林·景观设计师手册》

几种常用光源的适用场合:

· 白炽灯(普通照明灯泡),其中彩色灯泡用于园林建筑物、构筑物、橱窗、展厅、孤立树、树丛、喷泉、瀑布等的装饰照明;水下灯泡可用于水池、喷泉、瀑布、水景雕塑等的装照明;投光灯常用于舞台、剧场、园林建筑外墙、纪念碑、花坛等,作强光照明(图 7.1)。

· 金属卤化物灯(金卤灯)主要用于广场、大型游乐场、体育场照明等(图 7.3)。如卤钨灯,适用对照度、显色性要求较高,或要求调光的场所,也常用于草坪灯。

· 荧光灯一般用于建筑物室内照明。

- 荧光高压汞灯广泛用于广场、道路、园路、运动场所等,作大面积室外照明。
- 高压钠灯广泛用于道路、园林绿地、广场、车站等处照明(图 7.2)。
- 管形氙灯有"小太阳"之称,特别适合于作大面积场所的照明,工作稳定,点燃方便。

图 7.1　白炽灯
(图片来源:百度百科)

图 7.2　高压钠灯
(图片来源:百度百科)

图 7.3　金属卤化物灯
(图片来源:百度百科)

2)光源颜色

不同颜色的光可以产生不同的视觉效果。红、橙、黄、棕等色光给人以温暖的感觉,称为"暖色光",而蓝、青、绿、紫等色光则给人寒冷的感觉,称为"冷色光"。在公园照明设计可运用光的"色调"来创造各种有趣的主题环境。在视野的景物内具有色调对比时,可以通过灯光在被观察物和背景之间适当加强对比,以提高识别能力,但对比不宜过分强烈,以免引起视觉疲劳。

常见照明光源与光源色调见表 7.3;色温、光源的颜色表现效果和感觉见表 7.4。

表 7.3　常见照明光源与光源色调

照明光源	光源色调
白炽灯、卤钨灯	偏红色光
日光色荧光灯	与太阳光相似的白色光
高压钠灯	金黄色、红色成分偏多,蓝色成分不足
荧光高压汞灯	淡蓝至绿色光,缺乏红色成分
镝灯(金属卤化物灯)	接近于日光的白色光
氙　灯	非常接近日光的白色光

资料来源:丁绍刚主编《风景园林·景观设计师手册》

表 7.4　色温、光源的颜色表现效果和感觉

色温/K	光　色	表现效果	感　觉	光　源
>5 000	带蓝色白光	冷	清凉,幽静	汞灯,高级金属卤化物灯
3 300~5 000	白色	中间	爽快,明亮	金属卤化物灯,荧光灯
<3 300	带黄色白光	暖	温暖,祥和	白炽灯,石英卤素灯,高压钠灯,低压钠灯

资料来源:丁绍刚主编《风景园林·景观设计师手册》

在选择光源色调时还可考虑表 7.5 所列的色彩心理效果。

表 7.5　色彩心理效果及其特征

色彩心理效果	特　征	
距离感	暖色近	冷色远
明色的感觉	暖色柔软感	冷色光滑感
物体轻重感	暖也密度大些、重些和坚固些	冷色小一些、轻一些
情绪作用	暖色兴奋作用	冷色抑制作用
同一色调感觉	暗色好似重些	明色好似轻些
大小感	明亮的看起来较大,狭窄的空间宜选冷色里的明色,以造成宽敞、明亮的感觉;暖色比冷色物体感觉要大。	

资料来源:丁绍刚主编《风景园林·景观设计师手册》

3)灯具选择

灯具应根据使用环境条件、场地用途、光强分布、限制眩光等方面进行选择(表 7.6)。具体如下:

表 7.6　不同环境下的适宜灯具

环境属性			可采用的灯具
正常环境			开启式灯具
潮湿或特别潮湿的场所			密闭型防水灯或带防水防尘密封式灯具
按光强分布特性选择灯具	灯具安装高度	6 m 及以下	深照型灯具
		6~15 m	直射型灯具
	灯具上方有需要观察的对象		漫射型灯具
	大面积的绿地		投光灯等高光强灯具

资料来源:丁绍刚主编《风景园林·景观设计师手册》

(1)灯具属性

· 光学特性:配光合理、保护角应符合要求、灯具各个角度的亮度应在被限定范围内。

- 经济技术指标：一是有较高的效率和利用系数；二是达到Ⅵ能指标，单位用电量、电气安装费用、初投资及运行费用都要符合节能标准。
- 光学性能：符合使用场所的环境条件。
- 结构：符合安全和防触电指标。
- 外形：与环境协调，起到美化作用。
- 安装：易于清扫，换装灯泡简便，易于维修，且应防盗。
- 还应考虑光源寿命和造价指标。

（2）灯具适用性

公园灯的类型多种多样，各类园灯的特征、适用范围见表 7.7。

表 7.7　各类园灯的特征和适用范围

类　型	特　征	适用范围
高杆路灯	采用强光源，光线均匀投射道路中央，利于车辆通行；高度 4～12 m，间距 10～50 m（图 7.4）	城市干道、停车场等地段
塔　灯	多采用强光源，光照醒目，辐射面大，有较强的标志作用；高度 20～40 m	城市交通枢纽、站前广场、露天体育场、立交桥等地
园林灯	造型有现代和古典两类风格，应与树木、建筑相映成趣；高 1～4 m	一般设置在庭园小径边
草坪灯	灯光柔和，外形小巧玲珑，充满自然意趣；高 0.3～1 m（图 7.5）	一般安装在草坪边界处
水池灯	灯光经过水的折射和反射，产生绚丽的光影，成为环境中的亮点（图 7.6）	池壁或池底、河滨堤岸
地　灯	含而不露，为游人引路并创造出朦胧的环境氛围（图 7.7）	埋设于园林、广场、街道地面的低位路灯
霓虹灯	色彩、造型丰富，可弯曲成各种图案和文字（图 7.8）	应用于广告、指示照明以及艺术造型照明中

资料来源：丁绍刚主编《风景园林·景观设计师手册》

图 7.4　高杆路灯
（图片来源：互联网）

图 7.5　草坪灯
（图片来源：互联网）

图 7.6　水池灯
（图片来源：互联网）

图 7.7　地灯
（图片来源：互联网）

图 7.8　霓虹灯
（图片来源：互联网）

7.5　照明场景

7.5.1　照明场景分类

1) 灯光照明中的"点"

点（重要节点）：景观建（构）筑物，包括桥梁，以及景观小品等，是构成景观照明线、面的重要元素，是照明场景最基本的组成部分。

2) 灯光照明中的"线"

线（夜景线路）：包括水际线、道路轴线等，是夜景布局的重要形式和观赏夜景的主要路线。

3) 灯光照明中的"面"

面（景观区域）：包括广场、主要景点、大面积带状景观等，是景观照明元素集中的中心区域，是景观照明框架重要的组成部分。

7.5.2　不同场景照明设计

夜景下公园的物体主要是由灯光效果来体现其自身特色，从而将公园的自然与人工的艺术相融合，城市公园亮化中，主要应用于建筑物，园路，水景，植物，雕塑、纪念碑等公共艺术，游乐场所等。

1) 建筑物的照明设计

在公园景观中，纪念性建筑、景观性建筑等经常是全园景观的核心，夜景照明使它们在夜晚更显得气势磅礴(图 7.9)。

建筑物夜景照明具有以下要求:

- 功能方面,要求功能合理,科技先进;
- 艺术方面,要求重点突出,有特色,文化艺术性强;
- 还应遵循的艺术规律和美学法则。

图 7.9 重庆洪崖洞灯光夜景
(图片来源:互联网)

2)园路的照明设计

园路为公园的脉络,起到串联整个园区的作用。园路的照明既要保证照明功能,还要通过灯光的合理布局与运用,以及灯具的优美造型,使园路能明确指导游客游览方向,使游览路线一目了然,同时富于情景与变化(图 7.10)。

图 7.10 纽约中央公园园路灯光夜景
(图片来源:互联网)

3)水景的照明设计

水景是造园要素之一,可起到良好的景观作用,是不可或缺的一部分。无论动态水景还是静态水景,都是公园照明的重点对象。夜晚,水景是灯光照射下的园林景观中最具魔幻效果的部分。水景照明主要是利用水对光的折射和反射。水景夜景照明合理、巧妙运用,能为公园增光添色(图7.11)。

图 7.11　水景夜景照明
(图片来源:互联网)

①动态水景:如可在平静的水面下安装上射灯来装饰水景,通过调节灯具的安装位置使光束正好照射到需要的地方。如果水面不停地晃动,如被附近的瀑布或喷泉激起波浪,照明效果就会大不一样,因为晃动水面使得折射角度不停地变化,产生波光闪烁的效果。特别是喷泉的照明,在水流喷射的情况下,将投光灯具装在水面下喷口旁或在水流重新落回水面的落点下面,或两处都装有灯具,便可展现迷人的光之舞动。

②静态水景:主要对岸边景观进行照明设计,可对焦点景物进行投射照明,可用线条灯对岸边景物进行轮廓照明,令其光影倒映在幽暗平静的水面,创造出宁静的美丽景观。这种照明可应用于湖区池塘,照亮水域对面的景观,使它们在前方的水面上形成倒影,照明效果富有艺术性。

4)植物的照明设计

植物的夜景照明应根据植物的大小、高矮,外形特征、颜色,以及植物品种有区别地进行设计,采用不同的照明方法(表7.8)。特别是生态植物园林主要以植物为主,更应该注重植物的夜景照明设计与应用。

表 7.8 植物照明设计体系

种 类	照明目的	具体内容	表达重点	表达方式和手段
乔 木	从造型、艺术性等角度出发,塑造植物景观意象	孤植的树,丛植的树阵,古树、名树,造型独特的树	树干,叶片,组合方式	正面投光,自下而上投光,斜向上投光,多投光点投射
灌 木	突出其引导、方向性	修剪整齐的灌木	整体造型	定向投光灯、正面少许投光
花 丛	对花带勾勒其边缘,显示其优美的线形,或对花、叶将其突出,塑造植物景观意象	花带,丛植、密植的花	花形,叶形,颜色和花带的线形	小型泛光灯具向上照明,较高位置投射、轮廓照明
草 地	明确绿地灯光环境底色作用,陪衬景物、活跃气氛	草坪	颜色	大面积泛光照明或结合装饰元素进行照明
藤 本	活跃园林环境	藤本以及被攀附物的特点	形体,被攀附物的性质	正面投光,背面投光

资料来源:丁绍刚主编《风景园林·景观设计师手册》

具体景观照明用光如下:

①上射光:最基本的广泛使用的景观照明技术,灯具位置的不同可产生不同的效果。如上射光的运用可将树木变成夜间景观的一部分,光能使树木在夜间显得栩栩如生。灯具的安放取决于树木的整体形态、枝干结构或叶子类型。例如:开张平展树木,有较大的树冠,如栾树、柳树、槐树、泡桐、榕树等,灯具安放在树干至树冠边缘距离 1/3 ~1/2 处;光自下向上穿过错落疏密的枝叶,产生斑驳陆离的光图案,强调了景深和纹理效果。开张直立树木,树冠较小,如杨树、银杏、棕榈树等,灯具安放于接近树干处,光垂直向上照射,使用窄光束灯具比较适合。紧密平展树木、常绿乔木,如雪松、桧柏等,灯具安放在枝干结构范围之外,靠近叶片区域,向上照射突出纹理。

②下射光:用于从上向下照射树木、花卉及其他植物材料。光从树叶和树枝间向下照射,在地面上产生柔和精巧的阴影图案。这种"月光"效果可用汞灯、白炽灯或金属卤化物灯来实现。灯具尽可能安放在树内较高的位置,向着树中心照射,以产生更多的影子。对于低矮灌木及花卉,如大叶黄杨、月季、连翘、贴梗海棠等,可采用反射型草坪灯从上向下照射,光源应采用显色指数≥80 的金属卤化物灯或卤钨灯。

③平射光:显示形状,强调细节和色彩的表现。可设置近光或远光形式,通过调整确定灯具与被照植物之间的距离,以减少或强调纹理的处理。

④背景光:只显示形状,通过对光的布局运用,区分表现植物与周围背景的关系,增加景深,强调神秘感和纵深感,通过减少色彩和细节刻画,产生戏剧效果。

⑤侧照光:利用光的照射强调植物纹理,产生明暗差别的阴影效果。

5) 雕塑小品的照明设计

雕塑小品也是现代公园里不可缺少的一部分,有的突出观赏性,有的侧重于纪念性。对这些雕塑小品的夜景照明,应注重小品的主要特征及内在表现,突出其特点,并注意与周围环境相协调,使其形象逼真、光彩适宜、有较强立体感(图7.12)。

图 7.12 美国棱镜装置
(图片来源:筑龙学社)

7.6 照明节能

7.6.1 节能方法

(1)设计节能

照明设计方案是实施照明工程的纲领性文件,也是实现节能成效的纲领性文件,应在这一源头上就贯彻节能思想。在设计时严格遵守设计规范,依照公园类型及所处地理位置,合理地确定照度,在保证一定的照度时严格控制功率密度(每平方米的功率),避免为"求亮"而浪费能源。同时设计时统筹考虑节能方式,如节电器的安装、无功功率的补偿、半夜灯分线控制、合理的供配电方式等。

(2)推广使用高光效电器产品

近年来,公园夜景照明成为城市照明中的新兴分支,城市照明管理单位在不断摸索中寻求节能点,主要是着力于功耗小、寿命长的 LED 开发与应用。在灯具上,优先选用 IP 防护等级高(密封式灯具必须达到 IP65 以上)和配光曲线好的照明灯具。如对园路(尤其是主路)、广场上照明,可采用防护等级高于 IP65、反射效率高(确保 70%以上)的国内一流品牌或合资品牌的灯具,确保有限能源的充分利用和光源被充分照射到被照面上。

(3)适度推广节电器(传统光源)

20 世纪 90 年代末期,国内一些城市已开始推广使用节电器装置,针对下半夜电网负荷小、

电压高和交通流量低的情况,采用调压节电器,适度降低光源的工作电压,从而既达到了节电的目的,又延长了电器寿命。这种节电器是目前城市照明领域较为普及的节电措施,其优点较为显著,对电网电压无污染,操作简便,节电率达20%~25%。但是这种节电器会对送电半径末端部分照明设施运行及路面照度有一定影响,必须有针对性地选择相对适应的区域使用。

(4)积极采用科学有效的控制系统

国内一些城市从20世纪90年代初就已经开始与科研单位研发城市路灯无线三遥控制系统,经过10多年的多次更新换代,目前无线三遥控制系统已进入成熟稳定运行期,已基本实现了电脑化自动监控,即采用集中和分时相结合控制方式,既可根据每个季节日出日落的不同时间进行开关灯控制,又可根据不同地理位置进行分组开关,还可以利用光采集器对天气变化造成的光照度变化做出及时反应,就是我们通常所说的半夜灯和光控开关。这类系统使公园照明开关更为科学合理,减少因开关灯时间误差造成的电费损失。

(5)规范执行日常维护管理制度

运行中的光源和灯具会受到空气的污染,使光通量降低,从而造成能源浪费。因此制订合理的照明设施维护管理制度,及时修复故障灯,定期更换寿命到期、光通量不达标的光源,同时不定期清洁灯具,确保照明设施发挥最大发光效率。

7.6.2　照明相关规范

- 应根据照明场所的功能、性质、环境区域亮度、表面装饰材料及所在公园的规模等,确定照度或亮度标准值。
- 应合理选择夜景照明的照明方式。
- 选择的光源应符合相应光源能效标准,并应达到节能评价值的要求。
- 应采用功率损耗低、性能稳定的灯用附件。镇流器按光源要求配置,并应符合相应能效标准的节能评价值。
- 应采用效率高的灯具。
- 气体放电灯灯具的线路功率因数不应低于0.9。
- 应合理选用节能技术和设备。
- 有条件的场所,宜采用太阳能等可再生资源。
- 应建立切实有效的节能管理机制。

7.6.3　照明控制方式

①开关式:控制多光源灯具和灯具组。

②调光式:对光源进行连续调节,以使被照面获得不同照度。

③混合式:上述两者结合,开关式控制照明方式的变化,辅以调光,可调节气氛。

7.6.4 　照明控制系统

①手动控制:一般用开关及调光器,也可使用预设控制,对灯具进行组合编组控制。

②自动控制:有时控和非时控(感应控制)两种。

③智能控制:由中央操控所有电力供应和调光选择,也可结合手动与感应控制。

7.6.5 　节能措施

节能措施包括:采用混光照明节能;采用高保护率灯具;采用节能镇流器;采用节能照明控制器;采用合理的节能照明方案;推行绿色照明工程。

思考题

1.公园照明设计应按怎样的流程进行?

2.公园照明场景分为哪几类,各类代表性场景有哪些?

3.乔木、灌木、花丛、草地等不同类型植物夜景照明设计的重点分别是什么?

第8章　儿童游戏场地设计

本章导读:本章在介绍儿童游戏场地相关概念的基础上,明确了儿童友好型公园的内涵,重点阐述城市公园中儿童游戏场地的设计原则、设计内容、设计特点、设计方法。

8.1　儿童游戏场地的内涵及其发展概况

8.1.1　儿童游戏场地的内涵

1)儿童友好

儿童友好是指为儿童成长发展提供适宜的条件、环境和服务,切实保障儿童的生存权、发展权、受保护权和参与权。相关"儿童友好型"公园研究者认为:儿童友好型公园允许儿童能够在公园内的每个场地尽情玩耍、接触大自然,可以安全自由地开展活动。

我国虽然城市公园数量众多,但儿童专门享有的面积不足,而且质量良莠不齐;儿童作为公园的主要使用群体之一,在设计中往往处于次要的位置。根据《中国儿童发展纲要(2011—2020年)》,中国正在加大力度建设与儿童相关的活动设施,将儿童相关活动设施纳入地方经济和社会发展计划。随着城市公园越来越重视儿童与城市绿地空间的关系,发展多感官体验的儿童户外游戏场地渐渐成为主流。孩子代表着未来,公园建设者为孩子创造富有游玩乐趣的自然乐园肩负着重大责任。

2)城市公园是儿童感知与探索自然的重要场所

城市化的加速使得大部分城市变为水泥森林,失去自然痕迹。美国记者兼儿童权益倡导者理查德·洛夫(Richard Louv)所写的《林间最后的小孩》(*Last Child in the Woods*),这部具有开创性意义的作品揭示了儿童与自然之间的关系那令人惊异的断裂。今天,电子产品环境下成长的一代人在生活中缺少与自然的接触,洛夫把这一现象和一些最令人担忧的儿童发展趋势联系

在一起,其中包括肥胖率增加、注意力紊乱和抑郁现象。而城市公园作为相对水泥森林的"自然避难所",其对城市儿童的重要性是不言而喻的。公园里丰富的植被群落、自然或仿自然的河流不仅仅给城市儿童了一个亲近自然、感知自然的场所,更为他们提供了在自然中完善人格,治愈身心的机会。

3)城市中缺乏合适的儿童游戏运动场地

研究报道,我国城市少年儿童在闲暇时间参与的静态活动时间达到 2.2 小时,户外的活动锻炼却严重不足;而在感到运动量不足的儿童中,有接近半数是由于没有合适的场所。城市缺乏游戏场所的弊端最明显地表现在儿童因缺乏户外运动而导致的健康问题上,2011 年人民日报《现在的孩子不爱动(聚焦儿童健康状况调查②)》中指出:从 1990 始的 20 年里,我国少儿体质一直呈现持续下降趋势,最典型的就是肥胖和近视;与 2000 年相比,少儿肥胖率增长近 50%,近视率从 20% 增长到 31%。因生活在城市的儿童数量众多,所以城市儿童的户外游戏场所的数量和质量应该引起设计师与学者们的充分重视。

8.1.2 儿童游戏场地的发展

1906 年美国成立了儿童活动场地协会,旨在提高公共儿童活动场地在全国各社区的重要性。第一个冒险儿童活动场建于 1943 年,由卡尔·西奥多·索伦森(Carl Theodor Sorensen)设计,儿童可以在此自由活动,攀爬跳跃,进行富有创造性的活动。20 世纪 80 年代初,美国消费品安全委员会出版了第一套公共儿童场所安全手册(Handbook for Public Playground Safety),从此基于儿童人体尺度和安全的标准化儿童场地进入高速发展阶段,并在全球得到了大力推行。标准化的场地只要有合适的场地、器具就可以随时建造,这使得儿童游戏场的建造门槛大大降低,周期也大幅缩短。但在这类场地中,儿童几乎没有相互交流,也无法进行创造活动。20 世纪末,随着标准化儿童游戏场各种问题的浮现,越来越多的设计者意识到,充满野趣、变化和想象力的空间才是真正符合儿童天性的场所。美国学者 Joe L.Froest(乔·L.佛罗斯特)提出要了解儿童在自然游戏中的喜好,鼓励儿童、父母和其他群体参与,促进创造性的游戏环境。自然式的儿童游戏地渐渐成为发达国家儿童游戏地的设计主流。这类场地较少关注造型和艺术,而是更多地使用天然材料来设计,如木材、石头、水和沙等。

8.2 儿童游戏场地分类

8.2.1 综合型

综合型儿童游戏场地,是旨在满足儿童各种需求,综合促进儿童身心健康发育的游戏场地。代表性案例如由煤矿遗址改造的德国大象公园(Maximilian Park),其将前马克西米利安煤矿的煤炭分拣室改造成今天的步入式雕塑。乘坐电梯进入玻璃大象,最高升高至 35 m 的高度,可以俯瞰整个公园。2009 年,该公园采用 LED 升级改造,成为具有吸引力的地标(图 8.1)。整个公园根据现状划分为多个活动区(图8.2):丛林游乐场、喷泉游乐区、海盗船区、老矿沙坑区、爬网区、干水之谷、低幼儿童活动区,都具有鲜明的主题特色。其中玻璃大象成为公园的制高点,并具有科普和服务功能;沙坑活动区集合塑胶铺装,增加了大型儿童活动器材使用的安全性和舒适度,将开采、取水、运水、运沙、加工、存储等流程设计入儿童活动器材中,寓教于乐;水池结合水日设计儿童活动场地,让儿童充分与水互动;结合现有植被设计了花境,家长与儿童皆可在此观赏休息;通过改造场地中另一处建筑,设计了蝴蝶屋,收纳了来自世界各地的多达80种蝴蝶,并对儿童进行科普教育,公园的园路和周边的林中还根据场地和地形现状设计了一系列的儿童活动和休憩场地,动静不同大小各异,可以满足不同性格的儿童需求。

图 8.1　德国大象公园大象雕塑
(图片来源:李爽《基于儿童友好型公园理论的城市公园设计探索》)

图 8.2　德国大象公园平面图
(图片来源:互联网)

8.2.2　运动型

　　运动型儿童游戏场地,是以促进儿童身体发育为主题的游戏场地。代表性案例如位于荷兰阿姆斯特丹的毕哲莫尔公园。该公园被新建的住宅包围,居民只需步行就能从住宅区走到运动公园的中心位置。公园中设有球场、玩耍地带、"攀滑梯"、滑板运动场,以及戏水、沙地游乐场。场地内包含不同类型的绳索桥及一个与攀滑梯相连的缆道。攀滑梯是一个多层次的游乐墙体结构(图8.3)。在粉色的铺装上一系列的黄色构架组成了游玩活动带(图8.4),游戏带位于两座山丘脚下,由两个相连的下沉池构成的滑板运动场隐藏于一座山丘之上,下沉池以缓坡和合的梯形式与地面衔接,而在另一座山顶上是玩水和玩沙的场地。

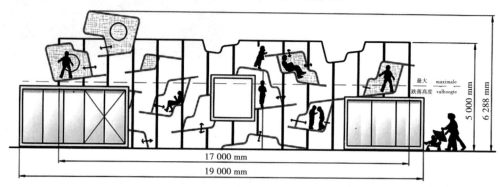

图 8.3　攀滑梯

(图片来源:北京大学景观设计研究院主编《景观设计学》第22辑《儿童空间与活动》)

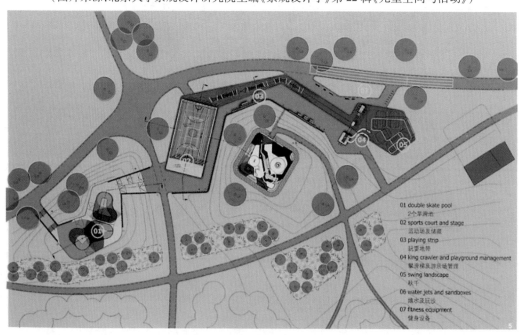

图 8.4　毕哲莫尔公园平面图

(图片来源:北京大学景观设计研究院主编《景观设计学》第22辑《儿童空间与活动》)

8.2.3　智力型

智力型儿童游戏场地,是以促进儿童智力发育为主题的游戏场地。代表性案例如蒙特利尔皇家山公园儿童游乐场。该游乐场设计主题源于土生土长的两栖动物——蓝斑蝾螈(图 8.5),它是组织游戏结构和公园元素的主角,场地仿佛一只蝾螈从地面微微拱起,鼓励孩子进行运动、认知和社交。

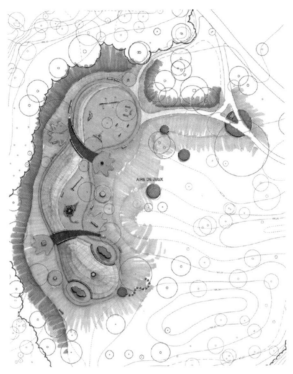

图 8.5　蒙特利尔皇家山公园儿童游乐场
(图片来源:木藕设计网)

8.2.4　自然型

自然型儿童游戏场地,是以开展自然教育、自然探险等活动为主题的儿童游戏场地。代表性案例如美国波尔克郡的杰斯特公园(Jester Park)。该公园像一个微缩的丛林世界,是一座自然游乐场。公园建设采用自然的材料,建成以后获得了前所未有的成功。该项目中可借鉴的自然游戏设施有巨石阵、树洞、小小湿地、考古沙坑、木桩爬梯。巨石阵由四块竖立的一米高的石块围合而成,虽然只有一米高,但对于孩子们来说算是"巨石"了,当然对于成年人来说这个尺度则显得非常可爱。每块石头上还雕刻了小小的图腾,如公牛或者星座图案,等着孩子们来探索发现;树洞的取材就来自公园周边的森林中腐败的木材,经过消毒防腐处理后,成为孩子们穿行、隐藏、爬骑的设施,自然有趣;湿地是一汪小小的浅水池,四周种植了水草,水中也放养了乌龟、鱼等小动物,是孩子们蹚水、观察小动物们的好地方;考古沙坑有别于普通的儿童沙坑,沙子中埋藏了很多艺术家们创造的古生物化石模型,时时准备着给挖沙的孩子一个巨大的惊喜,让孩子忍不住和小伙伴们来一场沙坑"考古";木桩爬梯由一根根插入草坡的木桩组成,孩子们爬上木桩梯,再从旁边的草坡滚下,充分享受自然坡地的乐趣,这样尽兴的玩法,让孩子们欲罢不能。

8.3 儿童游戏场地设计

8.3.1 设计原则

1)综合性原则

儿童游戏地的设计要与公园整体环境结合。儿童活动地不能被简单地看作是活动场地,应该是综合性的。设计时要综合考虑游戏、运动、休息、交往、学习、文化等功能。

2)人性化原则

儿童的身体尺度、心理特征与成年人有所不同,因此儿童活动地的设计应该以服务儿童为宗旨,充分尊重儿童的个性,遵循儿童的自主性,开发儿童的创造性,同时处理好活动的挑战性与安全性,私密空间与公共空间、动态空间与静态空间之间的关系。

3)尊重自然原则

设计应充分利用公园的现有地形地貌进行场地设计,对现有的植物地被自愿进行合理利用,做到因地制宜,就地取材。

4)可持续原则

在儿童游戏地的铺地、游戏设施要考虑生态性、环保性及低成本性,植物种植要考虑乡土性、自然性,从而形成儿童与自然环境的可持续的联系。

5)可达性原则

公园需要具有流畅的交通体系、明确的空间标识导向及无障碍设计,以保证公园内部的联通性,如路面平整,无障碍物,可供婴儿车和轮椅通过。交通体系和标识导向系统对儿童有明确的指向性和导向性,以满足较大年纪的儿童自主选择游玩路线和游乐空间。

6)安全性原则

以儿童为重点,具有可见性和可读性,绿化、各项游乐设施、基础配套设施有技术保障,确保儿童的安全与健康。

8.3.2　选址要求

儿童游戏区宜布局在安全、日照充足、环境舒适的区域,区域内有良好的生态环境,保证儿童在其环境中安全、健康。在满足消防、交通安全、防灾等要求的前提下,儿童游戏区还应设置于方便儿童和家长安全、便捷到达的区域。公园内儿童游戏场与安静休憩区、游人密集区及城市干道之间应用园林植物或自然地形等构成隔离带。根据竖向上对地形高差的几种不同利用方式,儿童游戏场地可以分为单一平地式儿童游戏场地、自然坡地式儿童游戏场地、分层台地式儿童游戏场地、复合式儿童游戏场地,如表 8.1 所示。

表 8.1　儿童游戏场地用地类型

类　型	特　征	图　示
单一平地式	地形平坦,坡度为 0~3%	
自然坡地式	适应原有自然地形,坡度为 3%~25%	
分层台地式	呈阶梯状的多层分隔	
复合式	场地与多种类型的地形相结合,坡度多变	

资料来源:闵梓《基于地形空间特征的重庆公园儿童游戏活动场地适宜性设计研究》

单一平地式儿童游戏场利用平地或略有起伏的地形平整、完整的场地,坡度为自然排水的坡度,通常放置坐骑类、秋千类、沙坑类、组合型游戏器材等无坡度要求的游戏设施。

自然坡地式儿童游戏场通常借助原有地势,顺应坡度的变化设置场地,其坡度在 3%~10%。此类型的倾斜地面给儿童带来一定的好奇心和趣味性,可以引导儿童进行探索性活动。

分层台地式儿童游戏场为了适应倾斜的场地地面,把场地灵活地处理在不同的标高层面上,在不同的高度建立的区域,整体形成台地式场地。

复合式的儿童游戏场地结合了平地、坡地、台地等多种形式的地形,是对复杂地形条件的再利用,场地地形空间较为丰富。儿童在多变的地形上进行各种游戏,能调动更多的感官、运动能力,加深对环境的认识。

8.3.3　功能分区

儿童户外游憩场地的功能区划分应考虑用地规模、场地条件,以及儿童和家长的游憩需求等。

- 按用地规模,不同用地规模能够划分的分区数量会有所不同。规模较小的用地可以集中设置游戏场地和设施,规模较大的用地宜划分为多个功能分区。
- 按照年龄段分为幼儿区(0~3 岁)、学龄前区(4~6 岁)、学龄区(7~12 岁)、少年区(13~15 岁)。
- 按活动空间分为体育活动区、游戏娱乐区、露天剧场区、科学教育区等;并应考虑动静分

区,易产生嘈杂声音的游戏场与安静休息、游赏要区分别设置。

此外,场地地形和山水植被状况对功能分区影响较大,可结合自然植被较好的地区设置自然体验等活动。还应兼顾儿童和家长的需求,既要满足儿童游憩需求又要满足家长看护休息的需要。

8.3.4 设施配置

面向儿童的游戏场地设施配置要求应符合表8.2、表8.3的要求。

游憩场地宜有遮阴及避雨设施,包括有顶棚的亭、建筑物或构筑物,避雨设施应靠近游人集中的场地且宜分散设置。尽可能多地提供配套设施,如母婴室、儿童厕所、尿布台,方便儿童户外使用的洗手池、洗脚池等。

集中活动场地周边的公共卫生间服务半径宜小于200 m。除男女卫生间外应设置第三卫生间(家庭卫生间),满足监护人和孩子同时使用的要求。有条件的公园可设置专用家庭卫生间。

休息桌应设置在活动场地周边,便于监护人看护,或集中在休息区设置。桌椅尺寸可根据儿童身高特点设置儿童专用桌椅。

其他无对应标准的游乐设施的材料、安全要求等应符合《小型游乐设施安全规范》(GB 34272—2017)中的规定。

表8.2 儿童户外游戏场地设施项目的设置

设施分类	名 称	用地面积／ hm²			
		>5	5~2	2~0.2	<0.2
游憩设施	避雨设施	●	●	●	●
	休息课桌	●	●	●	●
	户外课堂桌椅	●	●	○	○
	遮阴设施	●	●	●	●
	游戏场地	●	●	●	●
	运动场地	●	●	○	○
服务设施(非建筑类)	标识牌	●	●	●	●
	科普解说牌	○	○	○	○
	儿童紧急救助点	●	●	●	○
	洗手池	●	●	●	○
	直饮水	○	○	○	○
	垃圾桶	●	●	●	●
	停车场	●	●	○	—
	寄存处	○	○	○	○

设施分类	名　称	用地面积/ hm²			
		>5	5~2	2~0.2	<0.2
服务设施（建筑类）	游客服务中心	●	●	○	○
	卫生间	●	●	●	○
	母婴室	●	○	○	—
	小卖部	●	●	●	—
	餐　厅	●	○	—	—
	售票房	○	○	○	○
	走失援助中心	○	○	○	—
管理设施	垃圾收集站	○	○	—	—
	安保监控设施	●	●	●	●
	广播设备	●	○	○	○
	雨水控制利用设备	●	○	○	○

注:1."●"—必备;"○"—视情况设置;"—"—不设。
　　2.本表所述用地面积仅指陆地面积。

资料来源:中国风景园林学会《儿童户外游憩场地设计导则》(征求意见稿)

表 8.3　面向儿童的游乐设施应该遵守的规范或要求

水上游乐设施配套的游乐池水深	幼儿池水深应不大于 0.3 m;儿童池水深应不大于 0.6 m;儿童滑梯溅落区水深应为 0.3~0.6 m
儿童滑梯	《无动力类游乐设施儿童滑梯》(GB/T 27689—2011)
秋　千	《无动力类游乐设施秋千》(GB/T 28711—2012)
摇马和跷跷板	《小型游乐设施摇马和跷跷板》(GB/T 34021—2017)
攀爬网	《小型游乐设施立体攀网》(GB/T 34022—2017)
充气式游乐设施	《充气式游乐设施安全规范》(GB/T 37219—2018)
专为游乐设计的钻孔管筒	内径为 350~410 mm 时,其长度应不大于 700 mm;当钻洞管筒内径为 420~500 mm 时,其长度应不大于 1 000 mm;当钻洞管筒内径为 510~650 mm 时,其长度应不大于 1 300 mm;当钻洞管筒内径为 660~750 mm 时,其长度应不大于 2 600 mm
专为游乐设计的斜坡	倾斜角度应不大于 38°,倾斜角度应保持不变,且斜坡表面应进行防滑处理
专为游乐设计的大于 38°斜坡或攀爬墙	应有脚部支撑,以降低儿童滑倒风险,符合《小型游乐设施安全规范》(GB 34272—2017)
夜间开放的游乐设施	游乐设施自身应有灯光照明;游乐设施安全防护装置设计应符合《游乐设施安全防护装置通用技术条件》(GB 28265—2012)

资料来源:韩燕《对综合公园儿童活动区场地设计的研析》

8.3.5 材料选择

　　游戏场地材料应符合环保、安全要求,图案、颜色应符合儿童心理特征需求,并且与周边环境协调。要保证视觉舒适性,大面积饱和度过高的色彩使用要慎重,避免使用晦涩难懂的图案。铺装材料大致分为硬质和软质铺装两种。硬质铺装材料(图8.6)主要包括混凝土、砖砌等,使用寿命长,便于维护,适用于园路、旱冰场等,但不适合用于器械活动场地、运动场等,尤其是在儿童跑动多的场地和活动器械的周边更应避免硬质铺装。软质铺装材料(图8.7)包括人造弹性材料、松散填料、塑胶地垫等,其中人造弹性材料如橡皮砖,适合运用于儿童活动场地,可减少玩耍中的磕碰伤害,材料本身又带有一定的硬度,可以支持球类等活动。草坪材质可以增强活动场地的自然程度,不过需要定期进行维护。松散填料包括有机材料和无机材料。如树皮、木屑等有机松散填料可以起到缓冲的作用;无机松散填料如沙子、石子等,可用作小路铺装,但在使用时要考虑会造成扬尘问题。游戏器材下的场地宜采用耐磨、有柔性、不扬尘的材料铺装。

图8.6　北京拉斐特城堡公园儿童游乐场
金色色调硬质铺装
(图片来源:木藕设计网)

图8.7　西班牙社区公园儿童游戏区
用被冲洗过的河沙铺地
(图片来源:木藕设计网)

　　植物应该选择对儿童友好的植物,保证场地视觉的通透性,场地中的植物配置应避免视觉阻挡以形成家长管理儿童的盲区。乔木宜选用高大荫浓的种类,夏季庇荫面积应大于游戏活动范围的50%;活动范围内灌木宜选用萌发力强、直立生长的中高型种类,树木枝下净空应大于1.8 m;严禁选用危及游人生命安全的有毒植物;避免选用在游人正常活动范围内枝叶有硬刺或枝叶形状呈尖硬剑、刺状及有浆果或分泌物坠地的种类,不宜选用硬质叶片的丛生植物;避免选用挥发物或花粉能引起明显过敏反应的种类。

　　针对不同年龄段的儿童对铺装的要求也不同,如表8.4所示。0~3岁儿童刚刚接触自然环境,针对性的铺装更注重安全性,塑胶铺装、沙坑、草坪等更为适合;针对3~6岁儿童的铺装,在安全之外多注重铺装的多样性,多彩的塑胶铺装、草坪、树皮等更为适合;7~14岁儿童偏爱体育运动游戏,因此除了塑胶地垫、沙坑、碎木碎木屑等铺装之外,还需增加一系列硬质铺装。

表 8.4　不同年龄段儿童铺装选择

年龄段	活动场地铺装设计要点	适合的铺装材料
0~3 岁	安全性、多彩多样	塑胶地垫、沙坑、树皮
3~6 岁	安全性、趣味性	草坪、塑胶地垫、木屑、树皮、木材等
7~14 岁	安全性、功能性、适当结合硬质铺装满足滑板等运动	沙坑、塑胶跑道、木材、砖砌铺砖等

资料来源:郭子慧《基于儿童友好型公园理论下的重庆市渝北新区公园规划设计》

8.4　儿童游戏场地内容

公园应该结合自身特色组织多种主题活动,如场地拉力赛、节日市场、园艺文化展览、音乐会和戏剧活动,以及在自然场地中组织绿色科普教育、儿童丛林生日会等,将公园的设计和运营结合在一起。

8.4.1　综合型游戏场地

1)无动力游乐设施

无动力游乐设施是指不带电动、液动或气动等任何动力装置的,由攀爬、滑行、钻筒、走梯、荡秋千等功能部件和结构、扣件及连接部件组成的游乐设施。无动力游乐设施可设计得具有视觉冲击力,激发儿童游玩的乐趣,鼓励他们探索体验、从而获得锻炼。场地铺装色彩应结合设备造型色彩进行搭配,且应与整体环境相协调;场地铺装材料应选择软质材料,如橡胶、沙、草地、松树皮(南方潮湿地区慎用)等。在大型活动器械、攀爬架、木平台等周围可以铺设沙子等材料。

(1)机械式

机械式无动力游乐设施包括蹦床、滑梯等。这类设施规模较大,要有足够的空间进行布置,组合器械应该考虑逻辑合理,起到寓教于乐的作用(图 8.8、图 8.9)。

图 8.8　重庆麓悦江城蘑菇乐园蹦床
（图片来源:互联网）

图 8.9　重庆麓悦江城蘑菇乐园滑滑梯
（图片来源:互联网）

（2）攀爬式

攀爬可以测试儿童的平衡和灵活性,锻炼儿童的平衡能力,促进运动神经和智力的发展。攀爬设施可以兼顾视觉功能和游戏功能,如长沙市中航城国际社区山水间公园在草坪上布置了3个金属网做成的巨型蚂蚁雕塑,具有极佳的视觉性,同时还可以作为攀爬设施(图8.10)。在公园中设置富有变化的地形和活动设施是很有必要的,如设置微地形如塑胶坡道,以及各种攀爬设施包含攀爬墙、攀爬架、绳索等(图8.11—图8.14)。

图 8.10　长沙山水间公园巨型蚂蚁雕塑
（图片来源:互联网）

图 8.11　美国坎伯尔公园攀爬墙
（图片来源:木藕设计网）

图 8.12　德国某湖岸儿童游戏公园攀爬网
（图片来源:木藕设计网）

图 8.13　坎伯尔公园利用地形塑造的可攀爬的
"波浪形草坪"
（图片来源:木藕设计网）

图 8.14　南京汤山矿坑公园攀爬器
（图片来源:木藕设计网）

（3）摇摆式

摇摆式游乐设施有秋千、摇摇椅、吊床等（图 8.15）。摇摆式器械除了自身占地面积外,通过摇摆涉及范围较大,应当在摇摆可达到的范围内均选择软质铺装。除了满足儿童使用以外,还要针对不同年龄进行设置,一些器械要达到成人适用的标准。如 0~3 岁的儿童平衡能力和力量较弱,须在成人的协助下进行秋千活动,秋千座椅应设计为卡座式,将儿童放在安全座椅里面不易摔落;3~6 岁的儿童可以使用木板式的秋千,年龄更大的儿童或成人则可以使用轮胎式、网兜式等多种形式的秋千。

图 8.15　南京汤山矿坑公园矿野拾趣乐园秋千

（图片来源:木藕设计网）

（4）滑落式

滑落式游乐设施有滑梯、滑桶、滑道等。该类设施应与丰富的地形相结合,设计出不同的高度、不同主题以满足各年龄段的需求,也可使用多种材质,在缓冲区要采用软质铺装。

（5）起落式

起落式游乐设备有蹦床、跷跷板等。该类设备应考虑到家长的参与,要满足成人的承重标准,并布置在软质铺装上。

（6）悬吊式

悬吊式游乐设备有吊环、软梯等。这类设备可以与林中树木结合在一起设计,悬吊高度不应过高,设备下方及周边要避免有障碍物,地面用软质铺装。

（7）平衡式

平衡式游乐设备有平衡木、平衡台等。这类设备本身应避免尖锐的设计,可在周边设置软质铺装或松填材料。

2）**动力游乐设施**

动力游乐设施有旋转木马、海盗船等。这类设施应满足儿童与成人共同的需求,设置专门的区域,并进行及时的维护和管理。

3）**沙地**

沙地设计应符合以下要求:不宜选择风速偏高、背阴的区域;造型宜生动有趣,可结合主题小品、戏水设施、沙滩排球等运动设施进行设计;深度应为 0.3~0.5 m;周边宜设置拦沙设施,防止沙粒散失;周边铺装宜选用易维护、易清洁、不易积尘的材料;底部应设置排水设施,并设计合理排水坡度;在附近应设置清洗区,清洗区铺装应选用防滑材料,清洗设施高度应满足不同年龄段儿童使用需求(图 8.16、图 8.17)。

图 8.16　美国坎伯尔公园沙坑　　　　　　图 8.17　荷兰 Deltaplantso 公园中与自然结合的沙坑
（图片来源:木藕设计网）　　　　　　　　　　（图片来源:木藕设计网）

4) 戏水活动场地

水体是儿童极其喜爱的元素,不管是小溪还是湖泊的岸边都是儿童希望活动的区域。因此,公园内应当布置形式各异的水景,并在保证安全的情况下增加亲水活动场地,以满足儿童亲水的天性。

戏水活动场地可分为自然式戏水区、人工戏水池、互动型戏水场地。戏水活动场地设计应符合下列要求:场地可与地形、沙池、主题小品设施要素相结合;戏水活动场地水深不应超过 0.3 m;场地设计应符合安全需求,驳岸、池壁、池底不应有尖锐突出物;场地周边铺装应平整,并选用防滑材料或设置防滑措施;雨水控制利用设施根据实际情况设置生物滞留设施,如植草沟等,对雨水进行传输、滞留、净化;若与游憩场地比邻应设置安全防护和警示措施以避免儿童不慎跌入。

（1）自然型戏水区

自然型戏水区可结合场地内的自然水系进行设置。布局设计宜根据场地条件采用自然曲线型;驳岸宜采用缓坡入水式或平整石驳岸,坡度设置、置石应用须考虑儿童戏水安全的要求;可结合草坡、卵石、木平台等设计安全的亲水场地;可结合捕捉鱼虾等活动进行自然探索功能设计。还要注意定期清理靠近岸边的池底淤泥。如上海庄行社区花园通过雾森、旱溪的手法表现水在自然界中不同的存在方式(图 8.18、图 8.19)。

（2）人工型戏水池

人工型戏水池(图 8.20、图 8.21)池壁材料应平整、光滑且不易脱落;池底材料应防滑;戏水池入口应设置消毒池;周边宜设置清洗区、更衣室等设施。根据《公园设计规范》(GB 51192—2016)相关规定,儿童游戏场的水池瞬时水池容量不超过 2 m²/人,水池深度不超过 35 cm,在水深变化的位置应设置明显的提醒标志。

图 8.18　上海庄行社区花园雾森
（图片来源：互联网）

图 8.19　上海庄行社区花园旱溪
（图片来源：互联网）

图 8.20　美国坎伯尔公园戏水区
（图片来源：木藕设计网）

图 8.21　西班牙巴伦西亚
帕克中央公园戏水区
（图片来源：木藕设计网）

（3）互动型戏水场地

互动型戏水场地可结合沙池、益智型游戏设施进行设计，增加场地的科普游戏功能。场地内禁止采用高压力喷泉，喷泉喷头不应外露；应定时对戏水池进行清洗、消毒，防止儿童出现过敏等现象。在德国园林博览会的儿童戏水区就运用了机关控制喷水、喷水柱、音乐喷泉等一系列的儿童互动戏水游戏，在冬季可以将水池、戏水区用作沙坑或广场（图 8.22）。

悉尼 Bungarribee 超级公园利用保存下来的原木、巨石、小土堆创造了一个探索游戏环境（图 8.23）。这里有水游戏装置，由巨大砂岩块、木块及水泵组成，木块经过雕刻形成水槽，水可流淌其中或从中滴落。整个装置设置在一个大沙池中，为孩子们提供可操纵水流通过的游戏。

图 8.22　德国园林博览会儿童戏水区
（图片来源:互联网）

图 8.23　悉尼 Bungarribeec 超级公园儿童游戏区
（图片来源:木藕设计网）

5）户外剧场

人们可以在户外剧场举办各种活动,如集会、表演、观影等（图 8.24）。

图 8.24　草阶户外剧场
（图片来源:木藕设计网）

8.4.2　运动型游戏场地

儿童户外游憩场地设计中常用的运动场地有羽毛球场、乒乓球场、网球场、小型篮球场、小型足球场,以及极限(轮滑)运动场地等。根据设置标准不同,分为标准运动场地和非标准运动场地。

标准运动场地和非标准运动场地在平面划分上由场地区和缓冲区组成。为保证安全,两种场地设计时应根据实际情况预留足够的运动缓冲区。标准运动场地和非标准运动场地的布置均应考虑场地运动器械的安装、固定、更换和搬运需求,地面铺装材料满足相应运动的要求并符合相关规定,场地还应采取有效的排水措施。

1)标准运动场

标准运动场地(图 8.25)设计应参照相应的标准运动场地设计规范。标准运动场地设计应与其他儿童活动场地隔离。针对儿童安全要求,应增加特别标识和警示。

图 8.25　包头万科奥运冰雪公园运动场
(图片来源:木藕设计网)

2)非标准运动场

非标准运动场地设施应满足玩耍趣味性和色彩丰富性的要求。场地设施下的地面及周围应设软质铺装,其厚度应不小于 10 mm。如小型篮筐、足球门等设施,应按照儿童不同年龄阶段来进行设计和布置,其尺寸符合相应年龄段的身高特点。如在蹦床等运动场地中,可采用弹跳网等材质,并考虑成人的承重要求,使成年人与儿童一起活动(图 8.26)。

极限运动场地(图 8.27)相应设施应符合国家相关安全要求。

海牙 Riverenbuurt 社区公园(图 8.28、图 8.29)中用一条不规则的构筑物分隔了两大不同主题的活动空间。带状构筑物之外是规整的运动场地与空间格局分明的游戏场地。构筑物边界的钢制条带可供玩滑板和旱冰的孩子使用。

图 8.26　充满自然野趣的蹦床花园
（图片来源：木藕设计网）

图 8.27　包头万科奥运冰雪公园滑板场
（图片来源：木藕设计网）

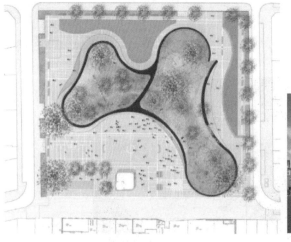

图 8.28　海牙 Riverenbuurt 社区公园平面图
（图片来源：谷德设计网）

图 8.29　海牙 Riverenbuurt 社区公园一角
（图片来源：谷德设计网）

8.4.3　智力型游戏场地

1) 互动装置

　　智力型游戏场地可设置迷宫、哈哈镜、回声壁、智力游戏墙等设施（图 8.30、图 8.31）。场地规模应与设施体量相匹配，可结合休闲娱乐区进行设置；设施布局设置不应出现视觉死角，妨碍家长看护；可以结合水景设置，如喷雾装置增加场地的互动性和参与感。

　　长沙山水间公园将游戏设施与生态净水功能相结合。螺旋形的阿基米德抽水机（图 8.32）将地处的水抽往高处，再通过水渠将水导入生态过滤池；层层跌落的生态过滤池内种满了可以用根系净化水体的挺水植物，经过这些植物净化后的水体又重新流入水池中，自此完成了一个水净化的循环。阿基米德抽水机因其有趣的外形设计和操作体验深受儿童欢迎，孩子们积极转动抽水机圆盘，让水流源源不断抽往高处后再流入生态过滤池。该公园还有其他玩法有趣的游戏设施，如青虫传声筒、发光瓢虫、音乐瓢虫等。

图 8.30　包头万科中央公园入口哈哈镜
（图片来源：木藕设计网）

图 8.31　重庆东原映阅邻里公园互动喷雾
（图片来源：木藕设计网）

图 8.32　山水间公园阿基米德抽水机
（图片来源：张唐景观）

2）迷宫

　　迷宫墙高度不应超过 1 m，周边可设置阶梯形休憩空间，便于家长站在高处进行看护；迷宫出口不宜超过 2 个；迷宫墙转角不应有锋利的突出物（图 8.33）。

图 8.33　泰国 Mega Park 水迷宫
（图片来源：木藕设计网）

8.4.4　自然型游戏场地

1）自然教育型

（1）植物设计

自然型游戏场地宜选择适应场地环境且特色鲜明的植物,为自然教育的开展提供适宜的素材。应科学地使用植物群落以及适当引入可食植物、芳香植物等营造丰富的感官体验。宜采用自然式种植方式,提供儿童进行观察、操作、集体活动等的不同尺度和功能的植物空间。

考虑到儿童身心尚未发育完全,公园内应当避免以下4种植物类型:

- 有毒、有刺激性的植物,如夹竹桃、黄蝉等;
- 有过多飞絮、花粉的植物,如杨树、柳树等;
- 有刺的植物,如枸骨、玫瑰、蔷薇等;
- 易患病虫害的植物,如桑树、构树等。

宜在靠近铺装道路或栈道、平台等空间等重要节点处布置特色植物,并为标识牌、语音解说系统等留有适当余地;可以结合设计制作一些科普标识等引导儿童参与亲子活动(图 8.34、图 8.35)。

图 8.34　上海四叶草堂标识设计　　　　图 8.35　重庆东原映阅邻里
（图片来源:木藕设计网）　　　　　　　公园自然课堂
　　　　　　　　　　　　　　　　　　（图片来源:木藕设计网）

加拿大温尼伯的 Instant Garden 让儿童通过活动参与植物生长衰败的过程,使用防洪沙袋塑造场地的肌理,唤醒儿童对生命枯荣的认识和对生态保护的兴趣(图 8.36)。

图 8.36 加拿大温尼伯 Instant Garden

（图片来源：木藕设计网）

自然教育型游戏场地还可结合动物进行设计。如上海四叶草堂以乡土明星物种萤火虫为主题（图 8.37），以萤火虫的卵、幼虫、蛹到成虫的四态过程为主线，串联萤火虫作为伞护种在自然环境中遇到蚯蚓、大腹园蛛等"邻居"。同时，还设计了观鸟台，以及用于科普鸟类的互动标识牌等（图 8.38）。

图 8.37 上海四叶草堂萤萤邻里乐园

（图片来源：木藕设计网）

图 8.38 上海四叶草堂观鸟台

（图片来源：木藕设计网）

（2）场地设计

自然教育场地的设计应该做到能够激发儿童进行发现、探索活动，提供想象和冒险的空间。场地可以通过形态丰富的艺术装置、构筑物等激发儿童的探索欲。例如，包头万科奥运冰雪公园在入口处设计了"冰山"雕塑，可贯穿穿梭的结构让儿童得到置于结构内部的体验（图 8.39）。

深圳深湾街心公园用雨水循环装置激发儿童对大自然的兴趣。风车将风能转化为动能，把湿地中蓄积的雨水抽到水渠桥，10 m 高的飞瀑下落，经过层层台地滞留、净化形成叠瀑景观，最终回到湿地水循环中，滋养浇灌湿地水景（图 8.40、图 8.41）。

图 8.39 包头万科冰雪奥运公园入口"冰山雕塑"
（图片来源：木藕设计网）

图 8.40 深圳深湾街心公园雨水循环装置
（图片来源：木藕设计网）

图 8.41 深圳深湾街心公园波纹灯下的草坪
（图片来源：木藕设计网）

2）自然探险型

在自然探险型游戏场地中，儿童可以穿梭在树林和草地间，可在周边的树木附近配置桌椅，便于家长监护（图 8.42、图 8.43）。在场地里，儿童被鼓励运用天然材料自由构建自己的游戏空间。这里可以选择天然的材料和快速生长的植物，如柳树和芦苇。

图 8.42　儿童在自然环境中集体活动
（图片来源:木藕设计网）

图 8.43　可以爬树的儿童游戏地
（图片来源:木藕设计网）

儿童与自然的体验还可以结合休闲步道设计。其间可利用树穴、鸟巢、空中蜘蛛网的形态来激发儿童对自然界的兴趣(图 8.44)。

图 8.44　步道周围的树穴、鸟巢和空中蜘蛛网
（图片来源:木藕设计网）

思考题

1.分析你身边的一个城市公园,从儿童友好的角度,重新设计其内部空间。

2.简述城市公园儿童友好的必要性和重要性。

3.尝试分析一处儿童游戏地有哪些主要内容。

4.简述城市公园中儿童游戏地的设计要点。

第9章 适应气候变化的设计

本章导读:本章主要介绍了适应气候变化的公园设计。从全球气候变暖带来的相关问题着手,明确气候变化背景下公园的功能与景观设计的责任;接着介绍了气候适应设计的相关理念,明确了设计原则;最后选取气候变化带来的主要问题,即洪涝灾害问题和高温热浪问题,分别提出适应设计变化的设计策略。

9.1 气候适应设计背景

人类生产生活中产生的温室气体排放导致的全球气候变暖是目前人类面对的最严峻的问题之一。据统计,全球每年向大气中排放 510 亿 t 温室气体,并且此数据呈上升趋势。温室效应不断累积,导致了一系列的气候问题,让人类和其他生物的生存环境面临严重威胁(图 9.1)。首先,高温导致的气候灾害与极端天气频发,不仅造成重大经济损失,也屡屡威胁人类安全与健康,对社会环境造成直接影响。如热浪和极端高温随着全球持续变暖而更频繁地袭击生物栖息地和人类居住区,会造成大量生物死亡,损害人类健康,还大大增加了引发区域性大火和洪涝灾害的风险。气候变化会导致环境污染进一步加剧:暖湿气候使大气中的有害气体浓度和颗粒物浓度增加;气候变化可能致使某些地区风场减弱,影响污染物扩散;洪涝灾害会使水体污染物含量增加;温室气体的排放会导致海洋增加吸收溶解二氧化碳的含量,让海水 pH 值下降,直接影响珊瑚、鱼类等海洋生物的繁殖,造成生态系统破坏。气候变化会导致社会环境的变化:如大范围内气温的升高和干旱频发将导致世界范围内农作物的减产和农业的衰退;气候变化还会导致道路、管线、堤坝等基础设施更易损坏,造成城市环境的破坏;一系列的问题在导致城市管理问题的同时,会引发居民生活质量的下降及心理问题的出现。

我国于 2016 年发布《城市适应气候变化行动方案》,将极端气候事件风险和气候变化对城市的持续性影响统筹考虑,加强城市应对内涝、干旱缺水、高温热浪、强风、冰冻灾害等问题的能力,将适应理念落实到城市规划、建设与管理的各个环节,并将创建"气候适应性城市"作为推进生态文明建设的目标之一。而景观作为人类建成环境的重要组成部分,并且是最接近自然环境的部分,对于适应及改善气候环境、维持自然环境健康具有重要作用。公园作为向公众开放的、以游憩为主要功能、并配有较完善设施的绿地,能够为人们提供日常外出游憩的场地。在公园中进行适应气候变化的设计,一方面可以使公园景观环境更加适应环境变化并对突发和长期气候问题做出应对,另一方面也可以发挥公园的科普教育功能和社会效益。

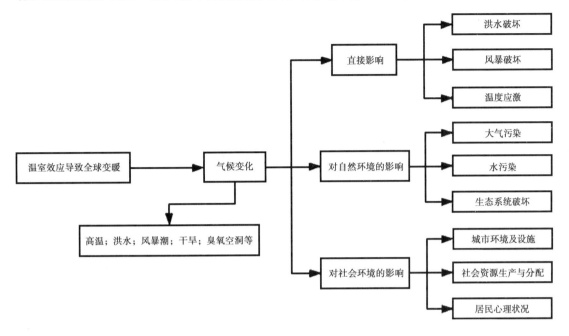

图 9.1　气候变化的影响

（图片来源:袁青、孟久琦、冷红著《气候变化健康风险的城市空间影响及规划干预》）

9.2　气候适应设计理念与原则

9.2.1　设计理念

针对目前全球变暖导致的主要气候问题,学界提出了两种主要的应对措施,一是"减缓"策略,通过减少温室气体排放以减缓气候变化;二是"适应"策略,即通过提升城市的恢复能力来增加应对气候变化的能力,其主要研究对象是城市,并由此提出了"低碳"和"韧性"两种主要的设计理念。

"韧性"(Resilience)是事物的一种性质,有"回到原始状态"的含义,在生态学领域被用于描述生态系统稳定状态的特征,具有韧性的系统能够在外界冲击下保持稳定和平衡并进行自我调节。在温室效应导致气候灾害和极端天气频发的今天,"韧性设计"也是提升城市恢复能力的有效手段,具有更强生存、适应和进化能力的"韧性景观"更加能够抵御和适应气候变化。传统景观在设计时多采用较为稳定的、一步到位的材料与设计方式,并主要通过灰色基础设施完成对灾害的抵抗,在灾后恢复时主要依靠人为调节。而韧性设计增强了景观面对不可预测的气候变化的能力,在设计过程中主动增强了系统自身的适应能力和恢复能力,并依靠系统自身的力量进行调节和灾后恢复,在美学和经济上均具有突出价值。

"低碳"(Low-Carbon)是指较低的温室气体(以二氧化碳为主)排放,是为减缓温室效应而提出的理念,旨在倡导一种低能耗、低污染、低排放的生产和生活方式。面对全球温室效应加剧的现状,"低碳设计"也成为景观设计领域的主流,同时产生了"低碳园林""低碳景观"等概念,其本质都是在景观设计过程中和使用维护周期内尽量减少能源尤其是石化能源的利用,降低二氧化碳的排放量,这就需要在景观设计过程中充分发挥其本身的调节气温、吸收温室气体、改善微气候的作用,同时严格计算并控制其二氧化碳排放,提高能源使用效率。低碳只能减缓温室效应带来的不利影响,在温室气体大量排放、全球变暖的环境下,仅仅采取低碳措施只能延缓而不能改善气候条件和自然环境的恶化,因此也需要采取"固碳"措施来减少大气中温室气体的含量。固碳,是指增加除大气之外的碳库碳含量的措施,目前主要的固碳方式有两种,即物理固碳和生物固碳。物理固碳一般是指将二氧化碳长期储存在开采过的油气井、煤层和深海里,在公园设计中的可操作性不强;而生物固碳是指将无机碳即大气中的二氧化碳转化为有机碳即碳水化合物,固定在植物体内或土壤中,是目前世界各国采取并倡导的主要固碳方式,且具有较强的可操作性,也是公园设计中可以采取的固碳措施。

9.2.2 设计原则

1) 因地制宜

适应气候变化的景观设计是一种与所在地环境密切相关的设计理念,在设计过程中,必须充分了解当地的自然地理地貌、水文气候等条件,结合相关的景观规划理论,并考虑未来变化趋势,做出合理的设计方案。同时,还需要了解当地物种生长习性及本土材料和资源,尊重并强化场地内的自然特征,平衡人工与自然环境,最终打造独特的景观环境。

2) 动态适应

由于发展需求和场地条件等情况都随时间不断地变化,适应气候变化的设计要和公园设计的各个阶段相适应。即在设计—施工—使用的阶段,不同情境下根据不同的需求,随时调整方案,自主变通,达到理念与设计各阶段工作间动态适应的目的。同时,在景观设计时应考虑建成后景观环境的自然演变,使人造环境及设施能够与不断变化的环境良好相容。

3) 适度冗余

当城市遭到气候灾害带来的巨大冲击时,城市基础设施将被破坏而无法正常运转,这就需要事先适度设置冗余设施,在冲击到来时冗余设施可以替代被破坏的部分,保证城市系统的正常运转。同时,设计时也应该做好风险预估以及应急设施的规划,如紧急避难所,供电、供水等灾害应急保障。

4) 生态优先

在气候适应公园设计过程中,应将生态环境的保护与修复放在突出位置,使自然景观和人造环境有机平衡,不能因景观环境的规划和防灾设施的建设破坏原有的生态系统,否则不仅会

导致生物多样性结构的破坏和生态环境的碎片化,也会导致景观质量的下降。城市公园规划设计的主要任务包括保护生态环境,维持动植物之间的生态平衡,保护物种多样性、生态系统多样性。

5)减少干预

在气候适应景观的设计中,应尽量减少对自然环境保存相对完好的地块中自然生态过程的干预,并尽量规划对环境影响较小的游览及娱乐活动。这样一方面可以使其保留原有的生态环境,使生态系统更加稳定,在面对气候变化时更易调节自身状态而不易受到破坏,另一方面也可以节省一部分建设和管理费用,减少公园的碳排放。

6)功能复合

气候适应公园设计需要满足应对气候变化的要求,同时更应该具备公园本身的性质,满足游客的游憩需求和娱乐需求。在进行景观规划设计时应在关注其自然生态功能的同时发挥场地和设施的多种使用功能,提高景观的质量和利用率。也可以将预防气候灾害的设施与景观设计相结合,减少硬性的灰色基础设施,进而提升设施的韧性和景观环境的质量。

9.3　气候适应设计策略

9.3.1　针对洪涝灾害的设计策略

洪涝灾害是洪水灾害和雨涝灾害的统称。其中,洪水是河流水位超过河滩地面溢流现象的统称,雨涝是指雨水过多使低洼的地方积水所造成的灾害。强降雨、冰雪融化、堤坝溃决、风暴潮等致灾因子会引起洪水暴发致使沿江河湖泊及沿海地区受到冲击,并造成破坏,同时短时间内集中强降雨造成的大量积水和径流以及排水不及时也会导致土地、房屋等受淹。

全球变暖引起海平面上升、强降雨频次增多,使洪涝灾害的产生愈加频繁。洪涝灾害是我国出现概率最高、影响范围和造成损失最大的自然灾害。而城市的"热岛效应"以及"雨岛效应"也使大城市及高度城市化地区更容易成为区域暴雨中心,城市下垫面的不透水特性以及排水系统的不完善也是导致城市内涝频发的重要因素。

公园设计需要应对洪涝灾害产生的破坏和影响,也需要从应对水位上涨、洪水冲击以及城市内涝等方面考虑,不仅要应对短期内产生的冲击和灾害,也需要在长期进行缓解和预防。除建设防洪基础设施外,也可以从地形、水体、植物、道路及硬质场地及建筑设计等方面进行规划设计。

1)基础设施

(1)防洪设施
防洪设施是预防洪涝灾害的硬性要求,在水位上涨和洪水到来之际可以将其阻隔在外,保障人居环境和人民的生命财产安全。防洪设施主要包括防洪堤坝、河道、防洪墙、防洪堤岸、分洪工程、河道整治工程、水库等。防洪设施对洪水的作用可归纳为挡水、泄洪、拦蓄三种类型。挡水主要是运用工程措施挡住洪水对保护对象的侵袭;泄洪主要是增加河道泄洪能力,如修筑堤防、开辟分洪道、整治河道;拦蓄主要是拦蓄调节洪水,削减洪峰,为下游减少防洪负担。

常规的防洪设施设计虽然可以起到抵御洪水的作用,但其对场地条件要求较高,同时也存在使空间率低下的问题,在景观中的美观度不够,并且容易限制城市居民与水的接触,难以让人产生亲近感和游览欲望。为应对这种问题,在公园设计中,可以将防洪设计与景观设计相结合,将防洪功能与地形、植物、交通空间、景观小品或园林建筑相结合,形成公共活动空间;同时也可以利用插片式防洪设施、弹性收缩门等形式,对防洪设施和景观环境实行人工管理和控制。

2012年,飓风桑迪(Sandy)袭击纽约,造成了大量人员伤亡和经济财产损失。为促进桑迪受灾地区的复原能力,减轻甚至避免其再次遭受洪涝灾害,丹麦BIG公司提出了环绕曼哈顿海岸的THE Big U设计方案。BIG公司提出了"弹性基础设施"(Resiliency Infrastructure)的概念,把防洪堤与城市功能和市民活动需求相结合,创造出了一系列丰富的滨水空间。

在THE BIG U的C2区域[从蒙哥马利街(Montgomery Street)到布鲁克林大桥(Brooklyn Bridge)],高架路临水而建,陆地和水之间没有足够的空间放坡。方案利用高架桥下的空间,结合连续的阶梯状的长凳,开拓出休闲、市场、社会服务等空间,在降雨较少时可以提供防护;同时设计了可以悬挂起来和放下的挡板,在悬挂时挡板成为这一区域的天花板,上面有丰富的装置艺术作品,成为日常景观的一部分;而在风暴和洪涝灾害来临时,挡板作为防洪设施放下,可以起到阻隔洪水的作用(图9.2、图9.3)。

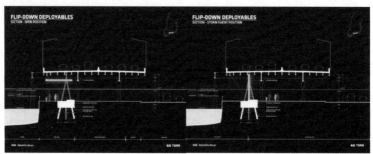

图9.2 防洪挡板和景观空间营造
(图片来源:BIG TEAM)

图9.3 利用防洪挡板进行景观营造和防洪
(图片来源:BIG TEAM)

(2)雨水滞蓄设施

强降雨带来的城市内涝也对居民的生产生活造成极大影响。针对此类问题,相关学者提出了最佳管理措施(Best Management Practices,BMPs)、低影响开发(Low Impact Development,

LID)、水敏感城市(Water Sensitive Urban Design，WSUD)、海绵城市等城市建设和雨水资源利用与管理体系，其核心都是通过对城市雨水资源进行管理与利用，可将城市基建、雨水排放、径流污染控制、灾害防治等元素进行综合考虑，进而解决城市洪涝灾害中出现的多种问题。雨水滞蓄设施是面对城市内涝问题可采用和建设的主要结构性措施。常见的可在公园中采用的雨水滞蓄设施包括绿色屋顶、雨水罐、植草沟、下凹式绿地、雨水花园、透水铺装等(表9.1)。

表 9.1　常见雨水滞蓄设施

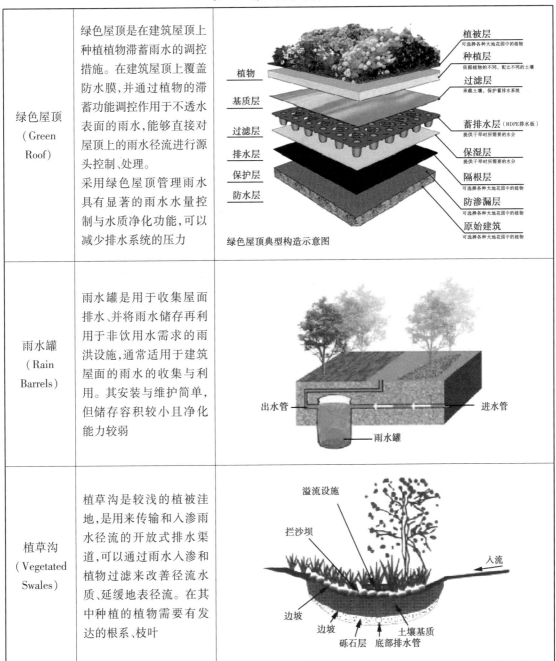

绿色屋顶 （Green Roof）	绿色屋顶是在建筑屋顶上种植植物滞蓄雨水的调控措施。在建筑屋顶上覆盖防水膜，并通过植物的滞蓄功能调控作用于不透水表面的雨水，能够直接对屋顶上的雨水径流进行源头控制、处理。 采用绿色屋顶管理雨水具有显著的雨水水量控制与水质净化功能，可以减少排水系统的压力
雨水罐 （Rain Barrels）	雨水罐是用于收集屋面排水，并将雨水储存再利用于非饮用水需求的雨洪设施，通常适用于建筑屋面的雨水的收集与利用。其安装与维护简单，但储存容积较小且净化能力较弱
植草沟 （Vegetated Swales）	植草沟是较浅的植被洼地，是用来传输和入渗雨水径流的开放式排水渠道，可以通过雨水入渗和植物过滤来改善径流水质、延缓地表径流。在其中种植的植物需要有发达的根系、枝叶

续表

下凹式绿地（Recessed Green space）	下凹式绿地，是一种高程低于周边场地及路面地平的绿地形式，可以在短时间内存蓄雨水，增加雨水下渗量，减少雨水径流外排，降低汇流速度，截留地面污染物。它是介于线性的景观植草沟和有一定要求的雨水花园之间的一种生态雨水管理方式。	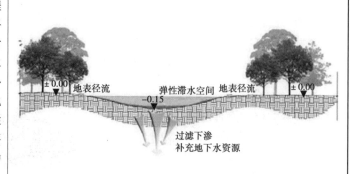
雨水花园（Rain Garden）	雨水花园是自然形成或人工营造的低洼绿地，可以汇聚并吸收来自屋顶或地面的雨水，是一种生态可持续的雨洪控制与雨水利用设施，也是可以实现雨水自然净化与处置的生物滞留设施。 雨水花园一般设置在雨水汇集的低洼地上方，由雨水花园渗透、净化后的雨水，实现补充地下水，涵养水源，灌溉植物等水资源再利用的目的。同时，雨水花园也承担着一部分市民游憩功能。	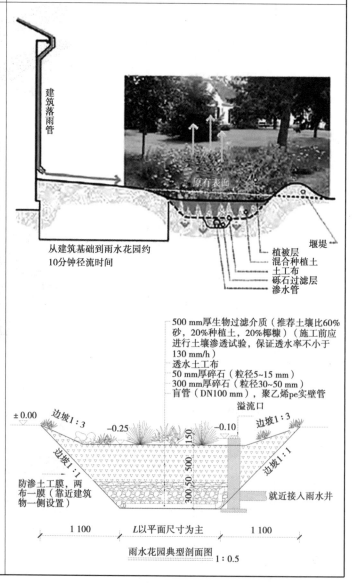 雨水花园典型剖面图

续表

透水铺装 （Permeable Pavement）	透水铺装是一种地面的铺装结构,是指采用多孔结构形成骨架,在满足雨水下渗功能的同时,也可以满足路用铺筑强度和耐久性要求的铺装技术。其主要形式有透水沥青混凝土铺装、透水水泥混凝土铺装及透水性地砖等。此外,公园中用于铺装的鹅卵石、嵌草砖也在此范畴。透水铺装可以对雨水径流的控制、净化以及收集起到一定作用。	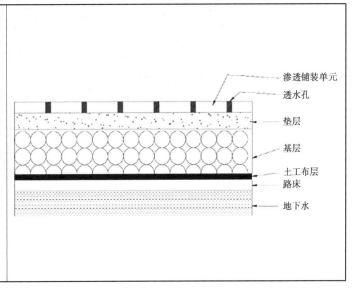

在实际应用过程中,往往会将包括雨水源头控制措施、雨水排除管网和雨水集中处理措施在内的多种雨洪管理方式结合,形成多层级的雨洪管理系统,以达到雨洪管理效益的最大化。将多种雨洪管理措施与景观设计相结合,也能创造出独具特色和具有科普意义的设计方案,提升景观的趣味性与实用性。例如,深圳湾街心公园不仅提供了较为完善的公共空间系统与活动设施,也将雨水生态循环装置融入景观之中(图 9.4),提供了集雨水收集、净化以及利用为一体的雨水管理措施,并利用风车、台地、梯田等元素形成了包括叠瀑、飞瀑、水池、湿地等多种水景(图 9.5)。整个公园每天可收集的最大径流量为 665 m^3。

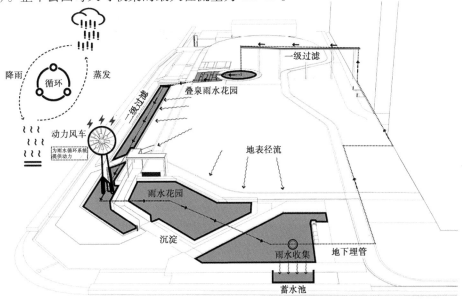

图 9.4　深圳湾街心公园雨水循环系统
（图片来源:木藕设计网）

图 9.5　深圳湾街心公园飞瀑景观

（图片来源：木藕设计网）

2）地形

（1）缓坡式驳岸

目前，垂直的防洪堤是较为普遍的防洪设施，但这种硬性的灰色基础设施难以抵御侵蚀，并且其简单的阻挡方式会导致水流反弹，进而导致更大的湍流，造成破坏。一些情况下，软质的水岸保护措施往往更加有效，并且相对于硬质保护措施来说造价更低。在保有防洪堤、保证其防洪作用的基础上，利用缓坡阶梯式生态驳岸是一种有效的缓冲方法，同时也更利于景观的营造。在水位较低时，缓坡式驳岸可以提供丰富的景观空间；在水位上涨、洪水到来时，海拔较低的区域将被淹没，并对水流进行一定的缓冲，而上层景观空间仍可以投入使用（图 9.6）。

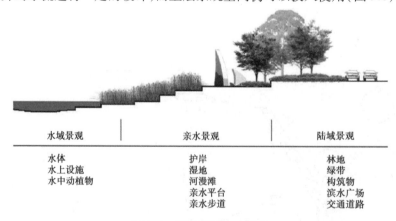

图 9.6　缓坡式驳岸示意图

在浙江金华燕尾洲公园中，设计方将尚没有被城市建设的防洪堤围合的洲头设计为可淹没区（图 9.7），同时将公园范围内的硬质防洪堤岸改为多级可淹没的梯田种植带（图 9.8），这样能够减缓水流速度，也提高了公园滨水空间的利用率和亲水性。

图 9.7　燕尾洲公园旱季及洪水淹没期实景
（图片来源：谷德设计网）

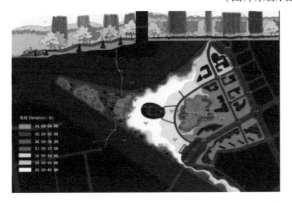

图 9.8　燕尾洲公园高程图及可淹没梯田设计
（图片来源：谷德设计网）

同样是在 THE Big U 的方案中，在 C1 区域，建设了一个 4.5 m 宽的连续护堤穿过整个东河公园，可抵御百年一遇的洪水，以保护城市空间。防洪堤水体一侧采用缓坡逐渐下降，并配以丰富的植物种植，在洪水到来之际可被淹没而不造成较大财产损失；在城市一侧采用"绿墙"形式，逐级下沉，能够抵御城市噪声及尾气，将休闲空间与交通空间分隔，其高度也能直接与城市立体交通相连。同时，伴随公园地形变化，方案结合市民需求设计了丰富的景观空间与便利设施，其中包括公园人行路以及自行车道，共同构成了滨海的绿色走廊（图 9.9）。

图 9.9　与防水堤结合的地形改造
（图片来源：谷德设计网）

（2）利用地形改变河流流向

除将地形营造为可淹没区域外，在公园中还可以利用地形的营造改变河流流向，进而将河流冲积扇控制在城市居住区以外。多伦多柯克敦公园（Cocktown Common）位于唐河（Don River）下游，是多伦多最易遭受洪灾的区域之一。柯克敦公园的设计在场地内构建了 4 m 高的泥土垫层，从河岸逐渐起坡，不仅能起到防洪作用，足以抵挡 500 年一遇的洪水，也起到了引导河流流向的作用（图 9.10）。750 m 长的防洪带将公园分为干、湿两部分，靠近唐河一侧为"湿侧"（Wet Side），其中没有做过多设计，在水位上涨时可被洪水淹没；而"干侧"（Dry Side）的公园部分则是市民休闲娱乐的场所，其中包括阳光草坪、游乐场、运动场、戏水区等多种场地（图 9.11）。

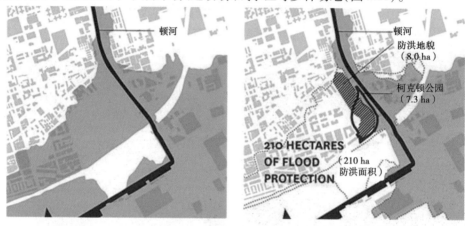

图 9.10　利用泥土垫层改变河流流向

（图片来源：谷德设计网）

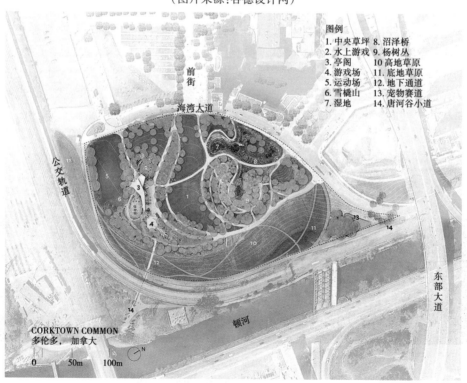

图 9.11　柯克敦公园平面图及实景图

（图片来源：木藕设计网）

（3）浮岛地形设计

气候变暖带来的海平面上升是城市环境需要长期面对的问题，不断上升的海平面将会造成海岸低地被淹没，并且这一过程不可逆。为应对这一问题，让场地可以随海平面上升而"漂浮起来"也是一种地形设计方法。在丹麦橡树市，不断上升的海平面对其现有港口造成了威胁。预计到 2100 年，海平面可能升高 2.5 m，届时港口地区以及市区部分地区将暴露在洪灾风险之下。Atelier Entropic 公司提出了由内陆和浮岛组成的方案"漂浮花园"，将陆地和漂浮花园保持在 3 m 的海拔。由于花园完全是漂浮的，无论海平面高度如何，它们都能始终保持在海平面以上。在此基础上利用步行流线将漂浮的活动岛屿和生态浮岛连接，同时注意场地的功能性和生态品质的营造，将"漂浮花园"打造成了橡树市新的绿色中心（图 9.12、图 9.13）。

（4）地形相关的雨水径流管理

在面对城市内涝问题时，也可以利用地形进行雨水径流引导及管理，以增加雨水下渗及利用，减少城市雨水管网的压力。公园中地势较低的绿地有利于雨水的收集和充分下渗，当绿地高度低于场地与道路高度时，可以消纳周边道路上的地表径流。对于较为平坦的地形，可结合公园功能与利用情况在其中设置下凹式绿地、雨水花园、植草沟等，以增加雨水的下渗或疏导雨水，使其流入湿地或水塘中。在坡度较大的地形中，应考虑增加雨水的渗透，减少短期内雨水径流量及径流流速，包括降低坡度、进行多坡度波浪式设计、台地设计以及增加障碍物等方式。而利用多种设计方式对公园地形进行规划设计，也可以丰富公园的形式，提高其美观度。

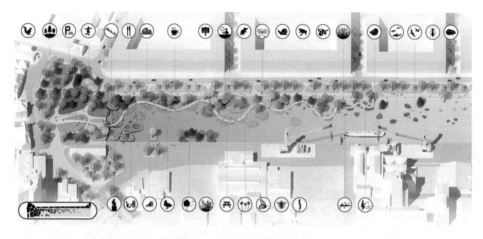

图 9.12　漂浮花园平面图
（图片来源：木藕设计网）

图 9.13　漂浮花园实景
（图片来源：木藕设计网）

在泰国朱拉隆功百年纪念公园（Chulalongkorn Centenary Park）中，设计师将公园地形以 3°角倾斜，在降雨和洪水到来时，雨水将在重力作用下从公园最高点的绿色屋顶处流到最低点的蓄水池中。同时，公园博物馆建筑两侧的草坪也可以起到收集雨水的作用。加上绿色屋顶下的储水箱，整个公园的雨水系统可以容纳多达 4 000 m³ 的雨水（图 9.14—图 9.16）。

图 9.14　朱拉隆功百年纪念公园鸟瞰图
（图片来源:木藕设计网）

图 9.15　朱拉隆功世纪公园剖面图
（图片来源:木藕设计网）

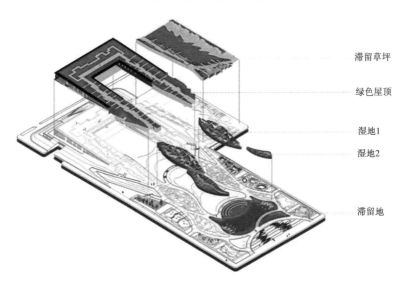

图 9.16　朱拉隆功世纪公园雨水系统示意图
（图片来源:木藕设计网）

213

3）水体

（1）景观水体的雨水调蓄

在城市公园中，景观水体也是一种有效的自然雨水调蓄设施。景观水体一般在公园中地势较低，在强降雨到来时，可以起到一定的汇水、蓄水作用；而在干旱季节景观水体也可以成为公园中灌溉用水的来源。而降雨带来的水位高低变化也可以形成不同水位下的不同空间，合理利用这些空间进行绿地、场地设置，不仅可以实现土地资源的充分利用、营造良好的景观环境，也可以打造多样的亲水空间，发挥城市公园休闲娱乐功能。而良好的景观水体环境也可以在一定程度上改善公园乃至城市的生态环境。与此同时，景观水体还可以与人工营造的调蓄、净化设施相结合，形成开敞式调蓄池，以更好地发挥其对雨水的调蓄作用。

亚特兰大历史第四区公园（Historic Fourth Ward Park）在原有的工业废弃地营造了一个面积为 2 英亩的湖泊，不仅成为公园中的主要景点和视觉中心，更是一个雨水滞留池。湖泊外的雨水将沿着场地以及管道流入湖泊之中，结合景墙形成了溪流、瀑布等丰富的水景；这些水在干旱时期也可以为公园内的草坪和运动场提供灌溉用水（图 9.17、图 9.18）。

图 9.17　雨水流入湖泊形成水景　　　　图 9.18　公园湖泊
（图片来源：互联网）　　　　　　　　（图片来源：互联网）

（2）多层级水环境

公园的选址与景观建设往往依托山水环境，立足于流域层面进行多层级水环境设计是预防洪涝灾害的有效手段。构建多层级水环境可以从宏观山水流域、中观水网格局以及微观水体优化三个层面着手，在宏观层面明确山水格局与流域特征；在中观层面构建完善、连通的水网体系，保护水体多样性；在微观层面结合雨水收集设施以及城市绿地建设维护城市环境品质。公园中的水体设计一般集中在中观与微观层面，依托宏观水环境对公园水体进行多层级设计与构建，有利于形成城市水网，在流域层面对洪涝灾害进行消解，同时也能分担自然河流与湖泊的防洪压力。

例如，湖南临澧道水河柳林公园将公园以及景观节点与城市水网相结合，保留水乡肌理，整合水系形态，结合现有滩涂布置水景与河道，同时达到了丰富自然水景观和排洪的效果（图 9.19、图 9.20）。

图 9.19　柳林公园平面图
（图片来源：木藕设计网）

图 9.20　临澧道水河柳林公园平面图
（图片来源：木藕设计网）

4）植物

（1）植物选择与配置

在城市绿地中，植被可以将超过 50% 的降水量返回到大气中；植物的叶片和茎可直接截留降雨，从而减少降水对土壤的侵蚀；而植被所产生的有机质层可以进一步截留雨水和保护土壤。而深根性水生植物也能起到一定的屏障作用，加固自然边缘，为滨水湿地提供保护。因此，城市公园中植物的选择和配置对于适应气候变化也有重要作用。

在进行植物配置时，首先应综合考虑当地特征，充分考虑植物的抗逆性、植物外观、生长习性等因素，选择在对应环境中可以正常生存的植物种类，并重视乡土植物的应用。在植物种植时也要综合考虑植物的生态效益，考虑多种植物混合搭配，形成乔木—灌木—草本的垂直结构或水生—湿生—陆生的水平结构，以创造良好的生境，提升系统的整体性和稳定性，进而提高景观韧性（图 9.21）。

图 9.21 长沙巴溪洲公园植物设计

（图片来源：木藕设计网）

（2）红树林的保护与湿地构建

红树林是生长在热带、亚热带海岸潮间带，由红树植物为主体的常绿乔木或灌木组成的湿地木本植物群落（图 9.22），在净化海水、防风消浪、固碳储碳、维护生物多样性等方面发挥着重要作用。而红树林湿地是海域与陆域之间的过渡带，也是面对海岸线上升以及风暴潮的天然防线，可以有效减缓风浪对海岸的冲刷并使悬浮物沉积。然而由于城镇化建设以及水产养殖塘和盐池的建设以及河流改道等原因，红树林及红树林湿地都遭到了不同程度的破坏并发生退化现象。面对这一问题，应从恢复并重建红树林湿地、重新构建并保护野生动物生境、完善湿地生态系统、扩大红树林湿地面积等方面考虑，进行红树林的保护与湿地构建。

（3）生态浮岛

生态浮岛技术在人工湿地的基础之上发展而成，运用无土栽培原理，人工将植物种植在浮体栽培岛上，通过植物根系及微生物的作用削减水体中的氮、磷等营养元素，并富集水体中的重金属以及有机污染物等，属于生态修复技术。

生物浮岛按是否接触供试水体分为干式浮岛和湿式浮岛。干式浮岛中植物不直接接触水体，植物生长条件与陆地相似，但由于作物不直接接触水体，所以其水处理能力有限，其主要目的是改善景观环境，以及为生物提供产卵场所及栖息地。湿式浮岛中栽种的植物直接接触水体，有较好的生态修复能力。生物浮岛的植物选择需要满足环境适应性需求，并应具有较大的生物量，同时应确保植物的季相效果和景观效果（图 9.23）。

图 9.22 滨海红树林

（图片来源：微软 Bing 搜索）

图 9.23 生态浮岛

（图片来源：微软 Bing 搜索）

5）道路及硬质场地

（1）道路及场地选址

在公园中进行道路及硬质场地的设计时，首先要进行道路和场地的规划选址，一方面要保证场地的防洪功能不被破坏，另一方面实现空间利用效率的最大化。在丹麦未来公园中，为保护橡树市免受风暴潮和海水水位上升的影响，设计方在海岸线的部分区域填海打造了自然形态的盆地，并用三条不同海拔的沿海小径串联场地，并结合盆地及路径打造自然生态环境（图9.24、图9.25）。

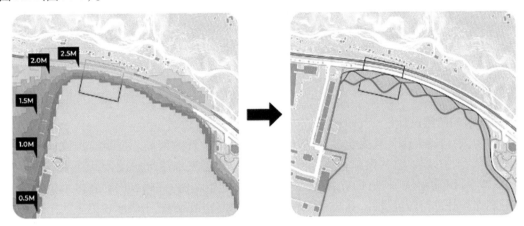

图9.24　丹麦沿海小径路径规划
（图片来源：木藕设计网）

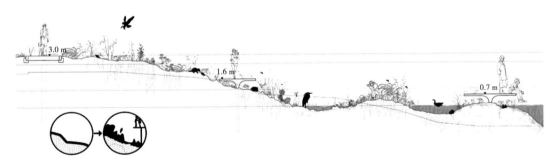

图9.25　沿海小径剖面图
（图片来源：木藕设计网）

（2）道路及场地铺装

在公园中进行道路及场地设计时，应在满足安全性性、耐久性和功能性的基础上，尽量减少硬质铺装，采用透水铺装或软硬质结合的方式提升场地的透气性和透水性，减少地表径流，同时还可增加本地天然石材、木材等材料的应用，以降低成本或提升景观效果。

如荷兰奈弗达尔市中心的海绵街道项目，利用透水铺装将从人行道渗透的雨水储存起来，能够为树木和喷泉装置供水，也能够适应和抵御极端降水以及严重干旱（图9.26、图9.27）。

图 9.26　海绵街道透水铺装
（图片来源：木藕设计网）

图 9.27　雨水的储存和利用
（图片来源：木藕设计网）

6) 建筑设计

(1)建筑的防洪设计

建筑防洪,应首先保证其安全性,有效的措施是易地搬迁或架高。建筑防洪设计应该保证建筑的地基、围护结构、公共设施完整且不易被破坏。对于滨水建筑的设计,还可以采用"湿式防洪法"或"干式防洪法"。湿式防洪法允许洪水进入建筑物的一部分,同时在洪水位之下的建筑部分和连接处进行防洪设计,并应将所有机械设备和公共设施置于洪水位之上。干式防洪法应挡住洪水避免其进入建筑,同时应固定建筑、加固墙体,使其能够承受洪水的冲击力;还应为门窗安装不透水的闭合装置,并利用薄膜和封闭剂等阻止洪水的渗透(图 9.28)。

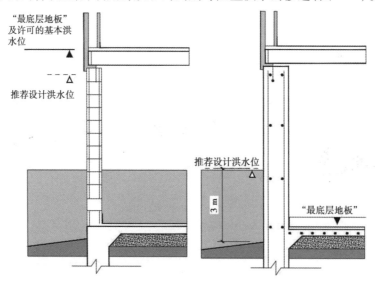

图 9.28　湿式防洪法(左)和干式防洪法(右)
（图片来源：互联网 ）

（2）利用水文条件进行建筑设计

在做好基础的防洪防水措施后,建筑设计可以利用水文条件和水位变化作为设计元素,这能够丰富建筑的设计形式并赋予其一定的教育意义。在加拿大渥太华市炮台公园（Battery Park）中,设计了带有玻璃观景窗的汛期观水空间"反向水族馆"（the reverse aquarium）,随着潮水的涨落,玻璃视窗内也会相应地呈现出水位的变化及水中景观的变化（图 9.29）。

图 9.29　反向水族馆（左:外景;右:内景）

（图片来源:互联网）

9.3.2　针对高温热浪的设计策略

高温热浪（Heat Wave）通常情况下是指气温高且持续时间较长、使人体感觉不舒适,并可能威胁公众健康和生命安全、增加能源消耗、影响社会生产活动的天气过程。中国气象局规定日最高温度≥35 ℃为高温日,连续 3 天以上的高温天气称为高温热浪;同时规定了高温热浪指数（HI）,把高温热浪等级分为轻度热浪（三级）、中度热浪（二级）和重度热浪（一级）3 个等级。高温热浪分为干热型高温和闷热型高温两种类型。干热型高温一般出现在我国华北、东北和西北地区的夏季,表现为日最高气温高、日最低气温较高、昼夜温差小、太阳辐射强、相对湿度较小的高温天气。闷热型高温一般出现在我国沿海及长江中下游以及华南等地区,由于夏季水汽丰富相对湿度大,人们感觉闷热。

当高温热浪天气来袭,人体暴露于高温环境,其体温调节、水盐调节及血液量调节等生理系统功能无法维持产热和散热的动态平衡,导致体内热量产生高于热量散失,将会引发热应激、脱水甚至死亡。到 2019 年,在中国与高温热浪相关的死亡人数已达到 26 800 人（自 1990 年以来,该数据上升了 4 倍）（图 9.30）。

目前,针对高温热浪带来的影响,相关学者从城市规划角度进行了研究,主要措施有合理规划城市建设、控制城市规模、增加绿地面积、提高绿地质量、引入城市风道规划等。城市绿地能够通过植被的光合作用、蒸腾和蒸散作用来降低地表温度,城市绿地建设是缓解城市热岛效应、应对高温热浪天气的有效途径之一。而城市公园也能够通过一定的设计手段,如遮阳、通风、调湿等,应对高温热浪,实现对公园内部环境及周边环境的降温。而在热浪等级较高时或在高温预警发布时,公园中也具备采用必要防护措施的能力。

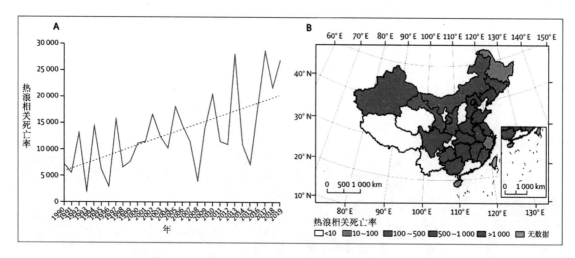

图 9.30　在中国高温热浪造成的死亡人数(1990—2019)

(图片来源:The 2020 China Report of the Lancet. Countdown on Health and Climate Change.)

1)遮阳

通过遮阳措施可以减少城市公园表面接收到的太阳辐射,进而在高温天气中达到降温效果,并减少暴晒引起的人体健康问题。公园中的遮阳手段主要有建筑及构筑物遮阳和植物遮阳。

(1)建筑及构筑物遮阳

建筑及构筑物遮阳是公园中遮阳的主要手段。公园建筑可以在公园中形成室内空间,可以最大限度地避免太阳直射。同时,其墙面、门窗、屋顶等遮阳构件也可以在室外达到一定的遮阳效果(图9.31)。在公园中,亭、廊等开放式的构筑物更为普遍,它们可以提供室外休憩空间或提供遮蔽,其顶面遮阳的形式是建构筑物提高微气候舒适度最有效的方式(图9.32)。同时,建筑物及构筑物的材料以及布置方式也会对遮阳效果产生较大影响(图9.33)。除常规的亭、廊、固定式的棚架等建筑结构外,张拉膜、玻璃纤维遮阳织物等也因其轻便、多样的特性得到了广泛应用(图9.34)。在高温热浪天气频发时,公园中还可以多布置可移动的遮阳伞,一方面可以与公园环境相呼应,另一方面也可以方便游客取用。

(2)绿化遮阳

绿化遮阳主要应用植物或有植物种植、攀爬的棚架等构筑物进行遮阳。在乔木、灌木、草本植物中,乔木的遮阳效果最好,而较为低矮的灌木和草本植物遮阳效果有限;爬藤植物能够与景观构架相结合,进而增加覆盖率,收获较好的遮阳效果。在公园中利用植物遮阳首先考虑乔木的利用,在进行植物的选择时应综合考虑其冠幅、高度、树冠形状、叶面积指数等多种因素,遮阳效果最佳的应是冠幅较大、高度足够游客活动、树下阴影遮蔽区大的植物种类(图9.35、图9.36)。不同的植物组合以及种植方式也会对植物的遮阳效果产生影响。也可以考虑将植物与景观亭、廊架等构筑物结合,以达到更好的遮阳效果,同时也可创造高质量的活动空间。如日本黑部市前泽花园凉亭"白花亭",其屋顶由17棵树(橡树和雪松)和钢柱共同支撑,为行人提供能够遮阳的休息区(图9.37、图9.38)。

图 9.31　美国 Confluence 公园展馆
（图片来源：木藕设计网）

图 9.32　美国 Confluence 公园混凝土中央凉亭
（图片来源：木藕设计网）

图 9.33　将青瓦、玻璃、竹等不同材料作为建筑物遮阳材料
（图片来源：木藕设计网）

图 9.34　张拉膜及伞遮阳
（图片来源：木藕设计网）

图 9.35　厦门海湾公园中的林荫路
（图片来源:木藕设计网）

图 9.36　北京大兴新城绿色公园树荫下的阶梯座椅
（图片来源:木藕设计网）

图 9.37　日本黑部市前泽花园凉亭"白花亭"外景
（图片来源:木藕设计网）

图 9.38　日本黑部市前泽花园凉亭"白花亭"内景
（图片来源:木藕设计网）

2）通风

通风也可以对室外环境的温度、湿度起到调节作用,是高温热浪天气中有效的降温手段。进行通风设计可以从公园选址及布局、地形、植物以及水体几方面考虑。

（1）公园选址及布局

在进行公园选址时,应首先针对周边环境进行风评估,了解其潜在的通风环境,将公园与城市通风廊道相结合,尽可能避免建筑产生"屏风效应"等不利影响,从而改善局地微气候,促进风循环,最终减缓城市热浪。在公园内部进行道路系统布局及进行建筑前道路设计时,宜采用与相应地区主导风向一致的道路方向,以增加公园内空气流通,同时避免建筑物对通风廊道的遮挡;也可以利用建筑及构筑物的布局,以及门窗等通风廊道形成庭院风,加速建筑庭院内部的空气流动（图 9.39）。

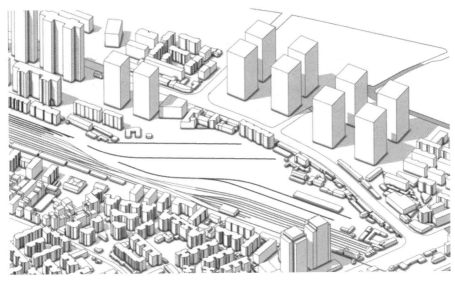

图 9.39　将公园选址及布局与城市通风廊道相结合
（图片来源：互联网）

（2）地形

利用地形的通风设计，一方面要注意原有地形的合理利用，另一方面可以通过对地形的营造改善通风环境。公园内地势起伏较大时，应注意地势起伏区域与主要活动区的位置关系，避免隆起的地形对活动区通风形成遮挡，同时应注意对高地势造成的山谷风的合理利用。在地形较为平坦的区域可以合理进行堆山理水，丰富公园地形，制造温差，进而改善其通风环境（图 9.40）。

图 9.40　通过地形改善通风环境
（图片来源：互联网）

（3）植物

植物设计应做到疏密结合。乔灌草结合的种植方式虽然能够形成良好的生态效益，但其种植难免过密，同时林下活动空间较少，利用率可能较低，因此在公园边界等强调通风的区域可以考虑使用乔草结合的种植方式，而在滨水空间等开敞空间则可以采用大面积的草坪或草本植物种植，会形成较好的通风效果。灌木具有较为低矮、树形致密等特点，对于灌木的合理利用可以在公园中形成风口、风道（图 9.41—图 9.43）。

图 9.41　乔木与草坪结合种植
（图片来源：互联网）

图 9.42　在滨水空间采用大面积草坪
（图片来源：互联网）

图 9.43　利用灌木形成风道
（图片来源：互联网）

（4）水体

水体对于风环境的调节作用不可忽视。水体的比热容是空气的 4 倍，气温升降形成的水陆温差带来的热交换会促进水陆风的形成，从而使空气流通。同时动态水景也会带动周围空气的流动，形成小范围的微风环境。因此可以通过营造水景尤其是动态水景来改善公园通风环境。

3）调湿

在闷热型高温多发地区，水体不宜过大，否则会因公园内湿度过高和通风效果不好造成闷热感，降低舒适度。而在干热型高温多发地区，则可以通过调湿达到降温效果，主要的调湿手段有水景设计以及增设喷雾装置等。同时，植物的蒸腾作用带来的调湿效果也不可忽视。

（1）水体

在公园内可以利用水体的安排增加公园内湿度。在进行水体位置选择时，应尽量选择公园的上风向，利用主导风促进公园内空气流通，进而在全园产生降温增湿的作用。若水体位于城市公园的下风向，宜采用分散式的水体设计降低环境的湿度。动态的水体因与空气的接触面积大并且具有流动性，具有比静态水体更好的增湿效果（图 9.44、图 9.45）。水体的设计也可以利用装置控制其动态效果，根据气候条件控制其开关以及规模（图 9.46、图 9.47）。

图 9.44　美国沃斯堡流水花园
（图片来源：木藕设计网）

图 9.45　美国沃斯堡流水花园动态水体
（图片来源：木藕设计网）

图 9.46　贵阳广大街头公园旱喷水景
（图片来源：木藕设计网）

图 9.47　贵阳广大街头公园旱喷水景俯视
（图片来源：木藕设计网）

（2）喷雾装置

可以利用景观喷雾装置在短时间内达到调湿作用，以调节公园空间中的微气候，进而减轻热浪天气对游客的不利影响。例如，位于阿布扎比酋长国的"人造模块化棕榈呼吸结构系统"，由棕榈树状的结构模块装置构成，可以通过棕榈顶部的太阳能板收集太阳能，并通过棕榈下方的喷嘴喷洒雾气，对炎热地区的高温、紫外线、强风和沙尘暴等环境问题起到阻隔作用，结合植物种植打造生态友好的空间和"城市绿洲"（图 9.48、图 9.49）。

图 9.48　人造模块化棕榈呼吸结构系统
（图片来源：木藕设计网）

图 9.49　景观喷雾装置
（图片来源：木藕设计网）

4）降温

根据高温热浪天气的具体情况，在公园建筑室内可以利用空调直接降温，或利用风扇改善室内通风环境实现降温，但要注意避免因室内外温差过大引起"空调病"。

在室外环境中可以结合场地和水景设置戏水装置，游客在其中玩耍时，水体可以起到降温作用（图 9.50、图 9.51），但同时要注意避免烈日和水共同作用下的皮肤灼伤。

图 9.50　Marrickville 水上乐园室外戏水场地
（图片来源:木藕设计网）

图 9.51　室外戏水装置
（图片来源:互联网）

5）防护

在公园中可以设置防护设施并采取一定的防护措施来减轻高温热浪对人的不利影响。

在热浪天气频发时期,可以在公园中设置热浪预警系统,实时显示气象局和媒体发布的热浪预警信息,以及公园内不同地点的实时温度,让游客能够对其游览时间内的室外热环境有一定的了解,同时也可以对防暑措施及建议进行公示。我国高温预警信号分为三级,其中高温黄色预警信号表示日最高气温将升至 35 ℃以上,高温橙色预警信号表示日最高气温将升至 37 ℃以上,高温红色预警信号表示日最高气温将升至 40 ℃以上(图 9.52)。

在高温热浪天气到来时,尤其是当红色高温预警信号发布时,应尽量减少或避免游客进行室外活动,尤其是避免在烈日下进行室外活动。在公园中可以设置一键安全报警系统,并公布应急救助联络方式,让身体出现不适的游客可以尽快就近联系当地医院及相关工作人员。

图 9.52　高温预警信号
（图片来源:百度百科）

可在公园中设高温热浪天气救助站。救助站可与公园景观建筑相结合,也可临时设置,要便于寻找和到达。救助站内可以安装空调、风扇等降温电器,以创造较为舒适的热环境。救助站中可以发放饮水、食物,还可以发放防暑工具和药品,甚至提供有针对性的医疗救助。同时,以达到较好的救助效果。较大规模的公园救助站也可以与政府合作,将难以抵御高温热浪天气的弱势群体或缺少制冷降温设备的人群转移至救助站,以减少极端天气带来的人员伤亡。

思考题

1.全球变暖会带来哪些气候问题？会对人类及人类生存环境造成哪些影响？

2.针对气候问题,景观设计的主要理念与原则有哪些？原因是什么？

3.在针对洪涝灾害进行公园设计时,怎样体现"韧性设计"？

4.针对高温热浪进行公园设计时,可以采取哪些措施？

第 10 章　生物安全防护

本章导读:生物安全事关环境健康与居民生活,本章介绍了生物安全概念,明确了城市公园内生物安全的内涵和内容,介绍了常见的有害生物种类,并提出了一系列设计应对措施。

10.1　城市公园中的生物安全

随着人与自然交互程度的不断深入,传染病疫情、外来物种入侵等生物安全事件屡屡发生,对我国生态文明建设和居民生活质量造成危害。我国《生物安全法》所称生物安全,是指国家有效防范和应对危险生物因子及相关因素威胁,生物技术能够稳定健康发展,人民生命健康和生态系统相对处于没有危险和不受威胁的状态,生物领域具备维护国家安全和持续发展的能力。并将生物安全总结为 8 个方面(从事下列活动,适用本法):防控重大新发突发传染病、动植物疫情;生物技术研究、开发与应用;病原微生物实验室生物安全管理;人类遗传资源与生物资源安全管理;防范外来物种入侵与保护生物多样性;应对微生物耐药;防范生物恐怖袭击与防御生物武器威胁;其他与生物安全相关的活动。

关注城市公园内生物安全与园林"第二自然"的根本属性息息相关:人类先祖通过智慧和力量努力摆脱自然的控制,将野外自然中的蛮荒、恐怖之处摈除,驱散天敌、饥饿和疫病,营建风景和园林,再造丰富可爱之"自然"。经人改造的自然有别于野外的"第一自然",排除了各类危害因子,是安定与美好的"伊甸园"。排除天敌、饥饿和疫病等威胁,是人类祖先营造人居环境的初心,也是人类改造野外自然建立风景园林的动力。如今,随着居民对环境要求的提高,城市公园作为人居环境重要的场所应该考虑应对各类环境威胁,尤其是在全球疫情防控危机凸显、生物入侵危机频发的时刻,关注生物安全有很高的理论和现实意义。

在以上生物安全的八个方面中,公园绿地作为城市环境中生物多样性高、生物活动丰富的场所,其生物安全主要体现在生物多样性保护、外来物种入侵防范以及防控重大新发突发传染病、动植物疫情上(图 10.1)。根据生物因子的危害类型,可将公园内生物危害分为环境危害生物和人体危害生物两个类型。其中环境生物安全防护是指对城市公园内危害生态环境的生物威胁进行的预防和治理,包括应对入侵物种、防治动植物疫情等。

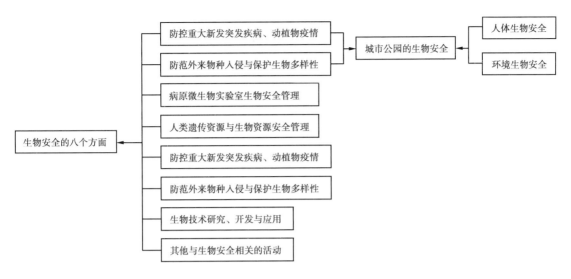

图 10.1　生物安全的 8 个方面

（图片来源：作者自绘）

10.2　环境危害生物

10.2.1　入侵物种

外来物种入侵是指生物物种由原产地通过自然或人为的途径迁移到新的生态环境的过程中对生态环境、经济发展造成危害的现象。一般情况下，生物被引入一个新的生境后，很有可能无法生长和繁殖。但如果在没有人为帮助下，物种能够建立自我替代的种群，那么该物种就具备了归化能力。若归化物种又在远离引种地建立新的种群，克服了传播障碍，具备了潜在性的生态风险，则该种已经具有了入侵性。入侵物种危害程度不一，有的仅仅是园林杂草，而有的甚至可能影响生态系统。随着经济全球化、贸易国际化的进程，生物入侵现象已经成为世界人类共同关注的重大问题。我国从 2003 年开始就制定了中国外来入侵物种名单，截至 2016 年，共有 4 批名录被陆续公布用以指导我国外来物种防治工作。

1）入侵植物

植物是园林绿地的基本设计要素，是生态系统中的生产者。外来植物入侵城市绿地后，会与本土物种争夺阳光、营养、水分，威胁原有植被生存，可能导致绿地生态系统生物多样性减少、功能性减弱。据《中国入侵植物名录》，当前中国入侵植物共计 94 科 450 属共 806 种，其中以菊科（*Compositae*）、豆科（*Leguminosae*）、禾本科（*Gramineae*）居多。

这些入侵植物危害程度各不相同，以凤眼莲、空心莲子草、加拿大一枝黄花、互花米草为具有代表性的入侵植物，对我国生物多样性和生态环境造成了严重危害，并造成巨大的经济损失，被列入了中国外来入侵物种名单（表 10.1）。

表 10.1　中国外来入侵物种名单(植物)

名　单	种　名	学　名	科　名
第一批中国外来入侵物种名单(植物)	紫茎泽兰	*Eupatorium adenophorumSpreng*	菊　科
	薇甘菊	*Mikaina micrantha*	菊　科
	豚　草	*Ambrosia artemisiifolia*	菊　科
	飞机草	*Eupatorium odoratum*	菊　科
	空心莲子草	*Alternanthera philoxeroides*	苋　科
	凤眼莲	*Eichhornia crassipes*	雨久花科
	互花米草	*Spartina alterniflora*	禾本科
	毒　麦	*Lolium temulentum*	禾本科
	假高粱	*Lolium temulentum*	禾本科
第二批中国外来入侵物种名单(植物)	加拿大一枝黄花	*Solidago Canadensis*	菊　科
	银胶菊	*Parthenium hysterophorus*	菊　科
	三裂叶豚草	*Ambrosia trifida*	菊　科
	黄顶菊	*Coastal plain yellowtops*	菊　科
	土荆芥	*Chenopodium ambrosioides*	藜　科
	刺　苋	*Amaranthus spinosus*	苋　科
	落葵薯	*Madeira vine*	落葵科
	马缨丹	*Lantana camara*	马鞭草科
	大　藻	*Pistia stratiotes*	天南星科
	蒺藜草	*Cenchrus echinatus*	禾本科
第三批中国外来入侵物种名单(植物)	钻形紫菀	*Aster subulatus*	菊　科
	三叶鬼针草	*Bidens pilosa*	菊　科
	小蓬草	*Conyza canadensis*	菊　科
	苏门白酒草	*Conyza bonariensis*	菊　科
	一年蓬	*Erigeron annuus*	菊　科
	假臭草	*Praxelis clematidea*	菊　科
	刺苍耳	*Xanthium spinosum*	菊　科
	反枝苋	*Amaranthus retroflexus*	苋　科
	圆叶牵牛	*Ipomoea purpurea*	旋花科
	长刺蒺藜草	*Cenchrus pauciflorus*	禾本科

续表

名　单	种　名	学　名	科　名
第四批 中国外来入侵 物种名单(植物)	藿香蓟	*Ageratum conyzoides*	菊　科
	大狼杷草	*Bidens frondosa*	菊　科
	光荚含羞草	*Mimosa bimucronata*	豆　科
	五爪金龙	*Ipomoea cairica*	旋花科
	喀西茄	*Solanum aculeatissimum*	茄　科
	黄花刺茄	*Solanum rostratum*	茄　科
	刺果瓜	*Sicyos angulatus*	葫芦科
	长芒苋	*Amaranthus palmeri*	苋　科
	垂序商陆	*Phytolacca americana*	商陆科
	野燕麦	*Avena fatua*	禾本科

(1)凤眼莲

凤眼莲(*Eichhornia crassipes*)又称为水葫芦,是雨久花科凤眼莲属的一种浮水植物(图10.2)。凤眼莲原产于巴西,20世纪作为畜禽饲料引入我国,并作为观赏和净化水质的植物推广种植,现广布于中国长江、黄河流域及华南各省。凤眼莲喜欢温暖湿润、阳光充足的环境,适应能力强;其繁殖速度极快,大面积生长时会挡住阳光,消耗水中的溶解氧,导致水下生态系统失衡,其他水生生物的死亡。

2000年初的昆明滇池曾遭遇凤眼莲的严重入侵,水体恶臭,航道阻塞,不仅导致滇池的滨水风景观感大打折扣,而且使这一饮用水水源地的水质长期处于劣V类的标准,严重影响周边群众的健康生活。太湖、闽江、三峡库区也都曾有过凤眼莲入侵的相关报道。2003年,凤眼莲被列入《中国第一批外来入侵物种名单》。

图10.2　凤眼莲

(图片来源:互联网)

（2）空心莲子草

空心莲子草（*Alternanthera philoxeroides*）是苋科莲子草属植物（图 10.3），原产于南美洲。空心莲子草 1892 年在上海附近岛屿出现，在 20 世纪 50 年代作饲料推广栽培，此后逸生野外，遍及我国黄河流域以南地区。空心莲子草的危害体现在：堵塞航道，影响水上交通；排挤其他植物，使群落物种单一化；覆盖水面，影响鱼类生长和捕捞；在农田危害作物，使产量受损；田间沟渠大量繁殖，影响农田排灌；入侵湿地、草坪，破坏景观；滋生蚊蝇，危害人类健康等。2003 年，空心莲子草被列入《中国第一批外来入侵物种名单》。

图 10.3 空心莲子草

（图片来源：互联网）

（3）加拿大一枝黄花

加拿大一枝黄花（*Solidago canadensis*），是菊科一枝黄花属植物（图 10.4），原产于北美。20 世纪 30 年代中期，其作为观赏植物引入我国。加拿大一枝黄花以种子和根状茎繁殖，根状茎发达，繁殖力极强，传播速度快，生长迅速，生态适应性广阔，从山坡林地到沼泽地带 均可生长。加拿大一枝黄花常入侵城镇庭园、郊野、荒地、河岸高速公路和铁路沿线等处，还可入侵低山疏林湿地生态系统，严重消耗土壤肥力；其花期长、花粉量大，可导致花粉过敏症。加拿大一枝黄花具有强大的竞争优势，能够使得城市绿地成为单一的加拿大一枝黄花生长区，严重威胁地区的生物多样性。该植物目前在浙江、上海、安徽、湖北、湖南郴州、江苏、江西等地已对生态系统形成危害。2010 年，加拿大一枝黄花被列入《中国第一批外来入侵物种名单》。

图 10.4 加拿大一枝黄花

（图片来源：互联网）

（4）互花米草

互花米草(*Spartina alterniflora*)是禾本科米草属植物(图 10.5)，原产于美国东南部海岸。1979 年互花米草被引入我国，现分布于从江苏到广东的沿海区域。互花米草作为一种护滩植物，曾取得了一定的效益，但其大规模繁殖，破坏近海生物栖息环境，威胁到本土海岸生态系统。互花米草还是红树林的一个重大威胁。红树林生态功能显著，但同时也是最脆弱的生态系统之一。而 20 世纪 80 年代以来造成中国红树林的大面积破坏的其中一个重要原因就是互花米草入侵。互花米草极强的生命力使其挤占红树林生长空间，改变土壤理化性质，改变生物多样性和行为模式，影响底栖生物种类组成和群落结构等，致使大片红树林消失。2003 年，互花米草被列入《中国第一批外来入侵物种名单》。

图 10.5　互花米草

（图片来源：互联网）

2）入侵动物

动物活动范围较广，是园林绿地中的一类活跃的要素，对维护绿地生态平衡有重要意义。国家环保总局和中国科学院联合发布的 4 批外来入侵物种名单中包含入侵动物共 31 种，隶属于 6 纲 17 目 29 科，详见表 10.2。

表 10.2　中国外来入侵物种名单（动物）

名　单	种　名	学　名	科　名
第一批 中国外来 入侵物种名单 （动物）	蔗扁蛾	*Opogona sacchari*	辉蛾科
	湿地松粉蚧	*Oracella acuta*	粉蚧科
	强大小蠹	*Dendroctonus valens*	小蠹科
	美国白蛾	*Hyphantria cunea*	灯蛾科
	非洲大蜗牛	*Achating fulica*	玛瑙螺科
	福寿螺	*Pomacea canaliculata*	瓶螺科
	牛　蛙	*Rana catesbeiana*	蛙　科

续表

名　单	种　名	学　名	科　名
第二批 中国外来 入侵物种名单 （植物）	桉树枝瘿姬小蜂	*Leptocybe invasa*	姬小蜂科
	稻水象甲	*Lissorhoptrus oryzophilus*	象甲科
	红火蚁	*Solenopsis invicta*	蚁　科
	克氏原螯虾	*Procambarus clarkii*	螯虾科
	苹果蠹蛾	*Cydia pomonella*	卷蛾科
	三叶草斑潜蝇	*Liriomyza trifolii*	潜蝇科
	松材线虫	*Bursaphelenchus xylophilus*	滑刃科
	松突圆蚧	*Hemiberlesia pitysophila*	盾蚧科
	椰心叶甲	*Brontispa longissima*	铁甲科
第三批 中国外来 入侵物种名单 （动物）	巴西龟	*Trachemyss cripta elegans*	龟　科
	豹纹脂身鲇	*Pterygoplichthys pardalis*	甲鲇科
	红腹锯鲑脂鲤	*Pygocentrus nattereri*	脂鲤科
	尼罗罗非鱼	*Oreochromis niloticus*	慈鲷科
	红棕象甲	*Rhynchophorus ferrugineus*	竹象科
	悬铃木方翅网蝽	*Corythucha ciliata*	网蝽科
	扶桑绵粉蚧	*Phenacoccus solenopsis*	粉蚧科
	刺桐姬小蜂	*Quadrastichus erythrinae*	姬小蜂科
第四批 中国外来 入侵物种名单 （动物）	食蚊鱼	*Gambusia af inis*	胎鳉科
	美洲大蠊	*Periplaneta Americana*	蜚蠊科
	德国小蠊	*Blattella germanica*	蜚蠊科
	无花果蜡蚧	*Ceroplastesrusci*	蚧　科
	枣实蝇	*Carpomya vesuviana*	实蝇科
	椰子木蛾	*Opisina arenosella*	木蛾科
	松树蜂	*Sirex noctilio*	树蜂科

在该表中，非洲大蜗牛（*Achating fulica*）、福寿螺（*Pomacea canaliculata*）、红火蚁（*Solenopsis invicta*）和巴西龟（*Trachemyss scripta*）已被列入世界100种恶性外来入侵物种黑名单，且均是园林绿地中常见的入侵动物。

（1）红火蚁

红火蚁（*Solenopsis invicta*）（图10.6）拉丁学名意为"不可战胜的"，原产南美。红火蚁现在我国台湾、广东、香港、澳门、广西、福建、湖南等多个省份和地区均有分布。红火蚁常在园林绿地筑巢，取食植物的种子、根部、果实等，危害园林苗木。火红蚁对人有很强的攻击性和重复蜇刺的能力，蚁巢一旦受到干扰，红火蚁迅速出巢发出强烈攻击行为。它以上颚钳住人的皮肤，以腹部末端的螯针对人体连续叮蜇多次,每次叮蜇时都从毒囊中释放毒液。人体被红火蚁螯针刺后有灼伤般疼痛感,可出现如灼伤般的水泡、脓包,敏感体质者会出现局部或全身过敏,甚至休克、死亡。红火蚁会严重威胁公园游人的健康与安全。

图 10.6 红火蚁
(图片来源:互联网)

(2)非洲大蜗牛

非洲大蜗牛(*Achating fulica*)(图 10.7)是中大型的陆栖蜗牛,原产非洲东部沿岸坦桑尼亚的桑给巴尔、奔巴岛,马达加斯加岛一带。非洲大蜗牛在我国现已扩散到广东、香港、海南、广西、云南、福建、台湾等地。非洲大蜗牛雌雄同体,异体交配,每头产卵量 150~300 粒,繁殖能力强,且可随观赏植物、木材、车辆、包装箱等传播。其喜食各种植物的幼芽、嫩枝、嫩叶、树茎表皮,大量繁殖后会严重危害园林植物;它也是人畜寄生虫和病原菌的中间宿主,能够传播结核病和脑膜炎等疾病,对游人的身体健康有一定的威胁。

图 10.7 非洲大蜗牛
(图片来源:互联网)

(3)福寿螺

福寿螺(*Pomacea canaliculata*)(图 10.8)原产亚马孙河流域。福寿螺最早作为食物最先被引入我国台湾;1981 年引入广东,作为特种经济动物广为养殖,后又被引入到其他省份养殖。但由于养殖过度,口味不佳,市场不好,而被大量遗弃而后逃逸,很快从农田扩散到天然湿地。福寿螺现广泛分布于台湾、广东、广西、云南、福建、浙江等省份。福寿螺食量大,可啃食纤维很粗糙的植物,其排泄物能污染水体。除威胁水生植物、破坏入侵地生态平衡外,福寿螺也是卷棘口吸虫、广州管圆线虫的中间宿主,存在传播疾病的风险。

图 10.8　福寿螺及其卵块

（图片来源：互联网）

（4）巴西龟

巴西龟（*Trachemyss scripta*）（图 10.9）原产美国中南部,沿密西西比河至墨西哥湾周围地区。该物种于 20 世纪 80 年代经香港引入内陆广东,继而流向全国。宠物丢弃、养殖逃逸、错误放生等导致其在野外普遍存在,且分布于人口较为集中的城市周边水域为主,北至辽宁,南至海南,均可发现其野外分布的踪迹。巴西龟排挤本地物种,对入侵地的本土龟种造成严重威胁。它还是沙门氏杆菌传播的罪魁祸首,在美国每年有 100 万~300 万的人感染此病菌,其中 14% 的病例由龟类传染。

图 10.9　巴西龟

（图片来源：互联网）

10.2.2　植物疫情

植物是公园的基本设计要素,植物疫情能够使公园观赏价值下降,甚至导致公园植物大批死亡,对城市公园营建造成严重的经济和生态损失。防范植物疫情是城市公园内生物安全的重要组成。狭义上的植物疫情是指植物疫病的发生和流行情况,主要指植物病害。但在我国植物防疫的法令规定和具体实践中,通常把危害性大、能随植物及其产品传播的病虫、杂草,都定为检疫对象。所以从广义上来说,植物疫情防控包含了应对植物虫害、侵染性的植物病害、鼠（兔）害,以及其他各种危害植物等因子。

1) 植物虫害

植物虫害是指由昆虫和其他的一些节肢动物、软体动物对植物造成的危害。植物害虫的危害类型各不相同:有的啃食树叶,危害枝梢,如鳞翅目的灯蛾类、刺蛾类,同翅目的蚜虫类等害虫;有的入侵树木的木质部和韧皮部,降低植株强度,切断植物营养和水分运输渠道,如鞘翅目的天牛类害虫;有的损害根系,造成根系功能损害,如鞘翅目的金龟子类害虫等。

2) 植物病害

引起植物发病的原因,包括生物因素和非生物因素。由生物因素如真菌、细菌、病毒、线虫,以及寄生性种子植物等侵入植物体所引起的病害,称为侵染性病害;由非生物因素如旱、涝、严寒、养分失调等影响或损坏植物生理机能而引起的病害,称为非侵染性病害或生理性病害。在侵染性病害中,致病的寄生生物称为病原生物,其中真菌、细菌常称为病原菌,被侵染植物称为寄主植物。

3) 植物鼠(兔)害

植物鼠(兔)害是指由啮齿目和兔形目的部分种类,如鼠科、松鼠科、兔科等动物对植物造成的危害。这些动物啃食植株种子、树皮、幼枝嫩芽、根系,当它们大量繁殖时,往往造成植株大面积死亡,而且会对公园游客产生骚扰。

10.2.3　动物疫情

不少城市公园圈养了一定数量的观赏动物,这些园林动物对于增添公园的观赏景点,提升游人的游赏乐趣,改善园林生态环境有着重要的意义,但也存在着一些发生动物疫情的风险。

动物疫情是指动物疫病的发生与流行的情况。能够导致动物疫情的病原微生物包括细菌、病毒、寄生虫等。病原微生物侵入动物机体后,会在一定的部位生长繁殖,引起动物机体一系列病理反应。可能出现的园林动物疫情包括口蹄疫、禽流感、狂犬病等,某些动物疾病同样也是人畜共患传染病。

在公园内饲养动物,应完善动物笼舍、隔离场地建设,应做好动物检疫工作,动物的引入、运输、饲养、输出以及死亡动物的处理均应该符合《中华人民共和国动物防疫法》等相关法律规定,并参照《动物园动物安全管理规范》等行业标准执行具体操作。

10.3　人体危害生物

10.3.1　有毒、有刺植物

在长期的自然选择下,很多植物种都有一定的自我保护机制,体现为植物体有刺或者含有一些能导致中毒反应的物质。

植物的刺包括枝刺、皮刺、叶刺、托叶刺等,常见的有刺植物有仙人掌、枸骨、蔷薇等。

植物中含有的有毒物质主要有生物碱、多肽、胺、糖苷、树脂等。很多植物从土壤中吸收过量的矿物质,如铜、硒、铅、锰、硝酸盐和亚硝酸盐,这些物质也可能造成人的不适或中毒。在城市公园中,植物毒素进入人体主要有吸入、误食、皮肤吸收 3 种形式。常见的有毒植物有夹竹桃、曼陀罗等。

10.3.2　致敏植物

一些植物的部分及其分泌产物在与人体接触后,可能导致过敏反应。如悬铃木的果毛、杨絮、柳絮,在特定季节不仅会造成人体的过敏,大规模飘散还能造成空气污染。

10.3.3　病媒生物

病媒生物是指能直接或间接传播疾病(一般指人类疾病),危害、威胁人类健康的生物。城市公园中常见的病媒生物有蚊、蝇、蠓、蜱等。

1)蚊

蚊是指昆虫纲双翅目蚊科的昆虫(图 10.10)。蚊虫的种类繁多全世界已知 2 400 多种,我国发现 370 多种,其中与人类活动关系最为密切的主要有按蚊(*Aanopheles*)、库蚊(*Culex*)和伊蚊(*Aedes*)3 属。蚊的生长发育一般分为 4 个阶段:卵、孑孓、蛹、成蚊。前三个阶段生活在水中,成蚊生活于陆地,产卵于水中。雌蚊一次产卵数十至一二百粒孑。卵在水中孵化为幼虫、幼虫经过 4 次蜕皮变成蛹,蛹羽化变成蚊。这一系列发育过程称为蚊的生活史或生活周期。

(1)蚊的生态特性及危害

蚊具有吸血习性,但并不是所有蚊都嗜血,只有雌蚊才吸血。雌蚊必须吸食人或动物血液才能使卵巢发育。此过程中可将病原微生物输入动物或人体内。成蚊羽化后 24 小时即能群舞交配、吸血。各种蚊的嗜血习性不同,有的嗜人血,如微小按蚊、白纹伊蚊等;有的嗜吸动物血,如中华按蚊、三带喙库蚊等;有的则吸人血和动物血,如口淡色库蚊。嗜吸人血的蚊种在传病作用上更为重要。大多数蚊种均在夜间进行吸血,中华按蚊在日落后即开始活动吸血,而在子夜前后 1～2 小时最为活跃。白纹伊蚊、刺扰伊蚊喜在白昼及灯光

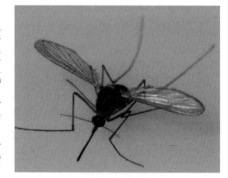

图 10.10　蚊类
(图片来源:互联网)

下吸血。微小按蚊全夜吸血,子夜达高峰。吸血时间可受温度、湿度和光线因素的影响,高温、高湿及微光下可促进蚊虫的吸血活动。

蚊的栖息习性为:雌蚊吸血后常暂时停息于附近的隐蔽场所,进行血液消化。其后,有的继续留在室内,有的则飞往他处寻找适宜的栖息场所。蚊栖息场所,因蚊种和环境不同,一般可分为 3 类(表 10.3)。

表 10.3　蚊虫栖息场所

分　类	栖息习性	蚊　种
家栖性蚊种	吸血后,白天多栖息在人房、畜舍的隐蔽处	淡色库蚊、致倦库蚊
半家栖性蚊种	兼有室内、外栖息的习性,吸血后部外留在人房或畜舍内,部分飞往野外草丛、石穴内栖息	三带喙库蚊、中华按蚊
野栖性蚊种	野栖性蚊种、雌蚊吸血后栖息活动于野外	白纹伊蚊、巴拉巴按蚊

温度、光照、通风情况也能影响蚊的活动和生存。在温度范围为 16~31 ℃时,嗜人按蚊的发育周期长短与温度呈显著负相关。最适宜蚊生存和活动的温度为 30 ℃左右,当温度下降到 10 ℃以下时,就会停止繁殖。光对蚊的影响较为显著,蚊对紫外光具有趋向性,这也是灭蚊灯的研制原理。风也会影响蚊的孳生,蚊分布会顺风而进行迁移和扩散。

蚊对人类健康具有重大威胁,可通过蚊传播的疾病主要有疟疾、乙型脑炎、丝虫病、登革热等。此外,黄热病(非洲、中南美洲)、东方马脑炎(美洲)、西方马脑炎(美洲)、委内瑞拉马脑炎(美洲)、基孔肯雅(非洲、亚洲南部)、里夫特山谷热(非洲)等也都是通过蚊传播的。在我国,以蚊为主要媒介的传染病见表 10.4。

表 10.4　以蚊为主要媒介的传染病(中国)

病　种	主要媒介蚊种
疟　疾	中华按蚊、窄卵按蚊、微小按蚊、巴拉巴按蚊等
乙型脑炎	三带喙库蚊、淡色库蚊、致倦库蚊、白纹伊蚊等
丝虫病	中华按蚊、窄卵按蚊、致倦库蚊、淡色库蚊等
登革热	埃及伊蚊、白纹伊蚊

(2)城市公园环境与蚊

在蚊虫的生命周期中水体和绿植为其提供了必要的生长环境,而公园作为城市人居环境中水绿密集的区域,为蚊虫提供了相对容易孳生的场所,蚊患滋生同时也会严重影响公园的游览体验。

(3)城市公园蚊患防控的策略

合理组景,营造开合有致的游憩空间植物和水体是公园造景的重要元素,但其构成的水体景观或郁闭的植物景观容易造成蚊虫滋生,成为蚊媒传染病的重要传播场地。为减少蚊媒传染病的发生,植物造景可优先选用柏科、木兰科、樟科、豆科等可散发出驱避蚊媒特殊气味的植物种类,通过将其与其他植物进行合理搭配,可在一定程度上减少蚊媒对游客游憩的影响。另外,在对处于主要游憩空间的植物的选择上,大乔木宜选用高孔隙率、叶片疏散的品种,中小乔木宜选用可以散发驱避蚊媒气味的品种,灌木和地被植物则选用叶片光滑、不易积水的品种(如菊科、豆科植物等),通过合理搭配和一定郁闭度控制,构建开合有致的游憩空间。对于水景景观,可在水景中增加可以吸引鸟类、蜻蜓等蚊蝇天敌的水生植物,投放喜食蚊虫的鱼类、蛙类等;有条件的地方可以增加涌泉、跌水等动态水景设施和过滤水质设施,以起到增加溶解氧,改善水体水质的目的。

科学营造灯光,满足景观和灭蚊需求。灯光景观的设计可以使得场地富有生机与活力。山地型小微公园的灯光环境要结合不同的空间类型和使用需求进行科学合理的设计。其灯光的设计场地主要分布在公园各出入口、台阶和道路两侧处、各类游憩空间中。在入口处,可以将灯具和出入口标志物结合,采用暖色系灯光,增加游客对公园的感知;道路两侧可以将驱蚊灯与园林小品结合,使其发挥多功能的作用;道路的台阶底部可以安置地灯,从而削弱山地型公园带给人的阴暗感受。此外,还在亭廊、健身器材等处安置驱蚊灯或设置外部发光内部加热式的园林小品,小品内部可以使用具有驱避蚊媒且对身体有益的蚊香或香薰等,从而达到驱避蚊媒、舒缓身心的目的。

积极开发控制蚊虫孳生的新技术,改善公园排水系统,减少蚊媒传染病的传播。如可以在公园道路两侧设置鹅卵石排水系统,雨季可以实现迅速排水,减少道路空间的蚊媒数量。还可以在下水道的盖板下,套上一个黑色的塑料防蚊罩,在不影响排水的前提下,减少蚊虫在下水道产卵繁殖的机会。

2)蝇

蝇类(图 10.11)隶属于昆虫纲(insecta),双翅目(diptera),环裂亚目(cyclorrhapha)。蝇类种类繁多,全世界已知有 1 500 多种,我国已发现 386 种。其中在人类生活环境中常见并与人类活动密切相关的种类多属蝇科(muscidae)、丽蝇科(calliphoridae)、麻蝇科(sarcophagidae)和花蝇科(anthomyiidae)等。蝇的发育过程属于完全变态,分卵、幼虫、蛹、成虫 4 个时期。蝇类的卵多产于粪便、垃圾、动物尸体及腐烂的有机物处,经 1~2 天的卵期成蛆,蛆活动多在孳生物表面或接近表面,以腐烂有机物质为食,蛆经 3 个龄期化蛹,蛹期 5 天左右长成成蝇。在温度适宜的情况下,蝇类一年可完成 7~8 代,南方温暖地区一年可繁殖 10~12 代。

图 10.11 蝇类
(图片来源:互联网)

(1)蝇类的生态特性及危害

蝇类的食性非常复杂,有吸吮花蜜和植物液汁的,有主要刺吸动物、人类血液或者舐食动物创口血液、眼鼻分泌物的,还有杂食性的,以食腐为主的等。一般来说,有偏嗜动物质,有的偏嗜植物质。如果蝇多在腐败植物及果实中繁殖,花蝇成虫为植食性,主要栖息在野外的植物上;绿蝇、麻蝇等多为腐食性,主要嗜食腐败的动物的尸体、粪便,以及其他一些腐败的物质;舍蝇、厩腐蝇(大家蝇)多为杂食性,嗜人畜粪便和腐败的动植物;市蝇、家蝇、大头金蝇、麻蝇多为杂食性,广泛摄食人的食品、畜禽分泌物与排泄物、厨余垃圾中有机物等。蝇类的孳生活动季节随蝇种、气候和地区条件而异。蝇类的孳生场所可分为粪便类、垃圾类、动物质类、植物质类 4 类(表 10.5)。

表 10.5　蝇类孳生场所

孳生场所	
粪便类	含有人粪、畜粪、禽粪等的孳生地
垃圾类	含有动植物、厨余垃圾污物的孳生地
动物质类	含有动物尸体、禽兽骨、皮毛、鱼虾的孳生地
植物质类	含有植物质类包括腐烂的蔬菜、瓜果、饲料、糟渣等的孳生地

机械性传播疾病是蝇类传播病原体的主要方式。蝇类能机械性携带传递多种病原体,目前已证实蝇类能携带的细菌有 100 多种,原虫约 30 种,病毒 20 种。机械性传染的疾病中以消化道疾病最为常见,主要发生在夏秋季节性,重要传播蝇种为家蝇、大头金蝇等。蝇类携带传播的病原体还可能导致伤寒、痢疾、炭疽等疾病。

(2)城市公园环境与蝇类

在城市公园中有不少具有服务属性的建筑,如餐厅、厕所等,如果管理维护不善可能造成蝇类孳生的风险。此外,不少城市公园还圈养了鸟类和其他动物,其厩舍也可能存在蝇患问题。蝇类除骚扰公园游人,影响游览体验之外,更重要的是传播疾病。

(3)城市公园蝇患防控的策略

公园内餐饮场所应该做好防蝇工作。于公园内产生的垃圾,应及时清理。公园厕所应有防蝇、防蛆设备:首先门窗要便于采光、通风、防臭和防止苍蝇侵入;其次要求贮粪坑密闭,进粪口和出粪口上有密盖以防苍蝇进入,贮粪坑周围 1 m 的地表面要砸实以防止蝇蛆钻入化蛹。粪便收集后应设置污物处理场地或沼气池。

3)蠓

蠓(图 10.12)又称小咬、墨蚊、蠛蚊,是属于节肢动物门(Arthropoda)昆虫纲(Insecta),双翅目(Diptera)蠓科(Ceratopogonidae)的一类体型昆虫。蠓的种类繁多,全世界有 4 000 余种,我国有 200 余种。蠓的发育过程属于完全变态,分卵、幼虫、蛹、成虫 4 个时期。蠓类的卵多产在水生植物或潮湿泥土中,在夏季 2~3 天孵出幼虫,幼虫生活在水中、泥土表层或腐烂植物肥堆里,经 3~5 周化蛹,蛹经 3~7 天化为成蠓。

图 10.12　蠓类
(图片来源:互联网)

(1)蠓类的生态特性及危害

蠓科种类繁多,嗜食性广泛,各亚科间食性有别,在不同的种类有一定的倾向性,有的种类嗜吸人血,有的种类嗜吸禽类或畜类血。绝大多数种类的吸血活动是在白天、黎明或黄昏进行。成蠓一般在日出前及日落后各 1 小时左右为活动高峰,雌雄个体于此时群舞交配或吸血,但在阴天或密林中即使白天也可群出活动。当不活动时多隐蔽在具有一定温湿度条件的草丛、树林、山洞、兽穴中。蠓体细弱,成蠓在无风或风速低于 0.5 m/s 时比较活跃,风速超过 2 m/s 时,即停止活动。

蠓类的吸血习性为仅雌蠓吸血,雄蠓以吸食植物液汁为营养。大多数吸血蠓类的雌蠓必须在吸血后卵巢才能发育,但个别种类亦可不吸血即产卵。

吸血的蠓类会危害游人,传播疾病,可传播乙型脑炎及人畜丝虫病等。

(2)城市公园环境与蠓

与蚊类类似,蠓类喜欢栖息着在靠近水系的植被丰富的地方,而公园作为城市人居环境中水绿密集的区域,容易为吸血蠓类提供孳生环境,从而影响公园游人的观览体验。

10.4 公园生物安全防护

10.4.1 生物安全防护原则

1)以人为本

把保障群众的人身安全作为公园生物安全防护的出发点和落脚点,切实加强安全防护,为公园的使用者提供健康舒适的游憩环境,减少有害生物造成的环境和人员危害。

2)预防为主

在城市公园的建设和管理过程中,应树立常备不懈的观念,做好应对生物危害的思想准备、预案准备和工作准备。要健全应急处置方案,建立公园生物安全的调查监测体系和科学防控体系。

3)加强管理

城市公园生物安全管理应满足规范化、科学化和法治化的要求,不仅要符合法律法规,还要与城市发展相关政策相衔接,与公园的公共服务职能、行政管理体制改革相结合,切实维护居民的合法权益。

4)提升科学素质

公园管理部门通过组织开展调查监测、检疫除害、综合治理等方面的工作,提高对灾害风险管理的能力和水平。高等院校和科研机构,应加强生物安全的相关科研,提高应对生物危害的科技含量。

10.4.2 城市公园生物安全防护措施

1)选址阶段

选址踏勘是进行城市公园建设的准备工作。在选址踏勘中,不仅要了解地形、土壤、水文、气象等方面的资料,还应与其他部门合作重点关注当地的生物环境情况。需收集基地内动植物

种类信息、危害生物信息、群落位置分布信息以及当地经常发生的动植物疫情、植物虫害等相关资料,并记录分析,从而合理选址,为预防生物危害的发生、提升公园设计的科学性打下基础。

2) 建设阶段

基于公园选址踏勘前期收集的相关信息,可以识别和分析出公园潜在的生物威胁,并因此制定出对应的生物安全防护设计,如改造危害生物的孳生环境,减少动植物疫情发生,提高场地生物多样性、生物安全防护设施与园林设施融合设计等。

应对基地病虫害,在公园建设阶段应进行相应的消杀预防和生态防治工作。而应对有害生物,应当减少游人活动区域与有害生物的孳生区域的交互;或结合公园造景进行环境改造消除孳生环境;还可以让公园设施融合生物安全防护功能,应对特定的生物威胁。如将防蚊设施与园林小品结合,使其发挥多功能的作用,在亭廊、健身器材等处安置驱蚊灯或驱蚊香薰类的园林小品,达到驱避蚊虫目的;将防蚊设施与公园排水结合,在公园下水道集水口布置防蚊网,在不影响排水的前提下,能够减少蚊虫在下水道产卵繁殖的机会,降低环境蚊虫密度。

除此之外,在公园建设阶段保持生物多样性同样也是保持生物安全的重要方面,应当增加场地内的生物种类数量,丰富生物多样性,强调乡土植被景观的构建,维持公园内生态环境的平衡。具体可通过设计主题表达对生物多样性的关注,此外还可以通过小品设计提高场地生物多样性,如增设人工鸟巢、动物庇护所、昆虫驿站等。

3) 维护管理阶段

公园维护管理阶段是进行生物安全防护的重点。

风险评估。公园的管理部门首先要通过对公园日常性的调研和巡查,参考生物安全资料,对可能存在的危害生物进行风险评估,对可能发生的生物危害进行重点监督和研究。常用的参考包括国际惯例、法律法规和专业数据库,如《植物检疫条例》《中国外来入侵物种名单》《中国病媒生物密度控制水平标准》等。

早期预防。公园的管理部门在进行风险评估后,应针对潜在生物威胁作出应急预案,园林绿化过程中应减少使用可能被入侵种子或根系污染的土壤基质;尽量使用不育植物、遗传多样性丰富的乡土替代种或自种种源,以避免基因渗入压力;对于雌雄异株的物种,优先选择雄性个体。此外,定期调研城市高可入侵性区域,如大型施工地、土方工程和封闭工业区。其他重点预防措施包括检验检疫、监测预警和公民科普等。

有害生物治理。当采取预防措施为时已晚,必须尽早进入第三阶段,即有害生物治理。有害生物治理包括有物理防除、化学防除和生物防除三种方式。

（1）物理防治

物理防治法是应用各种物理因素和器械防治有害生物的方法。其中物理防除利用专门设计制造的机械设备防除植物外来入侵种,短时间内也可迅速杀灭一定范围内的植物外来入侵种。如利用害虫的趋光性进行灯光诱杀;利用等离子体种子消毒法、气电联合处理法、辐射技术进行防治。之后仍然需要妥善处理植物残株,否则可能成为新的传播来源。

（2）化学防治

化学防治是应用化学农药防治有害生物的方法。主要优点是作用快,效果好,使用方便,能

在短期内消灭或控制大量发生的有害生物,不受地区季节性限制,是防治有害生物的重要手段,其他防治方法尚不能完全代替。化学农药有杀虫剂、杀菌剂、杀线虫剂等。杀虫剂根据其杀虫功能又可分为胃毒剂、触杀剂、内吸剂、熏蒸剂等。杀菌剂有保护剂、治疗剂等。使用农药的方法很多,有喷雾、喷粉、喷种、浸种、熏蒸、土壤处理等。但化学防治的方法很多时候也杀灭了许多本地种,且费用较高。应用地点要根据实地情况,一些特殊环境如水库、湖泊等不适用。

（3）生物防治

生物防治是指从外来有害生物的原产地引进食性专一的天敌将有害生物的种群密度控制在生态和经济危害水平之下。生物防治具有控效持久、防治成本相对低廉的优点。但引进天敌防治外来有害生物具有一定的生态风险性,应谨慎进行。

思考题

1.城市公园中常见的病媒生物有哪些？

2.简述城市公园生物安全防护措施。

参考文献

第1章

[1] 中国社会科学院语言研究所词典编辑室. 现代汉语词典[Z]. 7版. 北京:商务印书馆,2016.

[2] 中华人民共和国住房和城乡建设部. 风景园林基本术语标准:CJJ/T 91—2017[S]. 北京:中国建筑工业出版社,2017.

[3] 中华人民共和国住房和城乡建设部. 城市绿地分类标准:CJJ/T 85—2017[S]. 北京:中国建筑工业出版,2017.

[4] 中华人民共和国住房和城乡建设部. 公园设计规范:GB 51192—2016[S]. 北京:中国建筑工业出版社,2017.

[5] 周维权. 中国古典园林史[M]. 3版. 北京:清华大学出版社,2017.

[6] 胡长龙. 园林规划设计:理论篇[M]. 3版. 北京:中国农业出版社,2019.

第2章

[7] 中华人民共和国住房和城乡建设部. 公园设计规范:GB 51192—2016[S]. 北京:中国建筑工业出版社,2017.

[8] 中华人民共和国住房和城乡建设部. 城市绿地规划标准:GB/T 51346—2019[S]. 北京:中国建筑工业出版社,2019.

[9] 中华人民共和国住房和城乡建设部. 城市绿地分类标准:CJJ/T 85—2017[S]. 北京:中国建筑工业出版社,2017.

[10] 刘扬. 城市公园规划设计[M]. 北京:化学工业出版社,2010.

[11] 谢正义. 公园城市[M]. 南京:江苏人民出版社,2018.

[12] Alexander Garvin. 公园:宜居社区的关键[M]. 张宗祥,译. 北京:电子工业出版社,2013.

[13] 李敏. 现代城市绿地系统规划[M]. 北京:中国建筑工业出版社,2002.

[14] 封云,林磊. 公园绿地规划设计[M]. 2版. 北京:中国林业出版社,2004.

[15] 余树勋. 论说公园[M]. 北京:中国建筑工业出版社,2011.

[16] 孟刚,李岚,李瑞冬,等. 城市公园设计[M]. 2版. 上海:同济大学出版社,2005.

[17] 蔡雄彬,谢宗添,等. 城市公园景观规划与设计[M]. 北京:机械工业出版社,2014.

[18] 中华人民共和国住房和城乡建设部. 城市湿地公园设计导则[S]. 北京:中国建筑工业出版社,2017.

［19］亚历山大·加文,盖尔·贝伦斯,等. 城市公园与开放空间规划设计［M］. 李明,胡迅,译. 北京:中国建筑工业出版社,2007.

［20］马锦义. 公园规划设计［M］. 北京:中国农业大学出版社,2018.

［21］王先杰,梁红. 城市公园规划设计［M］. 北京:化学工业出版社,2021.

［22］杨赉丽. 城市园林绿地规划［M］. 5 版. 北京:中国林业出版社,2019.

［23］丁绍刚. 风景园林·景观设计师手册［M］. 上海:上海科学技术出版社,2009.

［24］中华人民共和国住房和城乡建设部,国家市场监督管理总局. 城市居住区规划设计规范:GB 50180—2018［S］. 北京:中国建筑工业出版社,2018.

第3章

［25］雷明,雷丽华. 场地设计［M］. 北京:清华大学出版社,2016.

［26］蔡雄彬,谢宗添,等. 城市公园景观规划与设计［M］. 北京:机械工业出版社,2014.

［27］马锦义. 公园规划设计［M］. 北京:中国农业大学出版社,2018.

［28］尚磊,杨珺. 景观规划设计方法与程序［M］. 北京:中国水利水电出版社,2007.

［29］中华人民共和国住房和城乡建设部. 公园设计规范:GB 51192—2016［S］. 北京:中国建筑工业出版社,2017.

［30］丁绍刚. 风景园林·景观设计师手册［M］. 上海:上海科学技术出版社,2009.

［31］丁绍刚. 风景园林概论［M］. 北京:中国建筑工业出版社,2008.

［32］孟兆祯. 风景园林工程［M］. 北京:中国林业出版社,2012.

［33］郝鸥,陈伯超,谢占宇. 景观规划设计原理［M］. 武汉:华中科技大学出版社,2013.

［34］张伶伶,孟浩. 场地设计［M］. 2 版. 北京:中国建筑工业出版社,2011.

第4章

［35］苏雪痕. 植物造景［M］. 北京:中国林业出版社,1994.

［36］王玉晶,杨绍福,王洪力,等. 城市公园植物造景［M］. 沈阳:辽宁科学技术出版社,2003.

［37］胡长龙. 园林规划设计［M］. 北京:中国农业出版社,2003.

［38］胡长龙. 园林规划设计:理论篇［M］. 北京:中国农业出版社,2010.

［39］王如松. 城市生态位势探讨［J］. 城市环境与城市生态,1988(1):20-24.

［40］卢圣. 植物造景［M］. 北京:气象出版社,2004.

［41］陈有民. 园林树木学［M］. 北京:中国林业出版社,1990.

［42］毛龙生. 观赏树木学［M］. 南京:东南大学出版社,2003.

［43］芦建国. 种植设计［M］. 北京:中国建筑工业出版社,2008.

［44］王晓俊. 风景园林设计［M］. 增订本. 南京:江苏科学技术出版社,2000.

［45］朱钧珍. 中国园林植物景观艺术［M］. 北京:中国建筑工业出版社,2003.

［46］何平,彭重华. 城市绿地植物配置及其造景［M］. 北京:中国林业出版社,2001.

［47］封云,林磊. 公园绿地规划设计［M］. 2 版. 北京:中国林业出版社,2004.

［48］刘师汉,胡中华. 园林植物种植设计及施工［M］. 北京:中国林业出版社,1988.

［49］曾明颖,王仁睿,王早. 园林植物与造景［M］. 重庆:重庆大学出版社,2018.

［50］康亮. 园林花卉学［M］. 2 版. 北京:中国建筑工业出版社,2008.

［51］金煜. 园林植物景观设计［M］. 沈阳:辽宁科学技术出版社,2008.

第5章

[52] 诺曼 K. 布思. 风景林设计要素[M]. 曹礼昆,曹德鲲,译. 北京:中国林业出版社,1989.

[53] 吕振锋. 城市公园自然式水体景观设计研究[D]. 杭州:浙江大学,2012.

[54] 韩琳. 水景工程设计与施工必读[M]. 天津:天津大学出版社,2012.

[55] 钟振民,张存民,庞昊. 现代水景喷泉工程设计[M]. 北京:人民交通出版社,2008.

[56] 薛健. 园林与景观设计资料集:水体与水景设计[M]. 北京:知识产权出版社,中国水利水电出版社,2008.

[57] 李铮生. 城市园林绿地规划与设计[M]. 2版. 北京:中国建筑工业出版社,2006.

[58] 阿克塞尔·落雷尔. 水景设计[M]. 赵小龙,朱逊,译. 北京:中国建筑工业出版社. 2013.

[59] 张馨文,高慧. 园林水景设计[M]. 北京:化学工业出版社,2015.

[60] 宁荣荣,李娜. 园林水景工程设计与施工从入门到精通[M]. 北京:化学工业出版社,2017.

[61] 树全. 城市水景中的驳岸设计[D]. 南京:南京林业大学,2007.

[62] 冯璐. 弹性城市视角下的风暴潮适应性景观基础设施研究[D]. 北京:北京林业大学,2015.

[63] 向雷,余李新,王思麒,等. 浅论城市滨水区的生态驳岸设计[J]. 北方园艺,2010,(2):135-138.

[64] 郭春华,李宏彬. 滨水植物景观建设初探[J]. 中国园林,2005,21(4):59-62.

[65] 骆会欣,李婷婷. 园林水景·园桥·护栏图例[M]. 北京:中国林业出版社,2012.

[66] 罗志远. 中国传统园桥设计初探[D]. 北京:北京林业大学,2008.

[67] 刘祖文. 水景与水景工程[M]. 哈尔滨:哈尔滨工业大学出版社,2010.

[68] 詹姆士·埃里森. 园林水景[M]. 姜怡,姜欣,译. 大连:大连理工大学出版社,2002.

[69] 车生泉,谢长坤,陈丹,等. 海绵城市理论与技术发展沿革及构建途径[J]. 中国园林,2015,31(6):11-15.

[70] 翟俊. 景观基础设施公园初探:以城市雨洪公园为例[J]. 国际城市规划,2015,30(5):110-115.

[71] 孙艳伟,魏晓妹,POMEROY C A. 低影响发展的雨洪资源调控措施研究现状与展望[J]. 水科学进展,2011,22(2):287-293.

第6章

[72] 中华人民共和国住房和城乡建设部. 公园设计规范:GB 51192—2016[S]. 北京:中国建筑工业出版社,2017.

[73] 一行. 何陋轩——一个会说话的亭子[R]. 2015.

[74] 区伟耕. 园林建筑[M]. 乌鲁木齐:新疆科技卫生出版社,2006.

[75] 韦峰,徐维波. 园林建筑设计[M]. 武汉:武汉理工大学出版社,2013.

[76] 马锦义. 公园规划设计[M]. 北京:中国农业大学出版社,2018.

[77] 温泉,董莉莉,王志泰. 园林建筑设计[M]. 北京:中国农业大学出版社,2019.

第7章

[78] 郝鸥,陈伯超,谢占宇. 景观规划设计原理[M]. 武汉:华中科技大学出版社,2013.

[79] 北京照明学会,北京市市政管理委员会. 城市夜景照明技术指南[M]. 北京:中国电力出版社,2004.

[80] 李农. 景观照明设计与实例详解[M]. 北京:人民邮电出版社,2011.

［81］中华人民共和国住房和城乡建设部.城市夜景照明设计规范:JGJ/T 163—2008［S］.北京:中国建筑工业出版社,2009.

［82］丁绍刚.风景园林·景观设计师手册［M］.上海:上海科学技术出版社,2009.

［83］约翰·雷恩.园林灯光［M］.孔海燕,袁小环,译.北京:中国林业出版社,2004.

［84］荣浩磊.城市夜景照明工程设计［M］.北京:中国建筑工业出版社,2018.

第8章

［85］李爽.基于儿童友好型公园理论的城市公园设计探索:以北京市大兴区饮鹿池公园方案设计为例［D］.北京:北京林业大学,2019.

［86］郭子慧.基于儿童友好型公园理论下的重庆市渝北新区公园规划设计［D］.福州:福建农林大学,2017.

［87］李博韬.基于儿童友好理论下的成都市青羊区综合公园活动空间设计研究［D］.重庆:西南大学,2020.

［88］韩燕.对综合公园儿童活动区场地设计的研析［D］.南京:南京林业大学,2009.

［89］刘蓝蓝.基于儿童行为模式的儿童友好型公园规划设计研究:以深圳香蜜公园规划设计为例［D］.北京:北京林业大学,2019.

［90］闵梓.基于地形空间特征的重庆公园儿童游戏活动场地适宜性设计研究［D］.重庆:西南大学,2019.

［91］周云婷.城市公园自然式儿童活动场地设计研究［D］.成都:西南交通大学,2016.

第9章

［92］比尔·盖茨.气候经济与人类未来:比尔·盖茨给世界的解决方案［M］.陈召强,译.北京:中信出版集团,2021.

［93］中华人民共和国国家发展和改革委员会,中华人民共和国住房和城乡建设部.城市适应气候变化行动方案［S］.2016.

［94］殷利华.城市雨水花园营建理论及实践［M］.武汉:华中科技大学出版社,2018.

［95］李辉,赵文忠,张超.海绵城市透水铺装技术与应用［M］.上海:同济大学出版社,2019.

［96］邢薇,赵冬泉,陈吉宁,等.基于低影响开发(LID)的可持续城市雨水系统［J］.中国给水排水,2011,27(20):13-16.

［97］俞孔坚,俞宏前,宋昱,等.弹性景观:金华燕尾洲公园设计［J］.建筑学报,2015(4):68-70.

［98］章飙,杨俊宴,吴义锋,等.基于多层级水环境适应性的绿色城市设计探索:以杭州湘湖地区为例［J］.中国园林,2021,37(5):68-73.

［99］Donald Watson,Michele Adams.面向洪涝灾害的设计:应对洪涝和气候变化快速恢复的建筑、景观与城市设计［M］.奚雪松,黄仕伟,陈琳,译.北京:电子工业出版社,2015.

［100］国家质量监督检验检疫总局,中国国家标准化管理委员会.高温热浪等级:GB/T 29457—2012［S］.北京:中国标准出版社,2013.

［101］(英)休·罗芙,(英)戴维·克莱顿,(英)弗格斯·尼克尔.适应气候变化的城市与建筑:21世纪的生存指南［M］.徐燊,等译.北京:中国建筑工业出版社,2015.

［102］鲁俊琪.厦门城市公园微气候设计研究［D］.泉州:华侨大学,2018.

［103］马黎进.川西住区室外风环境分析及设计策略研究［D］.成都:西南交通大学,2011.

第 10 章

[104] 姚驰远,张德顺,Matthias Meyer,等. 园林植物引种与入侵植物防控[J]. 中国城市林业,2021,19(2):17-21.

[105] 邓天福,莫建初. 全球变暖与蚊媒疾病[J]. 中国媒介生物学及控制杂志,2010,21(2):176-177.

[106] 陈海婴,马红梅,刘明斌,等. 新发和重现虫媒病:流行现状及应对策略[J]. 国际医学寄生虫病杂志,2011(1):39-44.

[107] 李凯杰,林文,范志诚,等. 湖北省间日疟发病与传疟按蚊关系的圆形分布法分析[J]. 中华疾病控制杂志,2015,19(10):983-985.

[108] 边长玲,龚正达. 我国蚊类及其与蚊媒病关系的研究概况[J]. 中国病原生物学杂志,2009,4(7):545-551.